数学培优

半月谈

SHUXUE PEIYOUBANYUETAN

郭本龙 ★ 编著

举一反三

高屋建瓴

谈笑风生

哈尔滨工业大学出版社

HARBIN INSTITUTE OF TECHNOLOGY PRESS

内容简介

本书分十五讲,精选了93道近年来各地高考题和模考题,涵盖高考全部内容及主要热点题型,在题意挖掘、结构分析、背景揭示、思路形成、方法提炼、思想总结、心态调整诸方面都做了深刻、精彩的探讨和评析。作者为深圳中学资深的高三老师,熟稔高考,如数家珍,望闻问切,感同身受。本书脱胎于培优班讲义,几经增删、反复打磨,写法生动、形式新颖,实为广大考生复习数学的优秀读本、闯关夺隘的秘密武器。

图书在版编目(CIP)数据

数学培优半月谈/郭本龙编著. —哈尔滨：
哈尔滨工业大学出版社,2017.9
ISBN 978-7-5603-6857-3

Ⅰ.①数… Ⅱ.①郭… Ⅲ.①中学数学课-高中-升学参考资料
Ⅳ.①G634.603

中国版本图书馆 CIP 数据核字(2017)第 185987 号

策划编辑　常雨
责任编辑　李广鑫
封面设计　博鑫设计
出版发行　哈尔滨工业大学出版社
社　　址　哈尔滨市南岗区复华四道街 10 号　邮编150006
传　　真　0451-86414749
网　　址　http://hitpress.hit.edu.cn
印　　刷　哈尔滨市石桥印务有限公司
开　　本　787mm×1092mm　1/16　印张 11.5　字数 324 千字
版　　次　2017 年 9 月第 1 版　2017 年 9 月第 1 次印刷
书　　号　ISBN 978-7-5603-6857-3
定　　价　35.00 元

写在前面：高考，我们约会吧

上高三了，"水深火热"的高考复习生活就此拉开了帷幕。

不要会错意哦，我这里所说的"水深"是指学海无涯，"火热"则是指激情燃烧。

我们在路上。高考，说好了在明年六月的路口等我们。那个路口人头攒动、芳草萋萋。

如果说高三更像是一次旅行，那我们就是你们这一段人生之旅的"全陪"。

作为一名数学老师，今天，我愿意借此机会"公私兼顾"地讲一点数学。可以么？那好，现在我就和大家一起来复习一个文科理科都要考的内容——"命题及其关系"。

一般地，我们把用语言、符号或式子表达的，可以判断真假的陈述句叫作命题。其中判断为真的语句叫作真命题，判断为假的语句叫作假命题。

现在，我给出几个命题，请判断它们的真假，并说明理由。

命题1　少年辛苦终身事。

这个命题是我的老乡、唐代诗人杜荀鹤提出来的。意思是年轻时候的努力是关乎一生的大事。多少人拿自己当样本活了一辈子只为了验证它，所以我认为它是一个真命题。到了1900年，梁启超给出了一个推论：少年人如朝阳。少年强则国强。杜荀鹤的诗还有下一句："莫向光阴惰寸功"，意思是不要在懒惰中浪费光阴，"寸功"失去，事业也将化为泡影。这句话虽不是命题，但语重心长、情深意切。我们要记住他老人家的忠告。

命题2　高考是我们自己的选择。

这显然是一个真命题，对吧？高考制度可能有一些不足，如同人无完人。将来也许我们有能力完善它、修正它，但现在它成了必由之路。好了，想清楚了，心平气和了——正如林子祥、叶倩文同学说的：风起的日子笑看落花，雪舞的时节举杯向月……就算回到从前，高考，这仍是我唯一选择。你选择了我，我选择了你，这是我们的选择。

命题3　高考是我们今年最重要的一件事。

这几乎是一个公理。人生是排列而不是组合，先做什么后做什么要讲究顺序，反其道而行之就会陷入被动。既然我们选择了高考，那么在今年，悠悠万事，唯此为大。其他的事，不管无聊还是有趣甚至美好，我们都要稍稍按捺住情怀，把它们往后推一推。比如玩游戏、刷微信、谈恋爱。子在川上曰：逝者如斯夫，不舍昼夜。试问，这一年还有什么事可以与高考复习分庭抗礼、争抢时间呢？本末倒置、优哉游哉、不知今夕何夕，这不算本事，也就是个本能，谁不会呢？而心无旁骛、全力以赴、咬定青山不放松，这才是本事，也是一个高三学生的本分。我们要做一个深明大义的人，看得清方向目标，拎得清轻重缓急，恪尽职守，精益求精。

命题4　以往的测试与高考一一对应，一切已尘埃落定。

这是一个假命题。这个命题太假了。

实际上，如果高考是一个名叫"六月"的车站，那么过去的所有测试都是一个个服务区。

杰出的美女科学家颜宁在谈到科学的魅力时深有感触地说：不向前走，你根本不能轻易定义成功与失败。总有那么多的不确定、那么多的意外惊喜在等着你！

　　她说得真好！我想这段话同样适用于高考复习。各位同学，无论你曾获得过"卓越奖""优秀奖"或者"进步奖"，抑或你还在潜水不曾在榜上冒泡，你都应该沉着，在老师、家长的帮助下，认真细致地分析你的优势和不足，明确你要坚持的、找出你应该调整的，再接再厉，查缺补漏，取长补短，让后面的复习更有针对性和实效。这就像走路。对，我们正在赶路。高考复习就像是一场马拉松，你就是一个参赛的运动员。你可以像我们经常在电视上看到的那样，先喝上几口水，再把剩下的半瓶水浇在头上，继续前进。你不要轻言放弃，不要懈怠，也不可以恍恍惚惚地披上一面彩旗然后张开双臂向观众致意——这样未免太滑稽了，因为你还没有到达终点，你的胸前少了一块奖牌，空空荡荡。

　　就要下课了，今天我所讲的，概括起来只有六个字：自信、笃行、坚韧。与诸君共勉。

　　各位同学，你不是一个人在战斗。同学、家长和老师，组成了一个兵种齐全的集团军。集结号已经吹响，我们一路同行。奔跑吧，少年！

　　高考，我们约会吧！不理会压力有多大，不管这世界多复杂，你是我要的那一杯茶，就让我把你融化。

郭本龙
2017 年 8 月于深圳中学

《数学培优半月谈》使用说明书

【名　　称】《数学培优半月谈》

【书名释义】　名曰"半月谈",意为十五次讲座,并非"半月读"或"半月用"。你可以从第一轮复习起直至高考前夕,慢慢品味,常看常新。从此你再也不用为上数学课来不及记笔记发愁了——按照独立性检验,你有 99% 的把握说:它就是。(你只需在每页留白处写下心得或批注即可)

【成　　分】　经典例题与详解、设问与答疑、提示与点穴、专业分析与总结、引申与链接、跨界评述与心灵鸡汤等。

【适用人群】　高考考生、高中学生、青年教师、爱看杂书的朋友以及粉丝。

【用法用量】　本书分为"十五天",即为"十五讲",每讲的题目最少 5 个,最多 10 个,综合性较强、高浓度。非学霸读者每天完成 2~3 题即可。高二学生用量减半,或遵师嘱。

【禁　　忌】　一目十行或束之高阁。

【注意事项】

1. 请将本品放在你最容易接触的地方。

2. 建议读者先看第一卷,试着做一下,再看第二卷的解析,边看边思考。

3. 如有疑问,请与同学讨论,或找老师沟通。

【有 效 期】　请在高考前使用。

【参考书目】　《高中数学》《普通高等学校招生全国统一考试大纲》《数学一轮才捧出》《数学压轴题 中国正在解》。

【交 流 群】　"中国正在解"QQ 群 426602014,欢迎加入,非诚勿扰。

【鸣　　谢】　感谢深圳中学数学组老师及 2017 届同学为本书提供的校对、意见和建议!

目　　录

第一卷　你先做做看

第二卷　听我慢慢讲

第一卷　你先做做看

第一天　三角函数与解三角形

1. 函数 $f(x) = A(\sin 2\omega x \cos \varphi + 2\cos^2 \omega x \sin \varphi) - A\sin \varphi \left(x \in \mathbf{R}, A > 0, \omega > 0, |\varphi| < \dfrac{\pi}{2} \right)$ 的图像在 y 轴右侧的第一个最高点(即函数取得最大值的点)为 $P\left(\dfrac{1}{3}, 2 \right)$,在原点右侧与 x 轴的第一个交点为 $Q\left(\dfrac{5}{6}, 0 \right)$.

　　(1)求函数 $f(x)$ 的表达式;

　　(2)求函数 $f(x)$ 在区间 $\left[\dfrac{21}{4}, \dfrac{23}{4} \right]$ 上的对称轴的方程.

2. 已知函数 $f(x) = 4\tan x \sin\left(\dfrac{\pi}{2} - x \right) \cos\left(x - \dfrac{\pi}{3} \right) - \sqrt{3}$.

　　(1)求 $f(x)$ 的定义域与最小正周期;

　　(2)讨论 $f(x)$ 在区间 $\left[-\dfrac{\pi}{4}, \dfrac{\pi}{4} \right]$ 上的单调性.

3. 如图,$\triangle ABC$ 中,D 是 BC 上的点,AD 平分 $\angle BAC$,$\triangle ABD$ 面积是 $\triangle ADC$ 面积的 2 倍.

(1) 求 $\dfrac{\sin \angle B}{\sin \angle C}$;

(2)若 $AD = 1$,$DC = \dfrac{\sqrt{2}}{2}$,求 BD 和 AC 的长.

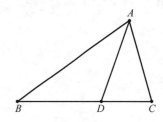

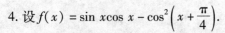

4. 设 $f(x) = \sin x \cos x - \cos^2\left(x + \dfrac{\pi}{4}\right)$.

（1）求 $f(x)$ 的单调区间；

（2）在锐角 $\triangle ABC$ 中，角 A,B,C 的对边分别为 a,b,c，若 $f\left(\dfrac{A}{2}\right) = 0, a = 1$，求 $\triangle ABC$ 面积的最大值.

5. 设 $\triangle ABC$ 的内角 A,B,C 的对边分别为 $a,b,c, a = b\tan A$，且 B 为钝角.

（1）证明：$B - A = \dfrac{\pi}{2}$；

（2）求 $\sin A + \sin C$ 的取值范围.

6. 设 $\triangle ABC$ 的内角 A,B,C 所对的边分别为 a,b,c，且 $a\cos C - \dfrac{1}{2}c = b$.

（1）求角 A 的大小；

（2）若 $a = 1$，求 $\triangle ABC$ 的周长的取值范围.

7. 如图，A,B,C,D 为平面四边形 $ABCD$ 的四个内角.

（1）证明：$\tan\dfrac{A}{2} = \dfrac{1 - \cos A}{\sin A}$；

（2）若 $A + C = 180°, AB = 6, BC = 3, CD = 4, AD = 5$，求 $\tan\dfrac{A}{2} +$

$\tan\dfrac{B}{2} + \tan\dfrac{C}{2} + \tan\dfrac{D}{2}$ 的值.

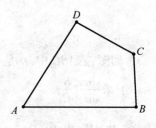

8. 如图,在 △ABC 中,∠ABC = 90°,点 D 在 BC 边上,点 E 在 AD 上.

（1）若 D 是 BC 的中点,∠CED = 30°,DE = 1,CE = $\sqrt{3}$,求 △ACE 的面积;

（2）若 AE = 2CD,∠CAE = 15°,∠CED = 45°,求 ∠DAB 的余弦值.

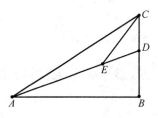

9. 已知函数 f(x) 的图像是由函数 g(x) = cos x 的图像经如下变换得到的:先将 g(x) 图像上所有点的纵坐标伸长到原来的 2 倍（横坐标不变）,再将所得到的图像向右平移 $\frac{\pi}{2}$ 个单位长度.

（1）求函数 f(x) 的解析式,并求其图像的对称轴方程;

（2）已知关于 x 的方程 f(x) + g(x) = m 在 [0, 2π) 内有两个不同的解 α, β.

①求实数 m 的取值范围;

②证明: $\cos(\alpha - \beta) = \dfrac{2m^2}{5} - 1$.

第二天 数 列

1. 已知数列 $\{a_n\}$ 的前 n 项和为 S_n，$a_1 = 2$，$a_{n+1} = S_n + 2$（$n \geq 1$，$n \in \mathbf{N}^*$），数列 $\{b_n\}$ 满足 $b_n = \dfrac{2n-1}{a_n}$.

(1) 求数列 $\{a_n\}$ 的通项公式；

(2) 求数列 $\{b_n\}$ 的前 n 项和 T_n；

(3) 若数列 $\{c_n\}$ 满足 $c_n = \dfrac{a_n}{(a_n - 1)^2}$ 且数列 $\{c_n\}$ 的前 n 项为 K_n，求证：$K_n < 3$.

2. S_n 为数列 $\{a_n\}$ 的前 n 项和，已知 $a_n > 0$，$a_n^2 + 2a_n = 4S_n + 3$.

(1) 求 $\{a_n\}$ 的通项公式；

(2) 设 $b_n = \dfrac{1}{a_n a_{n+1}}$，求数列 $\{b_n\}$ 的前 n 项和.

3. 设数列 $\{a_n\}$ 的前 n 项和为 S_n，$n \in \mathbf{N}^*$. 已知 $a_1 = 1$，$a_2 = \dfrac{3}{2}$，$a_3 = \dfrac{5}{4}$，且当 $n \geq 2$ 时，$4S_{n+2} + 5S_n = 8S_{n+1} + S_{n-1}$.

(1) 证明：$\left\{ a_{n+1} - \dfrac{1}{2}a_n \right\}$ 为等比数列；

(2) 求数列 $\{a_n\}$ 的通项公式.

4.设各项均为正数的数列 $\{a_n\}$ 的前 n 项和为 S_n,满足 $a_{n+1}^2=4S_n+4n+1$,$n\in\mathbf{N}^*$,且 a_2,a_5,a_{14} 恰好是等比数列 $\{b_n\}$ 的前三项.

(1)求数列 $\{a_n\}$,$\{b_n\}$ 的通项公式;

(2)记数列 $\{b_n\}$ 的前 n 项和为 T_n,若对任意的 $n\in\mathbf{N}^*$,$\left(T_n+\dfrac{3}{2}\right)k\geqslant 3n-6$ 恒成立,求实数 k 的取值范围.

5.已知数列 $\{a_n\}$ 是等差数列,数列 $\{b_n\}$ 是等比数列,且对任意的 $n\in\mathbf{N}^*$,都有 $a_1b_1+a_2b_2+a_3b_3+\cdots+a_nb_n=n\cdot 2^{n+3}$.

(1)若 $\{b_n\}$ 的首项为 4,公比为 2,求数列 $\{a_n+b_n\}$ 的前 n 项和;

(2)若 $a_n=4n+4$,试探究:数列 $\{b_n\}$ 中是否存在某一项,它可以表示为该数列中其他 $r(r\in\mathbf{N},r\geqslant 2)$ 项的和? 若存在,请求出该项;若不存在,请说明理由.

6.已知数列 $\{a_n\}$ 的各项均为正数,记 $A(n)=a_1+a_2+\cdots+a_n$,$B(n)=a_2+a_3+\cdots+a_{n+1}$,$C(n)=a_3+a_4+\cdots+a_{n+2}$,$n=1,2,3,\cdots$.

(1)若 $a_1=1$,$a_2=5$,且对任意 $n\in\mathbf{N}^*$,三个数 $A(n)$,$B(n)$,$C(n)$ 组成等差数列,求数列 $\{a_n\}$ 的通项公式;

(2)证明:数列 $\{a_n\}$ 是公比为 q 的等比数列的充要条件是:对任意 $n\in\mathbf{N}^*$,三个数 $A(n)$,$B(n)$,$C(n)$ 组成公比为 q 的等比数列.

7. 设函数 $f(x) = \dfrac{2x+1}{x}$ $(x>0)$,数列 $\{a_n\}$ 满足 $a_1 = 1$,$a_n = f\left(\dfrac{1}{a_{n-1}}\right)$ $(n \in \mathbf{N}^*, n \geq 2)$.

(1)求数列 $\{a_n\}$ 的通项公式;

(2)设 $T_n = a_1 a_2 - a_2 a_3 + a_3 a_4 - a_4 a_5 + \cdots + (-1)^{n-1} a_n a_{n+1}$,若 $T_n \geq tn^2$ 对 $n \in \mathbf{N}^*$ 恒成立,求实数 t 的取值范围.

8. 若无穷数列 $\{a_n\}$ 满足:只要 $a_p = a_q$ $(p, q \in \mathbf{N}^*)$,必有 $a_{p+1} = a_{q+1}$,则称 $\{a_n\}$ 具有性质 P.

(1)若 $\{a_n\}$ 具有性质 P,且 $a_1 = 1$,$a_2 = 2$,$a_4 = 3$,$a_5 = 2$,$a_6 + a_7 + a_8 = 21$,求 a_3;

(2)若无穷数列 $\{b_n\}$ 是等差数列,无穷数列 $\{c_n\}$ 是公比为正数的等比数列,$b_1 = c_5 = 1$,$b_5 = c_1 = 81$,$a_n = b_n + c_n$,判断 $\{a_n\}$ 是否具有性质 P,并说明理由;

(3)设 $\{b_n\}$ 是无穷数列,已知 $a_{n+1} = b_n + \sin a_n$ $(n \in \mathbf{N}^*)$. 求证:"对任意 a_1,$\{a_n\}$ 都具有性质 P"的充要条件为"$\{b_n\}$ 是常数列".

第三天　概率统计

1. 随着移动互联网的快速发展,基于互联网的共享单车应运而生. 某市场研究人员为了了解共享单车运营公司 M 的经营状况,对该公司最近 6 个月内的市场占有率进行了统计,并绘制了相应的折线图.

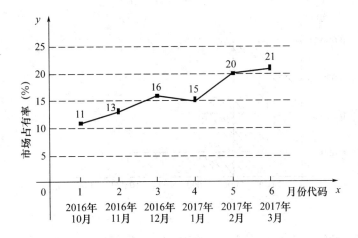

（1）由折线图可以看出,可用线性回归模型拟合月度市场占有率 y 与月份代码 x 之间的关系. 求 y 关于 x 的线性回归方程,并预测 M 公司 2017 年 4 月份的市场占有率.

（2）为进一步扩大市场,公司拟再采购一批单车. 现有采购成本分别为 1 000 元/辆和 1 200 元/辆的 A,B 两款车型可供选择,按规定每辆单车最多使用 4 年,但由于多种原因（如骑行频率等）会导致车辆报废年限各不相同. 考虑到公司运营的经济效益,该公司决定先对两款车型的单车各 100 辆进行科学模拟测试,得到两款单车使用寿命频数表如下:

车型 ＼ 报废年限	1 年	2 年	3 年	4 年	总计
A	20	35	35	10	100
B	10	30	40	20	100

经测算,平均每辆单车每年可以带来收入 500 元. 不考虑除采购成本之外的其他成本,假设每辆单车的使用寿命都是整数年,且以频率作为每辆单车使用寿命的概率. 如果你是 M 公司的负责人,以每辆单车产生利润的期望值作为决策依据,你会选择采购哪款车型?

参考数据: $\sum\limits_{i=1}^{6}(x_i-\bar{x})(y_i-\bar{y})=35$, $\sum\limits_{i=1}^{6}(x_i-\bar{x})^2=17.5$.

参考公式: 回归方程为

$$\hat{y}=\hat{b}x+\hat{a},\hat{b}=\frac{\sum\limits_{i=1}^{n}(x_i-\bar{x})(y_i-\bar{y})}{\sum\limits_{i=1}^{n}(x_i-\bar{x})^2},\hat{a}=\bar{y}-\hat{b}\bar{x}$$

其中 $\bar{x},\bar{y}$ 为样本平均数.

2. 自 2016 年下半年起六安市区商品房价不断上涨,为了调查研究六安城区居民对六安商品房价格承受情况,寒假期间小明在六安市区不同小区分别对 50 户居民家庭进行了抽查,并统计出这 50 户家庭对商品房的承受价格(单位:元/m²),将收集的数据分成[0,2 000],(2 000,4 000],(4 000,6 000],(6 000,8 000],(8 000,10 000]五组(单位:元/m²),并作出频率分布直方图如下:

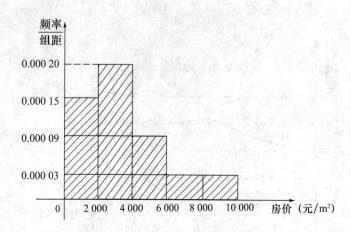

(1)试根据频率分布直方图估计出这 50 户家庭对商品房的承受价格平均值(单位:元/m²);

(2)为了做进一步调查研究,小明准备从承受能力超过 4 000 元/m² 的居民中随机抽出 2 户进行再调查,设抽出承受能力超过 8 000 元/m² 的居民为 ξ 户,求 ξ 的分布列和数学期望.

3. 近年来,我国电子商务蓬勃发展. 2016 年"6·18"期间,某网购平台的销售业绩高达 516 亿元人民币,与此同时,相关管理部门推出了针对该网购平台的商品和服务的评价系统. 从该评价系统中选出 200 次成功交易,并对其评价进行统计,网购者对商品的满意率为 0.6,对服务的满意率为 0.75,其中对商品和服务都满意的交易为 80 次.

(1)根据已知条件完成下面的 2×2 列联表,并回答能否有 99% 的把握认为"网购者对商品满意与对服务满意之间有关系"?

	对服务满意	对服务不满意	合计
对商品满意	80		
对商品不满意			
合计			200

（2）若将频率视为概率，某人在该网购平台上进行的 3 次购物中，设对商品和服务都满意的次数为随机变量 X，求 X 的分布列和数学期望 EX.

附：$K^2 = \dfrac{n(ad-bc)^2}{(a+b)(c+d)(a+c)(b+d)}$（其中 $n = a+b+c+d$ 为样本容量）

$P(K^2 \geqslant k)$	0.15	0.10	0.05	0.025	0.010
k	2.072	2.706	3.841	5.024	6.635

4. 某公司计划购买 2 台机器，该种机器使用 3 年后即被淘汰. 机器有一易损零件，在购进机器时，可以额外购买这种零件作为备件，每个 200 元. 在机器使用期间，如果备件不足再购买，则每个 500 元. 现需决策在购买机器时应同时购买几个易损零件，为此搜集并整理了 100 台这种机器在 3 年使用期内更换的易损零件数，得下面柱图：

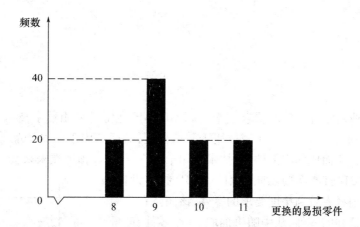

以这 100 台机器更换的易损零件数的频率代替 1 台机器更换的易损零件数发生的概率，记 X 表示 2 台机器 3 年内共需更换的易损零件数，n 表示购买 2 台机器的同时购买的易损零件数.

（1）求 X 的分布列；

（2）若要求 $P(X \leqslant n) \geqslant 0.5$，确定 n 的最小值；

（3）以购买易损零件所需费用的期望值为决策依据，在 $n = 19$ 与 $n = 20$ 之中选其一，应选用哪个？

5. 某险种的基本保费为 a(单位:元),继续购买该险种的投保人称为续保人,续保人的本年度的保费与其上年度的出险次数的关联如下:

上年度出险次数	0	1	2	3	4	≥5
保费	0.85a	a	1.25a	1.5a	1.75a	2a

设该险种一位续保人一年内出险次数与相应概率如下:

一年内出险次数	0	1	2	3	4	≥5
概率	0.30	0.15	0.20	0.20	0.10	0.05

(1)求一续保人本年度的保费高于基本保费的概率;

(2)若一续保人本年度的保费高于基本保费,求其保费比基本保费高出 60% 的概率;

(3)求续保人本年度的平均保费与基本保费的比值.

6. 未来制造业对零件的精度要求越来越高,3D 打印通常是采用数字技术材料打印机来实现的,常在模具制造、工业设计等领域被用于制造模型,后逐渐用于一些产品的直接制造,已经有使用这种技术打印而成的零部件,该技术应用十分广泛,可以预计在未来会有发展空间. 某制造企业向 A 高校 3D 打印实验团队租用一台 3D 打印设备,用于打印一批对内径有较高精度要求的零件,该团队在实验室打印出了一批这样的零件,从中随机抽取 10 个零件,度量其内径的茎叶图如图所示(单位:μm).

9	7 7 8
10	2 5 7 8
11	3 4

(1)计算平均值 μ 与标准差 σ;

(2)假设这台 3D 打印设备打印出品的零件内径 Z 服从正态分布 $N(\mu,\sigma^2)$,该团队到工厂安装调试后,试打了 5 个零件,度量其内径分别为(单位:μm):86,95,103,109,118,试问此打印设备是否需要进一步调试? 为什么?

参考数据:$P(\mu-2\sigma<Z<\mu+2\sigma)=0.9544$,$P(\mu-3\sigma<Z<\mu+3\sigma)=0.9974$,$0.9544^3=0.87$,$0.9974^4=0.99$,$0.0456^2=0.002$.

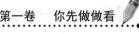

7. 为推动乒乓球运动的发展,某乒乓球比赛允许不同协会的运动员组队参加. 现有来自甲协会的运动员 3 名,其中种子选手 2 名;乙协会的运动员 5 名,其中种子选手 3 名. 从这 8 名运动员中随机选择 4 人参加比赛.

　　(1)设 A 为事件"选出的 4 人中恰有 2 名种子选手,且这 2 名种子选手来自同一个协会",求事件 A 发生的概率;

　　(2)设 X 为选出的 4 人中种子选手的人数,求随机变量 X 的分布列和数学期望.

8. 甲、乙两人组成"星队"参加猜成语活动,每轮活动由甲、乙各猜一个成语,在一轮活动中,如果两人都猜对,则"星队"得 3 分;如果只有一人猜对,则"星队"得 1 分;如果两人都没猜对,则"星队"得 0 分. 已知甲每轮猜对的概率是 $\dfrac{3}{4}$,乙每轮猜对的概率是 $\dfrac{2}{3}$;每轮活动中甲、乙猜对与否互不影响,各轮结果也互不影响. 假设"星队"参加两轮活动,求:

　　(1)"星队"至少猜对 3 个成语的概率;

　　(2)"星队"两轮得分之和 X 的分布列和数学期望 EX.

9. 将一个半径适当的小球放入如图所示的容器最上方的入口处,小球将自由下落. 小球在下落过程中,将 3 次遇到黑色障碍物,最后落入 A 袋或 B 袋中. 已知小球每次遇到黑色障碍物时向左、右两边下落的概率都是 $\dfrac{1}{2}$.

　　(1)求小球落入 A 袋中的概率 $P(A)$;

　　(2)在容器入口处依次放入 4 个小球,记 ξ 为落入 A 袋中小球的个数,试求 $\xi = 3$ 的概率和 ξ 的数学期望 $E\xi$.

10. 随机将 $1,2,\cdots,2n(n \in \mathbf{N}^*,n \geqslant 2)$ 这 $2n$ 个连续正整数分成 A,B 两组,每组 n 个数,A 组最小数为 a_1,最大数为 a_2;B 组最小数为 b_1,最大数为 b_2,记 $\xi = a_2 - a_1,\eta = b_2 - b_1$.

(1)当 $n=3$ 时,求 ξ 的分布列和数学期望;

(2)令 C_i 表示事件"$\xi = \eta = i$",求 $P(C_{n-1})$,$P(C_n)$ 和 $P(C_{n+1})(n \geqslant 3)$.

第四天　立体几何

1. 如图,四边形 $ABCD$ 为菱形,$\angle ABC = 120°$,E,F 是平面 $ABCD$ 同一侧的两点,$BE \perp$ 平面 $ABCD$,$DF \perp$ 平面 $ABCD$,$BE = 2DF$,$AE \perp EC$.

(1)证明:平面 $AEC \perp$ 平面 AFC;

(2)求直线 AE 与直线 CF 所成角的余弦值.

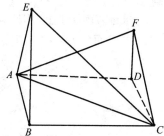

2. 如图,四棱锥中,$AB /\!/ CD$,$BC \perp CD$,侧面 SAB 为等边三角形,$AB = BC = 2$,$CD = SD = 1$.

(1)证明:$SD \perp$ 平面 SAB;

(2)求 AB 与平面 SBC 所成角的正弦值.

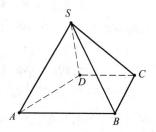

3. 如图(a),在直角梯形 $ABCD$ 中,$AD /\!/ BC$,$AB \perp BC$,$BD \perp DC$,点 E 是 BC 边的中点,将 $\triangle ABD$ 沿 BD 折起,使平面 $ABD \perp$ 平面 BCD,连接 AE,AC,DE,得到如图(b)所示的几何体.

(1)求证:$AB \perp$ 平面 ADC;

(2)若 $AD = 1$,二面角 $C - AB - D$ 的平面角的正切值为 $\sqrt{6}$,求二面角 $B - AD - E$ 的余弦值.

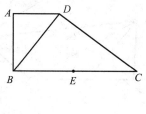

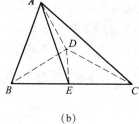

(a)　　　　　　　　　　　　　　(b)

4. 如图所示的多面体中,四边形 $ABCD$ 和四边形 $BCEF$ 是全等的等腰梯形,且平面 $BCEF \perp$ 平面 $ABCD$,$AB /\!/ CD$,$CE /\!/ BF$,$AD = BC = EF$,$CD = \frac{1}{2}AB$,$\angle ABC = \angle CBF = 60°$,$G$ 为线段 AB 的中点.

(1)求证:$DE /\!/$ 平面 ABF;

(2)求二面角 $D - FG - B$(钝角)的余弦值.

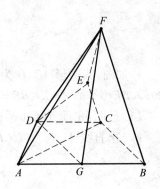

5. 如图,在四棱锥 $P - ABCD$ 中,平面 $PAD \perp$ 平面 $ABCD$,$PA \perp PD$,$PA = PD$,$AB \perp AD$,$AB = 1$,$AD = 2$,$AC = CD = \sqrt{5}$.

(1)求证:$PD \perp$ 平面 PAB;

(2)求直线 PB 与平面 PCD 所成角的正弦值;

(3)在棱 PA 上是否存在点 M,使得 $BM /\!/$ 平面 PCD？若存在,求 $\frac{AM}{AP}$ 的值;若不存在,说明理由.

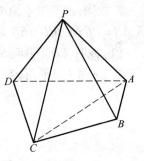

6. 在如图所示的几何体中,四边形 $ABCD$ 是菱形,四边形 $ADNM$ 是矩形,平面 $ADNM \perp$ 平面 $ABCD$,$\angle DAB = 60°$,$AD = 2$,$AM = 1$,E 是 AB 的中点.

(1)求证:$AN /\!/$ 平面 MEC;

(2)在线段 AM 上是否存在点 P,使二面角 $P - EC - D$ 的大小为 $\frac{\pi}{6}$？若存在,求出 AP 的长;若不存在,请说明理由.

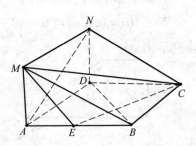

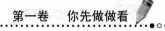

7. 如图,已知四棱锥 $P-ABCD$ 的底面为菱形,
$\angle BAD = 120°, AB = PC = 2, AP = BP = \sqrt{2}$.
(1)求证:$AB \perp PC$;
(2)求二面角 $B-PC-D$ 的平面角的余弦值.

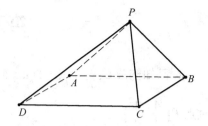

8. 如图,在四棱锥 $P-ABCD$ 中,已知 $PA \perp$ 平面 $ABCD$,且
四边形 $ABCD$ 为直角梯形,$\angle ABC = \angle BAD = \dfrac{\pi}{2}, PA = AD = 2$,
$AB = BC = 1$.
(1)求平面 PAB 与平面 PCD 所成二面角的余弦值;
(2)点 Q 是线段 BP 上的动点,当直线 CQ 与 DP 所成的
角最小时,求线段 BQ 的长.

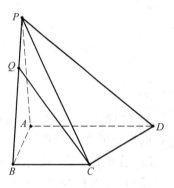

第五天 轨 迹 方 程

1. 已知椭圆 $C: \dfrac{x^2}{a^2} + \dfrac{y^2}{b^2} = 1 (a > b > 0)$ 的两个焦点分别为 $F_1(-1,0)$,$F_2(1,0)$,且椭圆 C 经过点 $P\left(\dfrac{4}{3}, \dfrac{1}{3}\right)$.

(1)求椭圆 C 的离心率;

(2)设过点 $A(0,2)$ 的直线 l 与椭圆 C 交于 M,N 两点,点 Q 是线段 MN 上的点,且 $\dfrac{2}{|AQ|^2} = \dfrac{1}{|AM|^2} + \dfrac{1}{|AN|^2}$,求点 Q 的轨迹方程.

2. 已知抛物线 $C: y^2 = 2x$ 的焦点为 F,平行于 x 轴的两条直线 l_1,l_2 分别交 C 于 A,B 两点,交 C 的准线于 P,Q 两点.

(1)若 F 在线段 AB 上,R 是 PQ 的中点,证明:$AR/\!\!/FQ$;

(2)若 $\triangle PQF$ 的面积是 $\triangle ABF$ 的面积的两倍,求 AB 中点的轨迹方程.

3. 已知过原点的动直线 l 与圆 $C_1: x^2 + y^2 - 6x + 5 = 0$ 相交于不同的两点 A,B.

(1)求圆 C_1 的圆心坐标;

(2)求线段 AB 的中点 M 的轨迹 C 的方程;

(3)是否存在实数 k,使得直线 $L: y = k(x-4)$ 与曲线 C 只有一个交点:若存在,求出 k 的取值范围;若不存在,说明理由.

4. 已知点 $H(-6,0)$，点 P 在 y 轴上，点 Q 在 x 轴的正半轴上，点 M 在直线 PQ 上，且满足 $\overrightarrow{HP} \cdot \overrightarrow{PM} = 0$，$\overrightarrow{PM} = \dfrac{1}{2}\overrightarrow{MQ}$.

(1) 当点 P 在 y 轴上移动时，求点 M 的轨迹 C；

(2) 过点 $T(-2,0)$ 作直线 l 与轨迹 C 交于 A,B 两点，若在 x 轴上存在一点 $E(x_0,0)$，使得 $\triangle AEB$ 是以点 E 为直角顶点的直角三角形，求直线 l 的斜率 k 的取值范围.

5. 在直角坐标系 xOy 上取两个定点 $A_1(-\sqrt{6},0)$，$A_2(\sqrt{6},0)$，再取两个动点 $N_1(0,m)$，$N_2(0,n)$，且 $mn = 2$.

(1) 求直线 A_1N_1 与 A_2N_2 交点 M 的轨迹 C 方程；

(2) 过 $R(3,0)$ 的直线 l 与轨迹 C 交于 P,Q，过 P 作 $PN \perp x$ 轴且与轨迹 C 交于另一点 N，F 为轨迹 C 的右焦点，若 $\overrightarrow{RP} = \lambda \overrightarrow{RQ}(\lambda > 1)$，求证：$\overrightarrow{NF} = \lambda \overrightarrow{FQ}$.

6. 平面直角坐标系中，动圆 C 与圆 $(x-1)^2 + y^2 = \dfrac{1}{4}$ 外切，且与直线 $x = -\dfrac{1}{2}$ 相切，记圆心 C 的轨迹为曲线 T.

(1) 求曲线 T 的方程；

(2) 设过定点 $Q(m,0)$（m 为非零常数）的动直线 l 与曲线 T 交于 A,B 两点，问：在曲线 T 上是否存在点 P（与 A,B 两点相异），当直线 PA,PB 的斜率存在时，直线 PA,PB 的斜率之和为定值？若存在，求出点 P 的坐标；若不存在，请说明理由.

第六天　定点、定值和定曲线

1. 平面直角坐标系 xOy 中，椭圆 $C:\dfrac{x^2}{a^2}+\dfrac{y^2}{b^2}=1(a>b>0)$ 的离心率是 $\dfrac{\sqrt{3}}{2}$，抛物线 $E:x^2=2y$ 的焦点 F 是 C 的一个顶点.

（1）求椭圆 C 的方程；

（2）设 P 是 E 上的动点，且位于第一象限，E 在点 P 处的切线 l 与 C 交于不同的两点 A,B，线段 AB 的中点为 D，直线 OD 与过 P 且垂直于 x 轴的直线交于点 M.

① 求证：点 M 在定直线上；

② 直线 l 与 y 轴交于点 G，记 $\triangle PFG$ 的面积为 S_1，$\triangle PDM$ 的面积为 S_2，求 $\dfrac{S_1}{S_2}$ 的最大值及取得最大值时点 P 的坐标.

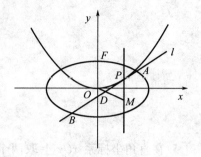

2. 已知椭圆 $C:9x^2+y^2=m^2(m>0)$，直线 l 不过原点 O 且不平行于坐标轴，l 与 C 有两个交点 A,B，线段 AB 的中点为 M.

（1）证明：直线 OM 的斜率与 l 的斜率的乘积为定值；

（2）若 l 过点 $\left(\dfrac{m}{3},m\right)$，延长线段 OM 与 C 交于点 P，四边形 $OAPB$ 能否为平行四边形？若能，求此时 l 的斜率；若不能，说明理由.

3. 如图,椭圆 $E:\dfrac{x^2}{a^2}+\dfrac{y^2}{b^2}=1(a>b>0)$ 的离心率是 $\dfrac{\sqrt{2}}{2}$,过点 $P(0,1)$ 的动直线 l 与椭圆相交于 A,B 两点,当直线 l 平行于 x 轴时,直线 l 被椭圆 E 截得的线段长为 $2\sqrt{2}$.

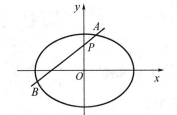

(1)求椭圆 E 的方程;

(2)在平面直角坐标系 xOy 中,是否存在与点 P 不同的定点 Q,使得 $\dfrac{|QA|}{|QB|}=\dfrac{|PA|}{|PB|}$ 恒成立? 若存在,求出点 Q 的坐标;若不存在,请说明理由.

4. 设椭圆 $E:\dfrac{x^2}{a^2}+\dfrac{y^2}{b^2}=1(a>b>0)$,$F_1,F_2$ 分别为椭圆的左、右焦点,点 M 为椭圆上的一动点,$\triangle F_1MF_2$ 面积的最大值为 4,椭圆的离心率为 $\dfrac{\sqrt{2}}{2}$.

(1)求椭圆 E 的方程;

(2)是否存在圆心为原点 O 的圆,使得该圆的任意一条切线与椭圆 E 恒有两个交点,且 $\overrightarrow{OA}\perp\overrightarrow{OB}$? 若存在,求出该圆的方程;若不存在,请说明理由.

5. 过点 $P(a,-2)$ 作抛物线 $C:x^2=4y$ 的两条切线,切点分别为 $A(x_1,y_1),B(x_2,y_2)$.

(1)证明:$x_1x_2+y_1y_2$ 为定值;

(2)记 $\triangle PAB$ 的外接圆的圆心为点 M,点 F 是抛物线 C 的焦点,对任意实数 a,试判断以 PM 为直径的圆是否恒过点 F? 并说明理由.

第七天　圆锥曲线中的范围或最值

1.已知椭圆 $C_1:\dfrac{x^2}{a^2}+\dfrac{y^2}{b^2}=1(a>b>0)$ 的离心率为 $\dfrac{\sqrt{2}}{2}$,其短轴的下端点在抛物线 $x^2=4y$ 的准线上.

（1）求椭圆 C_1 的方程;

（2）设 O 为坐标原点,M 是直线 $l:x=2$ 上的动点,F 为椭圆的右焦点,过点 F 作 OM 的垂线与以 OM 为直径的圆 C_2 相交于 P,Q 两点,与椭圆 C_1 相交于 A,B 两点,如图所示.

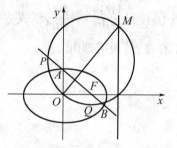

①若 $|PQ|=\sqrt{6}$,求圆 C_2 的方程;

②设 C_2 与四边形 $OAMB$ 的面积分别为 S_1,S_2,若 $S_1=\lambda S_2$,求 λ 的取值范围.

2.已知椭圆 $\dfrac{x^2}{a^2}+\dfrac{y^2}{b^2}=1(a>b>0)$ 的离心率是 $\dfrac{1}{2}$,过点 $P\left(0,\dfrac{\sqrt{3}}{2}\right)$ 的动直线 l 与椭圆相交于 A,B 两点,当直线 l 平行于 x 轴时,直线 l 被椭圆截得的线段长为 $2\sqrt{3}$.（F_1,F_2 分别为左、右焦点）

（1）求椭圆的标准方程;

（2）过 F_2 的直线 l_1 交椭圆于不同的两点 M,N,则 $\triangle F_1MN$ 内切圆的面积是否存在最大值?若存在,求出这个最大值及此时的直线 l_1 方程;若不存在,请说明理由.

3. 已知曲线 C_1: $\dfrac{|x|}{a} + \dfrac{|y|}{b} = 1(a > b > 0)$ 围成的封闭图形的面积为 $4\sqrt{5}$, 曲线 C_1 的内切圆

半径为 $\dfrac{2\sqrt{5}}{3}$. 记曲线 C_2 为以曲线 C_1 与坐标轴的交点为顶点的椭圆.

(1) 求椭圆 C_2 的标准方程.

(2) 设 AB 是过椭圆 C_2 中心的任意弦, 直线 l 是线段 AB 的垂直平分线, 点 M 是直线 l 上异于椭圆中心的点.

① 若 $|MO| = \lambda |OA|$ (点 O 为坐标原点), 当点 A 在椭圆 C_2 上运动时, 求点 M 的轨迹方程;

② 若点 M 是直线 l 与椭圆 C_2 的交点, 求 $\triangle AMB$ 的面积的最小值.

4. 已知椭圆 C: $\dfrac{x^2}{a^2} + \dfrac{y^2}{b^2} = 1(a > b > 0)$ 短轴的两个端点与右焦点的连线构成等边三角形, 直线 $3x + 4y + 6 = 0$ 与圆 $x^2 + (y - b)^2 = a^2$ 相切.

(1) 求椭圆 C 的方程;

(2) 已知过椭圆 C 的左顶点 A 的两条直线 l_1, l_2 分别交椭圆 C 于 M, N 两点, 且 $l_1 \perp l_2$, 求证: 直线 MN 过定点, 并求出定点坐标.

(3) 在 (2) 的条件下, 求 $\triangle AMN$ 面积的最大值.

5. 已知椭圆 C_1、抛物线 C_2 的焦点均在 x 轴上, 从两条曲线上各取两个点, 将其坐标混合记录于下表中:

x	$-\sqrt{2}$	2	$\sqrt{6}$	9
y	$\sqrt{3}$	$-\sqrt{2}$	-1	3

(1) 求椭圆 C_1 和抛物线 C_2 的标准方程;

(2) 过椭圆 C_1 右焦点 F 的直线 l 与此椭圆相交于 A,B 两点, 若点 P 为直线 $x=4$ 上任意一点.

① 求证: 直线 PA, PF, PB 的斜率成等差数列.

② 若点 P 在 x 轴上, 设 $\overrightarrow{FA}=\lambda\overrightarrow{FB}, \lambda\in[-2,-1]$, 求 $|\overrightarrow{PA}+\overrightarrow{PB}|$ 取最大值时的直线 l 的方程.

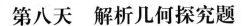

第八天 解析几何探究题

1. 已知 M,N 是抛物线 $C:y=x^2$ 上的两个点，点 M 的坐标为 $(1,1)$，直线 MN 的斜率为 $k(k>0)$，设抛物线 C 的焦点在直线 MN 的下方.

(1) 求 k 的取值范围；

(2) 设 P 为 C 上一点，且 $MN\perp MP$，过 N,P 两点分别作 C 的切线，记两切线的交点为 D，判断四边形 $MNDP$ 是否为梯形，并说明理由.

2. 已知椭圆 $C:\dfrac{x^2}{a^2}+\dfrac{y^2}{4}=1$，$F_1,F_2$ 为椭圆左、右焦点，A,B 为椭圆左、右顶点，点 P 为椭圆上异于 A,B 的动点，且直线 PA,PB 的斜率之积为 $-\dfrac{1}{2}$.

(1) 求椭圆 C 的方程；

(2) 若动直线 l 与椭圆 C 有且仅有一个公共点，试问：在 x 轴上是否存在两个定点，使得这两个定点到直线 l 的距离之积为 4？若存在，求出两个定点的坐标；若不存在，请说明理由.

3. 如图，设椭圆 $\dfrac{x^2}{a^2}+y^2=1(a>1)$.

(1) 求直线 $y=kx+1$ 被椭圆截得到的弦长（用 a,k 表示）；

(2) 若任意以点 $A(0,1)$ 为圆心的圆与椭圆至多有 3 个公共点，求椭圆的离心率的取值范围.

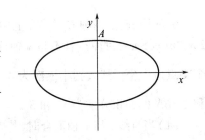

4. 如图所示，离心率为 $\dfrac{1}{2}$ 的椭圆 $\Omega:\dfrac{x^2}{a^2}+\dfrac{y^2}{b^2}=1(a>b>0)$ 上的点到左焦点的距离的最大值为 3，过椭圆 Ω 内一点 P 的两条直线分别与椭圆交于点 A,C 和 B,D，且满足 $\overrightarrow{AP}=\lambda\ \overrightarrow{PC}$，$\overrightarrow{BP}=\lambda\ \overrightarrow{PD}$，其中 λ 为常数，过 P 作 AB 的平行线交椭圆于 M,N

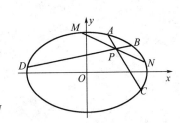

两点.

(1)求椭圆 Ω 的方程;

(2)若点 $P(1,1)$,求直线 MN 的方程,并证明点 P 平分线段 MN.

5.已知椭圆 C 的中心在原点 O,焦点 F_1,F_2 在 x 轴上,离心率 $e=\dfrac{1}{2}$,且椭圆经过点

$A\left(1,\dfrac{3}{2}\right)$.

(1)求椭圆 C 的标准方程;

(2)已知 P,Q 是椭圆 C 上的两点.

①若 $OP\perp OQ$,求证:$\dfrac{1}{|OP|^2}+\dfrac{1}{|OQ|^2}$ 为定值;

②当 $\dfrac{1}{|OP|^2}+\dfrac{1}{|OQ|^2}$ 为①中所求定值时,试探究 $OP\perp OQ$ 是否成立,并说明理由.

6.如图,已知椭圆 C_1 与 C_2 的中心在坐标原点 O,长轴均为 MN 且在 x 轴上,短轴长分别为 $2m,2n(m>n)$,过原点且不与 x 轴重合的直线 l 与 C_1,C_2 的 4

个交点按纵坐标从大到小依次为 A,B,C,D.记 $\lambda=\dfrac{m}{n}$,$\triangle BDM$

和 $\triangle ABN$ 的面积分别为 S_1 和 S_2.

(1)当直线 l 与 y 轴重合时,若 $S_1=\lambda S_2$,求 λ 的值;

(2)当 λ 变化时,是否存在与坐标轴不重合的直线 l,使得 $S_1=\lambda S_2$?并说明理由.

第九天　利用导数研究不等式

1. 函数 $f(x) = \ln x + \dfrac{1}{2}x^2 + ax\,(a \in \mathbf{R})$，$g(x) = e^x + \dfrac{3}{2}x^2$.

(1) 讨论 $f(x)$ 的极值点的个数；

(2) 若对于 $\forall x > 0$，总有 $f(x) \leqslant g(x)$.

① 求实数 a 的取值范围；

② 求证：对于 $\forall x > 0$，不等式 $e^x + x^2 - (e+1)x + \dfrac{e}{x} > 2$ 成立.

2. 已知 $f(x) = \sin x + \dfrac{x^3}{6} - mx\,(x \geqslant 0)$.

(1) 若 $f(x)$ 在 $[0, +\infty)$ 上单调递增，求实数 m 的取值范围；

(2) 当 $a \geqslant 1$ 时，$\forall x \in [0, +\infty)$，不等式 $\sin x - \cos x \leqslant e^{ax} - 2$ 是否恒成立？并说明理由.

3. 已知函数 $f(x) = \ln x - kx + 1\,(k$ 为常数$)$，函数 $g(x) = xe^x - \ln\left(\dfrac{4}{a}x + 1\right)\,(a$ 为常数，且 $a > 0)$.

(1) 若函数 $f(x)$ 有且只有 1 个零点，求 k 的取值集合；

(2) 当 (1) 中的 k 取最大值时，求证：$ag(x) - 2f(x) > 2(\ln a - \ln 2)$.

4.已知函数 $f(x)=1+a\ln x(a>0)$.

(1)当 $x>0$ 时,求证: $f(x)-1\geqslant a\left(1-\dfrac{1}{x}\right)$;

(2)若在区间 $(1,e)$ 内 $f(x)>x$ 恒成立,求实数 a 的取值范围;

(3)当 $a=\dfrac{1}{2}$ 时,求证: $f(2)+f(3)+\cdots+f(n+1)>2(n+1-\sqrt{n+1})(n\in\mathbf{N}^*)$.

5.已知函数 $f(x)=nx-x^n,x\in\mathbf{R}$,其中 $n\in\mathbf{N}^*,n\geqslant2$.

(1)讨论 $f(x)$ 的单调性;

(2)设曲线 $y=f(x)$ 与 x 轴正半轴的交点为 P,曲线在点 P 处的切线方程为 $y=g(x)$,求证:对于任意的正实数 x,都有 $f(x)\leqslant g(x)$;

(3)若关于 x 的方程 $f(x)=a(a$ 为实数)有两个正实根 x_1,x_2,求证: $|x_2-x_1|<\dfrac{a}{1-n}+2$.

第十天 参数的取值范围

1. 已知函数 $f(x) = \ln x - ax$.

（1）函数 $t(x) = xf(x)$ 有两个极值点，求实数的取值范围；

（2）当 $a = 1$ 时，函数 $g(x) = f(x) + x + \dfrac{1}{2x} - m$ 有两个零点 x_1, x_2 且 $x_1 < x_2$，求证：$x_1 + x_2 > 1$.

2. 设函数 $f(x) = ax^2 - a - \ln x$，其中 $a \in \mathbf{R}$.

（1）讨论 $f(x)$ 的单调性；

（2）确定 a 的所有可能取值，使得 $f(x) > \dfrac{1}{x} - e^{1-x}$ 在区间 $(1, +\infty)$ 内恒成立（$e = 2.718\cdots$ 为自然对数的底数）.

3. 已知函数 $f(x) = x\ln x + ax (a \in \mathbf{R})$.

（1）若函数 $f(x)$ 在区间 $[e^2, +\infty)$ 上为增函数，求 a 的取值范围；

（2）若对任意 $x \in (1, +\infty)$，$f(x) > k(x-1) + ax - x$ 恒成立，求正整数 k 的值.

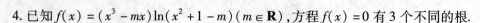

4. 已知 $f(x)=(x^3-mx)\ln(x^2+1-m)(m\in\mathbf{R})$,方程 $f(x)=0$ 有 3 个不同的根.

(1)求实数 m 的取值范围;

(2)是否存在实数 m,使得 $f(x)$ 在 $(0,1)$ 上恰有两个极值点 x_1,x_2,且满足 $x_2=2x_1$,若存在,求实数 m 的值;若不存在,说明理由.

5. 已知函数 $f(x)=\dfrac{ax}{e^x+1}+\dfrac{1}{e^x}$,若曲线 $y=f(x)$ 在点 $(0,f(0))$ 处的切线与直线 $x+2y-3=0$ 平行.

(1)求实数 a 的值;

(2)若对任意的 $x\in(-\infty,0)\cup(0,+\infty)$,$f(x)>\dfrac{x}{e^x-1}+\dfrac{k}{e^x}$ 恒成立,求实数 k 的取值范围.

第十一天　最　值　问　题

1. 已知函数 $g(x) = f(x) + \dfrac{1}{2}x^2 - bx$，函数 $f(x) = x + a\ln x$ 在 $x = 1$ 处的切线与直线 $x + 2y = 0$ 垂直.

（1）求实数 a 的值；

（2）若函数 $g(x)$ 存在单调递减区间，求实数 b 的取值范围；

（3）设 $x_1, x_2(x_1 < x_2)$ 是函数 $g(x)$ 的两个极值点，若 $b \geqslant \dfrac{7}{2}$，求 $g(x_1) - g(x_2)$ 的最小值.

2. 设函数 $f(x) = (x + a)\ln x$，$g(x) = \dfrac{x^2}{e^x}$，已知曲线 $y = f(x)$ 在点 $(1, f(1))$ 处的切线与直线 $2x - y = 0$ 平行.

（1）求 a 的值；

（2）是否存在自然数 k，使得方程 $f(x) = g(x)$ 在 $(k, k+1)$ 内存在唯一的根？如果存在，求出 k；如果不存在，请说明理由；

（3）设函数 $m(x) = \min\{f(x), g(x)\}$（$\min\{p, q\}$ 表示 p, q 中的较小值），求 $m(x)$ 的最大值.

3. 已知函数 $f(x) = ax + x\ln x$ 的图像在点 $(e, f(e))$ 处的切线斜率为 3.

（1）求实数 a 的值；

（2）若 $k \in \mathbf{Z}$，且 $k < \dfrac{f(x)}{x - 1}$ 对任意 $x > 1$ 恒成立，求 k 的最大值；

（3）当 $n > m \geqslant 4$ 时，证明：$(mn^n)^m > (nm^m)^n$.

4.（1）讨论函数 $f(x)=\dfrac{x-2}{x+2}e^x$ 的单调性，并证明当 $x>0$ 时，$(x-2)e^x+x+2>0$；

（2）证明：当 $a\in[0,1)$ 时，函数 $g(x)=\dfrac{e^x-ax-a}{x^2}(x>0)$ 有最小值. 设 $g(x)$ 的最小值为 $h(a)$，求函数 $h(a)$ 的值域.

5.已知函数 $f(x)=x\cos x-\sin x,x\in\left[0,\dfrac{\pi}{2}\right]$.

（1）求证：$f(x)\leqslant 0$；

（2）若 $a<\dfrac{\sin x}{x}<b$ 在 $\left(0,\dfrac{\pi}{2}\right)$ 上恒成立，求 a 的最大值与 b 的最小值.

第十二天　存在性问题

1. 若存在实常数 k 和 b，使函数 $f(x)$ 和 $g(x)$ 对于其定义域上的任意实数 x 分别满足 $f(x) \geq kx + b$ 和 $g(x) \leq kx + b$，则称直线 $l: y = kx + b$ 为曲线 $f(x)$ 和 $g(x)$ 的"隔离直线". 已知函数 $h(x) = x^2$，$\varphi(x) = 2e\ln x$（e 为自然对数的底数）.

(1) 求函数 $F(x) = h(x) - \varphi(x)$ 的极值；

(2) 函数 $h(x)$ 和 $\varphi(x)$ 是否存在隔离直线？若存在，求出此隔离直线；若不存在，请说明理由.

2. 已知函数 $f(x) = \ln(1 + x)$，$g(x) = kx$（$k \in \mathbf{R}$）.

(1) 证明：当 $x > 0$，$f(x) < x$；

(2) 证明：当 $k < 1$ 时，存在 $x_0 > 0$，使得对任意的 $x \in (0, x_0)$ 恒有 $f(x) > g(x)$；

(3) 确定 k 的所有可能取值，使得存在 $t > 0$，对任意的 $x \in (0, t)$，恒有 $|f(x) - g(x)| < x^2$.

3. 已知函数 $f(x) = e^x - ax$（a 为常数）的图像与 y 轴交于点 A，曲线 $y = f(x)$ 在点 A 处的切线斜率为 -1.

(1) 求 a 的值及函数 $f(x)$ 的极值；

(2) 证明：当 $x > 0$ 时，$x^2 < e^x$；

(3) 证明：对任意给定的正数 c，总存在 x_0，使得当 $x \in (x_0, +\infty)$，恒有 $x^2 < ce^x$.

4. 已知函数 $f(x) = (\cos x - x)(\pi + 2x) - \dfrac{8}{3}(\sin x + 1)$，$g(x) = 3(x - \pi)\cos x - 4(1 + \sin x)\ln\left(3 - \dfrac{2x}{\pi}\right)$.

证明：(1) 存在唯一 $x_0 \in \left(0, \dfrac{\pi}{2}\right)$，使 $f(x_0) = 0$；

(2) 存在唯一 $x_1 \in \left(\dfrac{\pi}{2}, \pi\right)$，使 $g(x_1) = 0$，且对 (1) 中的 x_0，有 $x_0 + x_1 < \pi$.

5. 已知函数 $f(x) = -2(x + a)\ln x + x^2 - 2ax - 2a^2 + a$，其中 $a > 0$.

(1) 设 $g(x)$ 是 $f(x)$ 的导函数，评论 $g(x)$ 的单调性；

(2) 证明：存在 $a \in (0, 1)$，使得 $f(x) \geqslant 0$ 在区间 $(1, +\infty)$ 内恒成立，且 $f(x) = 0$ 在 $(1, +\infty)$ 内有唯一解.

第十三天　非对称函数

1. 设函数 $f(x) = x^3 - 3ax^2 + 3(2-a)x, a \in \mathbf{R}$.

(1) 求 $f(x)$ 的单调递增区间；

(2) 若 $y = f(x)$ 的图像与 x 轴相切于原点，当 $0 < x_2 < x_1$ 时，$f(x_1) = f(x_2)$.

求证：$x_1 + x_2 < 8$.

2. 已知直线 $l: y = x + 1$ 与函数 $f(x) = \mathrm{e}^{ax+b}$ 的图像相切，且 $f'(1) = \mathrm{e}$.

(1) 求实数 a, b 的值；

(2) 若在曲线 $y = mf(x)$ 上存在两个不同的点 $A(x_1, mf(x_1))$，$B(x_2, mf(x_2))$ 关于 y 轴的对称点均在直线 l 上，证明：$x_1 + x_2 > 4$.

3. 已知函数 $f(x) = x\ln x - \dfrac{a}{2}x^2 (a \in \mathbf{R})$.

(1) 若 $a = 2$，求曲线 $y = f(x)$ 在点 $(1, f(1))$ 处的切线方程；

(2) 若函数 $g(x) = f(x) - x$ 有两个极值点 x_1, x_2，求证：$\dfrac{1}{\ln x_1} + \dfrac{1}{\ln x_2} > 2ae$.

4. 设函数 $f(x) = e^x - ax + a(a \in \mathbf{R})$ 的图像与 x 轴交于 $A(x_1, 0)$，$B(x_2, 0)(x_1 < x_2)$ 两点.

(1) 求 a 的取值范围；

(2) 求证：$x_1 x_2 < x_1 + x_2$.

5. 已知函数 $f(x) = (x - 2)e^x + a(x - 1)^2$ 有两个零点.

(1) 求 a 的取值范围；

(2) 设 x_1, x_2 是 $f(x)$ 的两个零点，证明：$x_1 + x_2 < 2$.

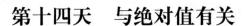

第十四天 与绝对值有关

1. 设函数 $f(x) = a\cos 2x + (a-1)(\cos x + 1)$,其中 $a > 0$,记 $|f(x)|$ 的最大值为 A.
(1)求 $f'(x)$;
(2)求 A;
(3)证明:$|f'(x)| \leq 2A$.

2. 设 x_1, x_2 是函数 $f(x) = \dfrac{a}{3}x^3 + \dfrac{b}{2}x^2 - a^2 x (a > 0)$ 的两个极值点,且 $|x_1| + |x_2| = 2$.
(1)证明:$0 < a \leq 1$;
(2)证明:$|b| \leq \dfrac{4\sqrt{3}}{9}$.

3. 已知函数 $f(x) = x^2 + ax + b (a, b \in \mathbf{R})$,记 $M(a,b)$ 是 $|f(x)|$ 在区间 $[-1,1]$ 上的最大值.
(1)证明:当 $|a| \geq 2$ 时,$M(a,b) \geq 2$;
(2)当 a,b 满足 $M(a,b) \leq 2$ 时,求 $|a| + |b|$ 的最大值.

4. 已知 $f(x) = x^3 + bx^2 + cx + 2$.

（1）若 $f(x)$ 在 $x = 1$ 时有极值 -1，求 b, c 的值；

（2）当 b 为非零实数时，证明：$f(x)$ 的图像不存在与直线 $(b^2 - c)x + y + 1 = 0$ 平行的切线；

（3）记函数 $|f'(x)| (-1 \leqslant x \leqslant 1)$ 的最大值为 M，求证：$M \geqslant \dfrac{3}{2}$.

5. 设函数 $f(x) = (x-1)^3 - ax - b$，$x \in \mathbf{R}$，其中 $a, b \in \mathbf{R}$.

（1）求 $f(x)$ 的单调区间；

（2）若 $f(x)$ 存在极值点 x_0，且 $f(x_1) = f(x_0)$，其中 $x_1 \neq x_0$，求证：$x_1 + 2x_0 = 3$；

（3）设 $a > 0$，函数 $g(x) = |f(x)|$，求证：$g(x)$ 在区间 $[0, 2]$ 上的最大值不小于 $\dfrac{1}{4}$.

第十五天　转化与化归

1. 已知函数 $f(x) = \ln x - x$.

(1) 求函数 $g(x) = f(x) - x - 2$ 的图像在 $x=1$ 处的切线方程;

(2) 证明: $|f(x)| > \dfrac{\ln x}{x} + \dfrac{1}{2}$;

(3) 设 $m > n > 0$, 比较 $\dfrac{f(m) - f(n)}{m - n} + 1$ 与 $\dfrac{m}{m^2 + n^2}$ 的大小, 并说明理由.

2. 已知函数 $f(x) = e^x(\sin x - ax^2 + 2a - e)$, 其中 $a \in \mathbf{R}$, $e = 2.718\,28\cdots$ 为自然对数的底数.

(1) 当 $a = 0$ 时, 讨论函数 $f(x)$ 的单调性;

(2) 当 $\dfrac{1}{2} \leqslant a \leqslant 1$ 时, 求证: 对任意 $x \in [0, +\infty)$, $f(x) < 0$.

3. 已知函数 $f(x) = x^3 + ax + \dfrac{1}{4}$, $g(x) = -\ln x$.

(1) 当 a 为何值时, x 轴为曲线 $y = f(x)$ 的切线;

(2) 用 $\min\{m, n\}$ 表示 m, n 中的最小值, 设函数 $h(x) = \min\{f(x), g(x)\}$ $(x > 0)$, 讨论 $h(x)$ 零点的个数.

4. 已知函数 $f(x) = \ln 2x - \dfrac{1}{2}ax^2 + x, a \in \mathbf{R}.$

（1）若 $f(1) = 0$，求函数 $f(x)$ 的单调递减区间；

（2）若关于 x 的不等式 $f(x) \leqslant ax - 1$ 恒成立，求整数 a 的最小值；

（3）若 $a = -2$，正实数 x_1, x_2 满足 $f(x_1) + f(x_2) + x_1 x_2 = 0$，证明：$x_1 + x_2 \geqslant \dfrac{\sqrt{5} - 1}{2}.$

5. 设 $f(x) = a\ln x + bx - b, g(x) = \dfrac{ex}{e^x}$，其中 $a, b \in \mathbf{R}.$

（1）求 $g(x)$ 的极大值；

（2）设 $b = 1, a > 0$，若 $\left| f(x_1) - f(x_2) \right| < \left| \dfrac{1}{g(x_2)} - \dfrac{1}{g(x_1)} \right|$ 对任意的 $x_1, x_2 \in [3, 4] (x_1 \neq x_2)$ 恒成立，求 a 的最大值；

（3）设 $a = -2$，若对任意给定的 $x_0 \in (0, e]$，在区间 $(0, e]$ 上总存在 $s, t(s \neq t)$，使 $f(s) = f(t) = g(x_0)$ 成立，求 b 的取值范围.

6. 已知函数 $f(x) = x - ae^x (a \in \mathbf{R}), x \in \mathbf{R}.$ 已知函数 $y = f(x)$ 有两个零点 x_1, x_2，且 $x_1 < x_2.$

（1）求 a 的取值范围；

（2）证明：$\dfrac{x_2}{x_1}$ 随着 a 的减小而增大；

（3）证明：$x_1 + x_2$ 随着 a 的减小而增大.

第二卷　听我慢慢讲

第一天　三角函数与解三角形

今天是个好日子,数学培优班开门大吉!

雄关漫道真如铁,而今迈步从头越.

我们将和大家一道,通过十五次讲座,将高考数学来一次巡防和筛查.

十五讲,共有93道题,这可是我起早贪黑、披沙拣金帮你选出来的,希望能涵盖高考数学的主要内容、热点题型和典型问题,也许这不过是我的美好愿望,实际上高考数学是动态的,就像大海里的鱼群,我无论如何也不能保证一网打尽,但是这些题目所体现的数学思想方法,处理问题的策略思路,以及解题心理的自我调节与暗示……所有这些,我相信都是富有启发的他山之石,从这个意义上说,理解、消化了它们,便是胸有成竹,尽可举一反三.

建议:你不妨试着将每一讲的题目先做一遍,然后再去看后面的解析、点评,如果我讲的与你做的毫无二致,那叫英雄所见略同;如果文中有几处能让你怦然心动,那你就驻足流连、取长补短;而如果你的解法更胜一筹,请在第一时间反馈给我,你我教学相长.总之,如果它们能有利于你再一次夯实基础、明确思想、巩固方法,打通了任督二脉,从此神清气爽、心明眼亮……我将十分欣慰!

不用谢,赠人玫瑰,手有余香,这都是我应该做的.

"南面而坐,北面而朝,像忧亦忧,像喜亦喜."——此乃《红楼梦》里贾宝玉制的一个灯谜,谜底是"镜子"——这何尝不是一个为人师者的真实写照?

你能在高考中取得好成绩,你永远都快乐……是我最大的心愿.

好了,书归正传.

第一讲是"三角函数与解三角形".

我禁不住又要跑题了,我想起了鲁迅先生的一段话——

生命的路是进步的,总是沿着无限的精神三角形的斜面向上走,什么都阻止他不得.

似乎与三角关系不大哦,但你不觉得很励志么?

你把它记下来吧,写作文或许用得到.

高考解答题对"三角"这一块的考查主要以三角恒等变形、三角函数的图像和性质、利用正余弦定理解三角形为主,难度中等,因此只要掌握基本的解题方法与技巧即可.在三角函数求值问题中,一般运用恒等变换,将未知角变换为已知角求解;在研究三角函数的图像和性质问题时,一般先运用三角恒等变形,将表达式转化为一个角的三角函数的形式求解;对于三角函数与解三角形相结合的题目,要注意通过正余弦定理以及面积公式实现边角互化,求出相关的边和角的大小.如果要考三角解答题,通常安排在第一题(似乎与数列解答题交替出现).啥也不说了,这12分你要悉数收入囊中.

1. 函数 $f(x) = A(\sin 2\omega x \cos \varphi + 2\cos^2 \omega x \sin \varphi) - A\sin \varphi \left(x \in \mathbf{R}, A > 0, \omega > 0, |\varphi| < \frac{\pi}{2}\right)$ 的图

像在 y 轴右侧的第一个最高点(即函数取得最大值的点)为 $P\left(\dfrac{1}{3},2\right)$,在原点右侧与 x 轴的第一个交点为 $Q\left(\dfrac{5}{6},0\right)$.

(1)求函数 $f(x)$ 的表达式;

(2)求函数 $f(x)$ 在区间 $\left[\dfrac{21}{4},\dfrac{23}{4}\right]$ 上的对称轴的方程.

解:(1)由题意化简可知

$$f(x)=A\sin(2\omega x+\varphi)$$

$$A=2,\ \frac{T}{4}=\frac{5}{6}-\frac{1}{3}\Rightarrow T=2\Rightarrow 2\omega=\frac{2\pi}{T}=\pi$$

将点 $P\left(\dfrac{1}{3},2\right)$ 代入 $y=2\sin(\pi x+\varphi)$ 得 $\sin\left(\dfrac{\pi}{3}+\varphi\right)=1$, 所以 $\varphi=2k\pi+\dfrac{\pi}{6}(k\in\mathbf{Z})$.

即函数的表达式为 $f(x)=2\sin\left(\pi x+\dfrac{\pi}{6}\right)(x\in\mathbf{R})$.

> 欲求 ω 和 φ,也可以用好"五点法"作出图的五个点,请注意它们的相对位置,可不能闹出"刻舟求剑"的笑话来哦!
>
> 因为 $P\left(\dfrac{1}{3},2\right)$ 为函数图像的最高点,故可令 $2\omega\cdot\dfrac{1}{3}+\varphi=\dfrac{\pi}{2}$.
>
> 同理,$2\omega\cdot\dfrac{5}{6}+\varphi=\pi$.
>
> (这里就不能令 $2\omega\cdot\dfrac{5}{6}+\varphi=0$,或 $2\omega\cdot\dfrac{5}{6}+\varphi=2\pi$,知道为什么吗?)
>
> 解这两个方程,就可以求出 ω 和 φ.
>
> 实际上,由函数的周期性及诱导公式可知:
>
> $\sin(\omega x+\varphi)=\sin(\omega x+\varphi+2k\pi)(k\in\mathbf{Z})$ 恒成立.
>
> $\sin(\omega x+\varphi)=\sin(-\omega x-\varphi+2k\pi+\pi)(k\in\mathbf{Z})$ 恒成立.
>
> 也就是说,如果你求出了一个解 $y=A\sin(\omega x+\varphi)$,就等于求出了所有的解,只有两类:$y=A\sin(\omega x+\varphi+2k\pi)(k\in\mathbf{Z})$ 与 $y=A\sin(-\omega x-\varphi+2k\pi+\pi)(k\in\mathbf{Z})$,具体解题时,我们常常利用这个性质,选取两类中的某一类,以改变 ω 的符号;或选取合适的整数 k,以调整 φ 的大小.(不少题如本题,对 ω 和 φ 都有范围限制)

(2)由 $\pi x+\dfrac{\pi}{6}=k\pi+\dfrac{\pi}{2}(k\in\mathbf{Z})$,解得:$x=k+\dfrac{1}{3}$.

令 $\dfrac{21}{4}\leqslant k+\dfrac{1}{3}\leqslant\dfrac{23}{4}$,解得 $\dfrac{59}{12}\leqslant k\leqslant\dfrac{65}{12}$,由于 $k\in\mathbf{Z}$,所以 $k=5$.

所以函数 $f(x)$ 在区间 $\left[\dfrac{21}{4},\dfrac{23}{4}\right]$ 上的对称轴的方程为 $x=\dfrac{16}{3}$.

> 做三角题,除了教材上的公式、结论之外,以下的结论也应熟记:
>
> 函数 $y=\sin x$ 图像的对称中心为 $(k\pi,0)(k\in\mathbf{Z})$,对称轴方程为 $x=k\pi+\dfrac{\pi}{2}(k\in\mathbf{Z})$;
>
> 函数 $y=\cos x$ 图像的对称中心为 $\left(k\pi+\dfrac{\pi}{2},0\right)(k\in\mathbf{Z})$,对称轴方程为 $x=k\pi(k\in\mathbf{Z})$;
>
> 函数 $y=\tan x$ 图像的对称中心为 $\left(\dfrac{k\pi}{2},0\right)(k\in\mathbf{Z})$.

$\sin \alpha = \sin \beta \Leftrightarrow \alpha = 2k\pi + \beta(k \in \mathbf{Z})$ 或 $\alpha = 2k\pi + \pi - \beta(k \in \mathbf{Z})$；

$\cos \alpha = \cos \beta \Leftrightarrow \alpha = 2k\pi \pm \beta(k \in \mathbf{Z})$；

$\tan \alpha = \tan \beta \Rightarrow \alpha = k\pi + \beta(k \in \mathbf{Z})$.

请思考：最后一个式子的箭头为什么是单向的？

2. 已知函数 $f(x) = 4\tan x\sin\left(\dfrac{\pi}{2} - x\right)\cos\left(x - \dfrac{\pi}{3}\right) - \sqrt{3}$.

(1) 求 $f(x)$ 的定义域与最小正周期；

(2) 讨论 $f(x)$ 在区间 $\left[-\dfrac{\pi}{4}, \dfrac{\pi}{4}\right]$ 上的单调性.

解：(1) $f(x)$ 的定义域为 $\left\{x \mid x \neq k\pi + \dfrac{\pi}{2}, k \in \mathbf{Z}\right\}$.

注意：欲求函数的定义域，不能轻举妄动，直接写出即可！

　　如果一意孤行，一定要警惕自变量范围的改变情况.

$$\begin{aligned}
f(x) &= 4\tan x\sin\left(\dfrac{\pi}{2} - x\right)\cos\left(x - \dfrac{\pi}{3}\right) - \sqrt{3} = 4\sin x\cos\left(x - \dfrac{\pi}{3}\right) - \sqrt{3} \\
&= 4\sin x\left(\dfrac{1}{2}\cos x + \dfrac{\sqrt{3}}{2}\sin x\right) - \sqrt{3} = 2\sin x\cos x + 2\sqrt{3}\,\sin^2 x - \sqrt{3} \\
&= \sin 2x + \sqrt{3}(1 - \cos 2x) - \sqrt{3} = \sin 2x - \sqrt{3}\cos 2x = 2\sin\left(2x - \dfrac{\pi}{3}\right)
\end{aligned}$$

所以 $f(x)$ 的最小正周期 $T = \dfrac{2\pi}{2} = \pi$.

(2) 令 $z = 2x - \dfrac{\pi}{3}$，函数 $y = 2\sin z$ 的递增区间是 $\left[-\dfrac{\pi}{2} + 2k\pi, \dfrac{\pi}{2} + 2k\pi\right]$，$k \in \mathbf{Z}$.

递减区间是 $\left[\dfrac{\pi}{2} + 2k\pi, \dfrac{3\pi}{2} + 2k\pi\right]$，$k \in \mathbf{Z}$.

由 $-\dfrac{\pi}{2} + 2k\pi \leqslant 2x - \dfrac{\pi}{3} \leqslant \dfrac{\pi}{2} + 2k\pi$，得 $-\dfrac{\pi}{12} + k\pi \leqslant x \leqslant \dfrac{5\pi}{12} + k\pi$，$k \in \mathbf{Z}$.

设 $A = \left[-\dfrac{\pi}{4}, \dfrac{\pi}{4}\right]$，$B = \left\{x \;\middle|\; -\dfrac{\pi}{12} + k\pi \leqslant x \leqslant \dfrac{5\pi}{12} + k\pi, k \in \mathbf{Z}\right\}$，易知 $A \cap B = \left[-\dfrac{\pi}{12}, \dfrac{\pi}{4}\right]$.

由 $\dfrac{\pi}{2} + 2k\pi \leqslant 2x - \dfrac{\pi}{3} \leqslant \dfrac{3\pi}{2} + 2k\pi$，得 $\dfrac{5\pi}{12} + k\pi \leqslant x \leqslant \dfrac{11\pi}{12} + k\pi$，$k \in \mathbf{Z}$.

又由函数的定义域 $x \neq k\pi + \dfrac{\pi}{2}$，$k \in \mathbf{Z}$.

设 $C = \left\{x \;\middle|\; \dfrac{5\pi}{12} + k\pi \leqslant x \leqslant \dfrac{11\pi}{12} + k\pi, x \neq k\pi + \dfrac{\pi}{2} k \in \mathbf{Z}\right\}$，易知 $A \cap C = \left[-\dfrac{\pi}{4}, -\dfrac{\pi}{12}\right]$.

所以当 $x \in \left[-\dfrac{\pi}{4}, \dfrac{\pi}{4}\right]$ 时，$f(x)$ 在区间 $\left[-\dfrac{\pi}{12}, \dfrac{\pi}{4}\right]$ 上递增，在区间 $\left[-\dfrac{\pi}{4}, -\dfrac{\pi}{12}\right]$ 上递减.

关于求函数的周期,目前有把握的主要是下列两类:

(1)由 $y = \sin x$, $y = \cos x$ 的周期都是 2π, 可得 $y = A\sin(\omega x + \varphi)$(或 $y = A\cos(\omega x + \varphi)$)的周期是 $\dfrac{2\pi}{|\omega|}$;

由 $y = \tan x$ 的周期是 π, 可得 $y = A\tan(\omega x + \varphi)$ 的周期是 $\dfrac{\pi}{|\omega|}$;

(2)观察函数图像可得其周期. 如: $y = |\sin x|$ 的周期是 π, $y = |\sin x| + |\cos x|$ 是 $\dfrac{\pi}{2}$.

如果是其他类型,则需要转变. 变形的过程中需注意定义域的改变情况.

所以本题首先是要化简,化简的重点是"降次",次数降下来,函数式变简单了,何乐而不为?

"降次"常用的公式其实是二倍角公式的变形形式: $\sin^2\alpha = \dfrac{1 - \cos 2\alpha}{2}$, $\cos^2\alpha = \dfrac{1 + \cos 2\alpha}{2}$, $\sin\alpha\cos\alpha = \dfrac{1}{2}\sin 2\alpha$.

求函数 $y = A\sin(\omega x + \varphi)$ 的单调区间的"通法"(程序):先检查 ω 的符号(如果 $\omega < 0$,则可以利用诱导公式改变它的符号). 这时,将 $\omega x + \varphi$ 看作一个整体,直接用教材上关于 $y = \sin x$(或 $y = \cos x$, $y = \tan x$)单调性的结论求出.

这类问题很少舍近求远地去求导!

最后,重要的事情说三遍——函数的周期性、单调区间皆与函数的定义域有关,变形时都要留神.

---

3. $\triangle ABC$ 中,D 是 BC 上的点,AD 平分 $\angle BAC$,$\triangle ABD$ 面积是 $\triangle ADC$ 面积的 2 倍.

(1)求 $\dfrac{\sin \angle B}{\sin \angle C}$;

(2)若 $AD = 1$,$DC = \dfrac{\sqrt{2}}{2}$,求 BD 和 AC 的长.

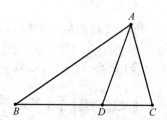

解:(1)

$$S_{\triangle ABD} = \dfrac{1}{2}AB \cdot AD\sin \angle BAD$$

$$S_{\triangle ADC} = \dfrac{1}{2}AC \cdot AD\sin \angle CAD$$

因为 $S_{\triangle ABD} = 2S_{\triangle ADC}$, $\angle BAD = \angle CAD$,所以 $AB = 2AC$.

由正弦定理可得 $\dfrac{\sin \angle B}{\sin \angle C} = \dfrac{AC}{AB} = \dfrac{1}{2}$.

(2)因为 $S_{\triangle ABD} : S_{\triangle ADC} = BD : DC$ 及 $DC = \dfrac{\sqrt{2}}{2}$,所以 $BD = \sqrt{2}$.

在 $\triangle ABD$ 和 $\triangle ADC$ 中,由余弦定理得

$$AB^2 = AD^2 + BD^2 - 2AD \cdot BD\cos \angle ADB$$

$$AC^2 = AD^2 + DC^2 - 2AD \cdot DC\cos \angle ADC$$

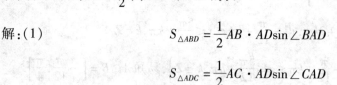

$$AB^2 + 2AC^2 = 3AD^2 + BD^2 + 2DC^2 = 6$$

由(1)知 $AB = 2AC$,所以 $AC = 1$.

本题考查了三角形的面积公式、角分线、正弦定理和余弦定理,由角平分线定义得角的等量关系,由面积关系得边的关系,由正弦定理得三角形内角正弦的关系;分析两个三角形中 $\cos\angle ADB$ 和 $\cos\angle ADC$ 互为相反数的特点,结合已知条件,利用余弦定理列方程,进而求 AC.

天长日久,看到三角形的某条边上有一个点,与顶点连成了一条线段,我就会想到:哦,这里有两个角互补,可以两次用余弦定理……

4. 设 $f(x)=\sin x\cos x-\cos^2\left(x+\dfrac{\pi}{4}\right)$.

(1)求 $f(x)$ 的单调区间;

(2)在锐角 $\triangle ABC$ 中,角 A,B,C 的对边分别为 a,b,c,若 $f\left(\dfrac{A}{2}\right)=0,a=1$,求 $\triangle ABC$ 面积的最大值.

解:(1)由题意知

$$f(x)=\frac{\sin 2x}{2}-\frac{1+\cos\left(2x+\dfrac{\pi}{2}\right)}{2}=\frac{\sin 2x}{2}-\frac{1-\sin 2x}{2}=\sin 2x-\frac{1}{2}$$

由 $-\dfrac{\pi}{2}+2k\pi\leqslant 2x\leqslant\dfrac{\pi}{2}+2k\pi,k\in\mathbf{Z}$ 可得 $-\dfrac{\pi}{4}+k\pi\leqslant x\leqslant\dfrac{\pi}{4}+k\pi,k\in\mathbf{Z}$.

由 $\dfrac{\pi}{2}+2k\pi\leqslant 2x\leqslant\dfrac{3\pi}{2}+2k\pi,k\in\mathbf{Z}$ 可得 $\dfrac{\pi}{4}+k\pi\leqslant x\leqslant\dfrac{3\pi}{4}+k\pi,k\in\mathbf{Z}$.

所以函数 $f(x)$ 的递增区间是 $\left[-\dfrac{\pi}{4}+k\pi,\dfrac{\pi}{4}+k\pi\right](k\in\mathbf{Z})$;

递减区间是 $\left[\dfrac{\pi}{4}+k\pi,\dfrac{3\pi}{4}+k\pi\right](k\in\mathbf{Z})$.

(2)由 $f\left(\dfrac{A}{2}\right)=\sin A-\dfrac{1}{2}=0$,得 $\sin A=\dfrac{1}{2}$.

由题意知 $\angle A$ 为锐角,所以 $\cos A=\dfrac{\sqrt{3}}{2}$.

由余弦定理:$a^2=b^2+c^2-2bc\cos A$ 可得:$1+\sqrt{3}\,bc=b^2+c^2\geqslant 2bc$.

即 $bc\leqslant 2+\sqrt{3}$,当且仅当 $b=c$ 时等号成立,因此 $\dfrac{1}{2}bc\sin A\leqslant\dfrac{2+\sqrt{3}}{4}$.

所以 $\triangle ABC$ 面积的最大值为 $\dfrac{2+\sqrt{3}}{4}$.

用余弦定理结合基本不等式求三角形面积的最值是一种成熟的思路.

若用不等式求最值,一定要注明等号能否达到及何时达到.

5. 设 $\triangle ABC$ 的内角 A,B,C 的对边分别为 $a,b,c,a=b\tan A$,且 B 为钝角.

(1) 证明: $B-A=\dfrac{\pi}{2}$;

(2) 求 $\sin A+\sin C$ 的取值范围.

解: (1) 由 $a=b\tan A$ 及正弦定理, 得 $\dfrac{\sin A}{\cos A}=\dfrac{a}{b}=\dfrac{\sin A}{\sin B}$, 所以 $\sin B=\cos A$.

即 $\sin B=\sin\left(\dfrac{\pi}{2}+A\right)$, 又 B 为钝角, 因此 $\dfrac{\pi}{2}+A\in\left(\dfrac{\pi}{2},\pi\right)$, 故 $B=\dfrac{\pi}{2}+A$, 即 $B-A=\dfrac{\pi}{2}$.

(2) 由 (1) 知

$$C=\pi-(A+B)\pi-\left(2A+\dfrac{\pi}{2}\right)=\dfrac{\pi}{2}-2A>0$$

所以 $A\in\left(0,\dfrac{\pi}{4}\right)$, 于是

$$\sin A+\sin C=\sin A+\sin\left(\dfrac{\pi}{2}-2A\right)$$

$$=\sin A+\cos 2A=-2\sin^2 A+\sin A+1=-2\left(\sin A-\dfrac{1}{4}\right)^2+\dfrac{9}{8}$$

因为 $0<A<\dfrac{\pi}{4}$, 所以 $0<\sin A<\dfrac{\sqrt{2}}{2}$, 因此

$$\dfrac{\sqrt{2}}{2}<-2\left(\sin A-\dfrac{1}{4}\right)^2+\dfrac{9}{8}\leqslant\dfrac{9}{8}$$

由此可知 $\sin A+\sin C$ 的取值范围是 $\left(\dfrac{\sqrt{2}}{2},\dfrac{9}{8}\right]$.

求一个角或证明两个角相等 (或大小关系), 一般先考察某个三角函数值, 再利用其范围及函数的单调性解得.

注意将第 (2) 小题与第 4 题第 (2) 小题作一个对比.

求取值范围, 一般写成函数式, 研究其值域.

如果用不等式, 则有一个担心挥之不去: 它能否取遍所求范围内的所有值?

---

6. 设 $\triangle ABC$ 的内角 A,B,C 所对的边分别为 a,b,c,且 $a\cos C-\dfrac{1}{2}c=b$.

(1) 求角 A 的大小;

(2) 若 $a=1$, 求 $\triangle ABC$ 的周长的取值范围.

解: (1) 由 $a\cos C-\dfrac{1}{2}c=b$ 得

$$\sin A\cos C-\dfrac{1}{2}\sin C=\sin B$$

又

$$\sin B=\sin(A+C)=\sin A\cos C+\cos A\sin C$$

所以 $\dfrac{1}{2}\sin C=-\cos A\sin C$, 因为 $\sin C\neq 0$, 因为 $\cos A=-\dfrac{1}{2}$, 因为 $0<A<\pi$, 所以 $A=\dfrac{2\pi}{3}$.

(2) 由正弦定理得

$$b=\dfrac{a\sin B}{\sin A}=\dfrac{2}{\sqrt{3}}\sin B,c=\dfrac{2}{\sqrt{3}}\sin C$$

$$l = a + b + c = 1 + \frac{2}{\sqrt{3}}(\sin B + \sin C) = 1 + \frac{2}{\sqrt{3}}[\sin B + \sin(A + B)]$$

$$= 1 + \frac{2}{\sqrt{3}}\left(\frac{1}{2}\sin B + \frac{\sqrt{3}}{2}\cos B\right) = 1 + \frac{2}{\sqrt{3}}\sin\left(B + \frac{\pi}{3}\right)$$

因为 $A = \frac{2\pi}{3}$，所以 $B \in \left(0, \frac{\pi}{3}\right)$，所以 $B + \frac{\pi}{3} \in \left(\frac{\pi}{3}, \frac{2\pi}{3}\right)$.

所以 $\sin\left(B + \frac{\pi}{3}\right) \in \left(\frac{\sqrt{3}}{2}, 1\right]$，故 $\triangle ABC$ 的周长的取值范围为 $\left(2, \frac{2\sqrt{3}}{3} + 1\right]$.

> 同上题，求"范围"之类，如能写成函数式，按部就班，最好.
>
> 如果用不等式，有时只能找到某一边的边界，另一边可能很难写清楚.
>
> 你看我已经变得爱唠叨了，没办法，"唠叨"说明我在意、惦记，语重心长.

7. 如图，A, B, C, D 为平面四边形 $ABCD$ 的四个内角.

(1) 证明：$\tan\frac{A}{2} = \frac{1 - \cos A}{\sin A}$；

(2) 若 $A + C = 180°$，$AB = 6$，$BC = 3$，$CD = 4$，$AD = 5$，求

$\tan\frac{A}{2} + \tan\frac{B}{2} + \tan\frac{C}{2} + \tan\frac{D}{2}$ 的值.

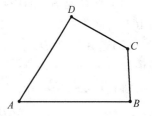

解：(1)
$$\tan\frac{A}{2} = \frac{\sin\frac{A}{2}}{\cos\frac{A}{2}} = \frac{2\sin^2\frac{A}{2}}{2\sin\frac{A}{2}\cos\frac{A}{2}} = \frac{1 - \cos A}{\sin A}$$

(2) 由 $A + C = 180°$，得 $C = 180° - A$，$D = 180° - B$.

由(1)，有

$$\tan\frac{A}{2} + \tan\frac{B}{2} + \tan\frac{C}{2} + \tan\frac{D}{2}$$

$$= \frac{1 - \cos A}{\sin A} + \frac{1 - \cos B}{\sin B} + \frac{1 - \cos(180° - A)}{\sin(180° - A)} + \frac{1 - \cos(180° - B)}{\sin(180° - B)}$$

$$= \frac{2}{\sin A} + \frac{2}{\sin B}$$

连接 BD，在 $\triangle ABD$ 中，有 $BD^2 = AB^2 + AD^2 - 2AB \cdot AD\cos A$.

在 $\triangle BCD$ 中，有 $BD^2 = BC^2 + CD^2 - 2BC \cdot CD\cos C$.

所以 $AB^2 + AD^2 - 2AB \cdot AD\cos A = BC^2 + CD^2 + 2BC \cdot CD\cos A$.

则 $\cos A = \frac{AB^2 + AD^2 - BC^2 - CD^2}{2(AB \cdot AD + BC \cdot CD)} = \frac{6^2 + 5^2 - 3^2 - 4^2}{2(6 \times 5 + 3 \times 4)} = \frac{3}{7}$.

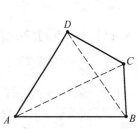

于是 $\sin A = \sqrt{1 - \cos^2 A} = \sqrt{1 - \left(\frac{3}{7}\right)^2} = \frac{2\sqrt{10}}{7}$.

连接 AC，同理可得

$$\cos B = \frac{AB^2 + BC^2 - AD^2 - CD^2}{2(AB \cdot BC + AD \cdot CD)} = \frac{6^2 + 3^2 - 5^2 - 4^2}{2(6 \times 3 + 5 \times 4)} = \frac{1}{19}$$

于是
$$\sin B = \sqrt{1-\cos^2 B} = \sqrt{1-\left(\frac{1}{19}\right)^2} = \frac{6\sqrt{10}}{19}$$

所以
$$\tan \frac{A}{2} + \tan \frac{B}{2} + \tan \frac{C}{2} + \tan \frac{D}{2} = \frac{2}{\sin A} + \frac{2}{\sin B} = \frac{14}{2\sqrt{10}} + \frac{2 \times 19}{6\sqrt{10}} = \frac{4\sqrt{10}}{3}$$

定理:凸 $n(n \in \mathbf{N}^*, n \geq 3)$ 边形的内角和等于 $(n-2) \cdot 180°$.

注意第(1)小题的铺垫:命题人为你设计了一个台阶,提供(提醒)了一个变形的思路.

四边形一般分成两个三角形来研究.

心中有一些"小目标":要尽量减少字母(变量)的个数,式子(方程等)的个数,尽量减少函数的种类.

---

8. 如图,在 $\triangle ABC$ 中,$\angle ABC = 90°$,点 D 在 BC 边上,点 E 在 AD 上.

(1)若 D 是 BC 的中点,$\angle CED = 30°$,$DE = 1$,$CE = \sqrt{3}$,求 $\triangle ACE$ 的面积;

(2)若 $AE = 2CD$,$\angle CAE = 15°$,$\angle CED = 45°$,求 $\angle DAB$ 的余弦值.

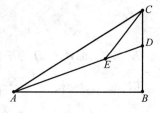

解:(1)在 $\triangle CDE$ 中

$$CD = \sqrt{CE^2 + ED^2 - 2CE \cdot ED \cdot \cos \angle CED}$$
$$= \sqrt{3 + 1 - 2\sqrt{3} \cdot 1 \cdot \cos 30°} = 1$$

所以 $\triangle CDE$ 为等腰三角形,$\angle ADB = 60°$,所以 $AD = 2$,$AE = 1$.

$$S_{\triangle ACE} = \frac{1}{2}AE \cdot CE \cdot \sin \angle AEC = \frac{1}{2} \cdot 1 \cdot \sqrt{3} \cdot \sin 150° = \frac{\sqrt{3}}{4}$$

(2)设 $CD = a$,在 $\triangle ACE$ 中,$\dfrac{CE}{\sin \angle CAE} = \dfrac{AE}{\sin \angle ACE}$,所以 $CE = \dfrac{2a\sin 15°}{\sin 30°} = (\sqrt{6} - \sqrt{2})a$.

在 $\triangle CDE$ 中,$\dfrac{CD}{\sin \angle CED} = \dfrac{CE}{\sin \angle CED}$,$\sin \angle CDE = \dfrac{CE\sin \angle CED}{CD} = \dfrac{(\sqrt{6}-\sqrt{2})a\sin 45°}{a} = \sqrt{3} - 1$.

$\cos \angle DAB = \cos(\angle CDE - 90°) = \sin \angle CDE = \sqrt{3} - 1$.

---

9. 已知函数 $f(x)$ 的图像是由函数 $g(x) = \cos x$ 的图像经如下变换得到的:先将 $g(x)$ 图像上所有点的纵坐标伸长到原来的 2 倍(横坐标不变),再将所得到的图像向右平移 $\dfrac{\pi}{2}$ 个单位长度.

(1)求函数 $f(x)$ 的解析式,并求其图像的对称轴方程;

(2)已知关于 x 的方程 $f(x) + g(x) = m$ 在 $[0, 2\pi)$ 内有两个不同的解 α, β.

①求实数 m 的取值范围;

②证明:$\cos(\alpha - \beta) = \dfrac{2m^2}{5} - 1$.

解:(1)将 $g(x) = \cos x$ 的图像上所有点的纵坐标伸长到原来的 2 倍(横坐标不变)得到 $y = 2\cos x$ 的图像,再将 $y = 2\cos x$ 的图像向右平移 $\dfrac{\pi}{2}$ 个单位长度后得到 $y = 2\cos\left(x - \dfrac{\pi}{2}\right)$ 的图像,

故 $f(x)=2\sin x$，从而函数 $f(x)=2\sin x$ 图像的对称轴方程为 $x=k\pi+\dfrac{\pi}{2}(k\in\mathbf{Z})$.

　　(2)①
$$f(x)+g(x)=2\sin x+\cos x=\sqrt{5}\left(\dfrac{2}{\sqrt{5}}\sin x+\dfrac{1}{\sqrt{5}}\cos x\right)$$
$$=\sqrt{5}\sin(x+\varphi)\left(\text{其中 }\varphi\text{ 为锐角},\sin\varphi=\dfrac{1}{\sqrt{5}},\cos\varphi=\dfrac{2}{\sqrt{5}}\right)$$

依题意，$\sin(x+\varphi)=\dfrac{m}{\sqrt{5}}$ 在区间 $[0,2\pi)$ 内有两个不同的解 α,β 当且仅当 $\left|\dfrac{m}{\sqrt{5}}\right|<1$，故 m 的取值范围是 $(-\sqrt{5},\sqrt{5})$.

　　②因为 α,β 是方程 $f(x)+g(x)=m$，即 $\sqrt{5}\sin(x+\varphi)=m$ 在区间 $[0,2\pi)$ 内有两个不同的解，所以 $\sin(\alpha+\varphi)=\dfrac{m}{\sqrt{5}}$，$\sin(\beta+\varphi)=\dfrac{m}{\sqrt{5}}$，所以 $\sin(\alpha+\varphi)=\sin(\beta+\varphi)$.

　　因为 α,β 同在区间 $[0,2\pi)$ 内，所以 α,β 不可能终边相同，即 $\alpha+\varphi,\beta+\varphi$ 不可能终边相同，所以存在整数 k，使得 $\alpha+\varphi=2k\pi+\pi-(\beta+\varphi)$.

> 这里用到了前面写过的结论：
> $$\sin\alpha=\sin\beta\Leftrightarrow\alpha=2k\pi+\beta(k\in\mathbf{Z})\text{ 或 }\alpha=2k\pi+\pi-\beta(k\in\mathbf{Z})$$
> 实际上，当 $1<m<\sqrt{5}$ 时，$\alpha+\varphi=\pi-(\beta+\varphi)$；
> 而当 $-\sqrt{5}<m<1$ 时，$\alpha+\varphi=3\pi-(\beta+\varphi)$.
> 也可以笼统地写成：$\alpha+\varphi=2k\pi+\pi-(\beta+\varphi)(k\in\mathbf{Z})$.
> 三角式的变形，因为公式众多，如树多枝，如路多歧. 所以拿到一道题之后，一定要认真审题，注意分析、发现角与角之间的关系，这样才能避免走弯路、岔路.

　　所以 $\sin(\alpha+\varphi)=\sin(\beta+\varphi)$，$\cos(\alpha+\varphi)=-\cos(\beta+\varphi)$，于是
$$\cos(\alpha-\beta)=\cos[(\alpha+\varphi)-(\beta+\varphi)]\cos(\alpha+\varphi)\cos(\beta+\varphi)\sin(\alpha+\varphi)\sin(\beta+\varphi)$$
$$=-\cos^2(\beta+\varphi)+\sin(\alpha+\varphi)\sin(\beta+\varphi)=-\left[1-\left(\dfrac{m}{\sqrt{5}}\right)^2\right]+\left(\dfrac{m}{\sqrt{5}}\right)^2=\dfrac{2m^2}{5}-1$$

> 本题另解：因为，方程 $\sqrt{5}\sin(x)=m$ 在区间 $[0,2)$ 内有两个不同的解，所以
> $$\sin(\alpha+\varphi)=\sin(\beta+\varphi)\dfrac{m}{\sqrt{5}}$$
> 由函数图像的对称性可得：
> 当 $1<m<\sqrt{5}$ 时，$\dfrac{(\alpha+\varphi)+(\beta+\varphi)}{2}=\dfrac{\pi}{2}$，所以 $\alpha-\beta=\pi-2(\beta+\varphi)$；
> 当 $-\sqrt{5}<m<1$ 时，$\dfrac{(\alpha+\varphi)+(\beta+\varphi)}{2}=\dfrac{3\pi}{2}$，所以 $\alpha-\beta=3\pi-2(\beta+\varphi)$，所以
> $$\cos(\alpha-\beta)=\cos 2(\beta+\varphi)=2\sin^2(\beta+\varphi)-1=2\left(\dfrac{m}{\sqrt{5}}\right)^2-1=\dfrac{2m^2}{5}-1$$
> 关于三角函数图像变换：
> 纵向伸缩或平移是对于 y 而言，即 $g(x)\to kg(x)(k>0)$（图像上每一点横坐标不变，纵坐标变为原来的 k 倍）；或 $g(x)\to g(x)+b$（$b>0$ 时，向上平移 b 个单位；$b<0$ 时，向下平移 $|b|$ 个单位）.

横向伸缩或平移是相对于 x 而言,即 $g(x) \rightarrow g(\omega x)(\omega > 0)$(纵坐标不变,横坐标变为原来的 $\frac{1}{\omega}$ 倍);或 $g(x) \rightarrow g(x+a)(a>0$ 时,向左平移 a 个单位;$a<0$ 时,向右平移 $|a|$ 个单位).

三角函数的图像与性质是高考考查的热点之一,经常考查定义域、值域、周期性、对称性、奇偶性、单调性、最值等,其中公式运用及其变形能力、运算能力、方程思想等都可以在这些问题中得以体现,在复习时要注意基础知识和方法的理解与落实.

总之,若考三角,必要考好;召之即来,来之能战,战之能胜.

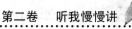

第二天 数　　列

今天讲数列.

我们算是赶上了好时代:现在的高考,"数列"的难度降下来了,比较简单了!

近五年高考(特别是全国卷),对数列大题的考查呈现出了较强的规律.如果解答题考了三角,那么就不会再考数列;反之,如果解答题未考三角,那么就一定会考数列(基本是在解答题第一题).一般为基础题或中档题,以考查等差(比)数列通项公式、求和公式、错位相减、裂项相消求和、证明数列不等式、简单递推为主.

还是那句话:珍惜机遇,志在必得.

1. 已知数列 $\{a_n\}$ 的前 n 项和为 S_n,$a_1 = 2$,$a_{n+1} = S_n + 2(n \geq 1, n \in \mathbf{N}^*)$,数列 $\{b_n\}$ 满足 $b_n = \dfrac{2n-1}{a_n}$.

(1)求数列 $\{a_n\}$ 的通项公式;

(2)求数列 $\{b_n\}$ 的前 n 项和 T_n;

(3)若数列 $\{c_n\}$ 满足 $c_n = \dfrac{a_n}{(a_n-1)^2}$ 且数列 $\{c_n\}$ 的前 n 项和为 K_n,求证:$K_n < 3$.

解:(1)由题设,$a_{n+1} = S_n + 2$,当 $n \geq 2$ 时,$a_n = S_{n-1} + 2$.

两式相减,得:$a_{n+1} - a_n = S_n - S_{n-1} = a_n$,即 $a_{n+1} = 2a_n$.

又 $a_2 = S_1 + 2 = a_1 + 2 = 4 = 2a_1$.

所以 $\{a_n\}$ 是以 2 为首项,2 为公比的等比数列,所以 $a_n = 2^n$.

一看到 S_n 与 a_n(或 a_{n+1})的关系式,就应该立即条件反射似的想到:

$a_1 = S_1$,当 $n \geq 2$ 时,$a_n = S_n - S_{n-1}$.

这样就可以将所给条件化为关于数列 $\{a_n\}$ 的一个递推关系.若满足等差或等比数列定义,即可直接写出其通项公式;否则,须适当变形构造新数列来求其通项公式(新数列等差,或等比,或很好解决).

注意:计算完成后,如 a_1 不能与其他项合并成一个表达式,则写成分段函数.

(2)由已知及(1),$b_n = \dfrac{2n-1}{2^n}$,于是

$$T_n = \frac{1}{2} + \frac{3}{2^2} + \cdots + \frac{2n-1}{2^n}$$

两边同乘以 $\dfrac{1}{2}$,得

$$\frac{1}{2}T_n = \frac{1}{2^2} + \frac{3}{2^3} + \cdots + \frac{2n-1}{2^{n+1}}$$

两式相减,得 $\dfrac{1}{2}T_n = \dfrac{1}{2} + \dfrac{2}{2^2} + \dfrac{2}{2^3} + \cdots + \dfrac{2}{2^n} - \dfrac{2n-1}{2^{n+1}} = \dfrac{1}{2} + \dfrac{\dfrac{1}{2}\left(1 - \dfrac{1}{2^{n-1}}\right)}{1 - \dfrac{1}{2}} - \dfrac{2n-1}{2^{n+1}}$

整理,得

$$T_n = 3 - \frac{2n+3}{2^n}$$

数列求和,首先要认真观察其通项,研究其结构,有时需要整理通项:对于不能由等差、等比数列的求和公式直接求和的,一般需要将数列通项进行合理的拆分,转化成若干个简单数列和与差,分而治之.即所谓"分部求和",而形如"等差×等比"的数列求和,一般采用错位相减.

(3)

由于 $c_n = \dfrac{2^n}{(2^n-1)^2}$,恐怕难以求出其前 n 项和 K_n,所以欲证 $K_n < 3$,路已变得很狭窄,只剩下"放缩"一条路了.

这里是放大,找一个数列 $\{d_n\}$ 使得 $c_n < d_n$,有两个愿望:一是数列 $\{d_n\}$ 可以求和;二是数列 $\{d_n\}$ 的前 n 项和小于或等于 3.

放缩离不开联想和试探.

看到 $\{c_n\}$ 的形式,可能会想到将它"放"成一个等比数列.

最容易想到的是那个等比数列的公比应该是 $\dfrac{1}{2}$.

又因为 $\dfrac{1}{2} + \dfrac{1}{2^2} + \cdots + \dfrac{1}{2^n} = 1 - \dfrac{1}{2^n} < 1$,所以我们希望 $\dfrac{2^n}{(2^n-1)^2} < 3 \cdot \dfrac{1}{2^n}$.

你不觉得这种想法非常自然么?如果这样,生活该多么美好!

怎奈天不遂人愿,这个不等式 $n = 1$ 时就不成立.

怎么办?不要气馁,试着保留第一项,从第二项放起(有时还要保留前若干项,不过如果那样,难度就很大了,区分度反而小了,这对全天下考生都是平等的,你能否做出来反而不那么重要了).请看——

由题设,$c_n = \dfrac{2^n}{(2^n-1)^2}$,所以 $c_1 = 2$.

现证明,当 $n \geq 2$ 时

$$\frac{2^n}{(2^n-1)^2} < \frac{1}{2^{n-1}}$$

$$\frac{2^n}{(2^n-1)^2} < \frac{1}{2^{n-1}} \Leftrightarrow 2^{2n-1} < 2^{2n} - 2 \cdot 2^n + 1 \Leftrightarrow 2^{2n-1} - 2 \cdot 2^n + 1 > 0$$

$2^{n+1}(2^{n-2}-1) + 1 > 0.$ 显然成立. 所以当 $n \geq 2$ 时,$\dfrac{2^n}{(2^n-1)^2} < \dfrac{1}{2^{n-1}}$.

所以 $K_1 = c_1 = 2 < 3$.

当 $n \geq 2$ 时,$K_n = c_1 + c_2 + \cdots + c_n < 2 + \dfrac{1}{2} + \dfrac{1}{2^2} + \cdots + \dfrac{1}{2^{n-1}} = 3 - \dfrac{1}{2^{n-1}} < 3$.

所以原不等式成立.

第(3)小题的另一种解法:

观察 $\{c_n\}$ 的结构,欲放缩,还可以想到"裂项相消".

这同样需要试探和修正——

$$c_n = \frac{2^n}{(2^n-1)^2} = \frac{2^n}{(2^n-1)(2^n-1)} < \frac{2^n}{(2^n-1)(2^{n-1}-1)} = \frac{2}{2^{n-1}-1} - \frac{2}{2^n-1}$$

可惜 $n=1$ 时没有意义,那就从第二项起试一试.

当 $n \geqslant 2$ 时,

$$c_1 + c_2 + c_3 + \cdots + c_n$$

$$< 1 + \left(\frac{2}{2-1} - \frac{2}{2^2-1} \right) + \left(\frac{2}{2^2-1} - \frac{2}{2^3-1} \right) + \cdots + \left(\frac{2}{2^{n-1}-1} - \frac{2}{2^n-1} \right)$$

$$= 1 + \frac{2}{2-1} - \frac{2}{2^n-1} = 3 - \frac{2}{2^n-1} < 3$$

可以了.你将过程重新整理一下吧.

2. S_n 为数列 $\{a_n\}$ 的前 n 项和,已知 $a_n > 0$, $a_n^2 + 2a_n = 4S_n + 3$.

(1)求 $\{a_n\}$ 的通项公式;

(2)设 $b_n = \dfrac{1}{a_n a_{n+1}}$,求数列 $\{b_n\}$ 的前 n 项和.

解:(1)由 $a_n^2 + 2a_n = 4S_n + 3$,可知 $a_{n+1}^2 + 2a_{n+1} = 4S_{n+1} + 3$.

两式相减,可得 $a_{n+1}^2 - a_n^2 + 2(a_{n+1} - a_n) = 4a_{n+1}$,即 $a_{n+1}^2 - a_n^2 = 2(a_{n+1} + a_n)$.

由于 $a_n > 0$,可得 $a_{n+1} - a_n = 2$.

又 $a_1^2 + a_1 = 4S_1 + 3$,解得 $a_1 = -1$(舍去),$a_1 = 3$.

所以 $\{a_n\}$ 是首项为 3,公差为 2 的等差数列,通项公式为 $a_n = 2n + 1$.

(2)由(1)知

$$b_n = \frac{1}{(2n+1)(2n+3)} = \frac{1}{2} \left(\frac{1}{2n+1} - \frac{1}{2n+3} \right)$$

所以数列 $\{b_n\}$ 前 n 项和为

$$b_1 + b_2 + \cdots + b_n = \frac{1}{2} \left[\left(\frac{1}{3} - \frac{1}{5} \right) + \left(\frac{1}{5} - \frac{1}{7} \right) + \cdots + \left(\frac{1}{2n+1} - \frac{1}{2n+3} \right) \right] = \frac{1}{6} - \frac{1}{4n+6}$$

由等差数列 $\{a_n\}$ 构成的新数列 $\left\{ \dfrac{1}{a_n a_{n+k}} \right\}$($k \in \mathbf{N}^*$,为常数)通常可用"裂项相消"求和.

强调一点:分母的这两个数必须来自同一个等差数列,但不能是等差数列的同一项(即常数 $k \neq 0$).只有这样,才可以既能裂项,又能相消,从而完成求和.另外,相消之后,你出来收拾残局的时候,一定要注意剩下的是哪些项.一般地,剩下的正数项、负数项一样多.即它最后留下的一定是偶数项.

当然,利用"裂项相消"求和不仅仅局限于这一类,还有一些更复杂的式子也可以这样试一试.

如:$\dfrac{1}{\sqrt{n} + \sqrt{n+1}} = \sqrt{n+1} - \sqrt{n}$,$\dfrac{2^n}{(2^n-1)(2^{n+1}-1)} = \dfrac{1}{2^n-1} - \dfrac{1}{2^{n+1}-1}$ 等,其中的道理(规律)是相通的,一脉相承.

要看你拆的对不对,不用和谁对答案,也不用看老师的脸色,右边通分即可.

3. 设数列 $\{a_n\}$ 的前 n 项和为 S_n，$n \in \mathbf{N}^*$. 已知 $a_1 = 1$，$a_2 = \dfrac{3}{2}$，$a_3 = \dfrac{5}{4}$，且当 $n \geq 2$ 时，$4S_{n+2} + 5S_n = 8S_{n+1} + S_{n-1}$.

(1) 证明：$\left\{ a_{n+1} - \dfrac{1}{2} a_n \right\}$ 为等比数列；

(2) 求数列 $\{a_n\}$ 的通项公式.

解：(1) 因为

$$4S_{n+2} + 5S_n = 8S_{n+1} + S_{n-1} \ (n \geq 2)$$

所以

$$4S_{n+2} - 4S_{n+1} + S_n - S_{n-1} = 4S_{n+1} - 4S_n \ (n \geq 2)$$

即

$$4a_{n+2} + a_n = 4a_{n+1} \ (n \geq 2)$$

因为 $4a_3 + a_1 = 4 \times \dfrac{5}{4} + 1 = 6 = 4a_2$，所以 $4a_{n+2} + a_n = 4a_{n+1}$.

因为 $\dfrac{a_{n+2} - \dfrac{1}{2} a_{n+1}}{a_{n+1} - \dfrac{1}{2} a_n} = \dfrac{4a_{n+2} - 2a_{n+1}}{4a_{n+1} - 2a_n} = \dfrac{4a_{n+1} - a_n - 2a_{n+1}}{4a_{n+1} - 2a_n} = \dfrac{2a_{n+1} - a_n}{2(2a_{n+1} - a_n)} = \dfrac{1}{2}$（与 n 无关的常

数），所以数列 $\left\{ a_{n+1} - \dfrac{1}{2} a_n \right\}$ 是以 $a_2 - \dfrac{1}{2} a_1 = 1$ 为首项，公比为 $\dfrac{1}{2}$ 的等比数列.

> 本题有了考察数列 $\left\{ a_{n+1} - \dfrac{1}{2} a_n \right\}$ 的指引，已无技巧，已无悬念.
>
> 只要明确：欲证一个数列 $\{a_n\}$ 为等比数列 $\Leftrightarrow$ 对 $n \in \mathbf{N}^*$，$\dfrac{a_{n+1}}{a_n}$ 为一个与 n 无关的常数. 无论用什么方法，殊途同归，最终都要落实到这一步.

(2) 由(1)知：数列 $\left\{ a_{n+1} - \dfrac{1}{2} a_n \right\}$ 是以 $a_2 - \dfrac{1}{2} a_1 = 1$ 为首项，$\dfrac{1}{2}$ 为公比的等比数列，所以

$$a_{n+1} - \dfrac{1}{2} a_n = \left(\dfrac{1}{2} \right)^{n-1}$$

于是 $\dfrac{a_{n+1}}{\left(\dfrac{1}{2} \right)^{n+1}} - \dfrac{a_n}{\left(\dfrac{1}{2} \right)^n} = 4$，所以数列 $\left\{ \dfrac{a_n}{\left(\dfrac{1}{2} \right)^n} \right\}$ 是以 $\dfrac{a_1}{\dfrac{1}{2}} = 2$ 为首项，公差为 4 的等差数列，所以

$$\dfrac{a_n}{\left(\dfrac{1}{2} \right)^n} = 2 + (n-1) \times 4 = 4n - 2$$

即

$$a_n = (4n - 2) \times \left(\dfrac{1}{2} \right)^n = (2n - 1) \times \left(\dfrac{1}{2} \right)^{n-1}$$

所以数列 $\{a_n\}$ 的通项公式是 $a_n = (2n - 1) \times \left(\dfrac{1}{2} \right)^{n-1}$.

> 说一点递推数列求通项的事.
>
> 形如 $a_{n+1} = a_n + f(n)$ 的递推数列，可变为 $a_{n+1} - a_n = f(n)$. 于是 $a_2 - a_1 = f(1)$，$a_3 - a_2 = f(2), \cdots, a_n - a_{n-1} = f(n-1)$，累加，得 $a_n - a_1 = f(1) + f(2) + \cdots + f(n-1)$. 由此可见，能否求出 $\{a_n\}$ 的通项公式，就要看 $f(1) + f(2) + \cdots + f(n-1)$ 能否求和了.

形如 $a_{n+1}=pa_n+q(p,q$ 为常数 $,p\neq 0,p\neq 1)$ 的递推数列,可以用待定系数法,假设存在一个常数 λ ,使得 $a_{n+1}+\lambda=p(a_n+\lambda)$,则数列 $\{a_n+\lambda\}$ 为等比数列.(实际上常数 λ 存在且唯一 $,\lambda=\dfrac{q}{p-1}$)

接着说递推数列.

形如 $a_{n+1}=pa_n+q^n(p,q$ 为常数 $)$ 的递推数列,可以变形为: $\dfrac{a_{n+1}}{q^{n+1}}=\dfrac{p}{q}\cdot\dfrac{a_n}{q^n}+\dfrac{1}{q}$,令 $b_n=\dfrac{a_n}{q^n}$,则 $b_{n+1}=\dfrac{p}{q}\cdot b_n+\dfrac{1}{q}$,已经转变为上一种类型了,略;

或者变形为: $\dfrac{a_{n+1}}{p^{n+1}}=\dfrac{a_n}{p^n}+\dfrac{1}{p}\cdot\left(\dfrac{q}{p}\right)^n$,令 $c_n=\dfrac{a_n}{p^n}$,则 $c_{n+1}=c_n+\dfrac{1}{p}\cdot\left(\dfrac{q}{p}\right)^n$,又转变成前一种类型了,略.

凡此种种,有一个共同的指导思想:构造新数列(新数列或等差,或等比,或更为简单),解决相关问题.

超纲了,有点偏了,你知道的太多了,就此打住.

4.设各项均为正数的数列 $\{a_n\}$ 的前 n 项和为 S_n ,满足 $a_{n+1}^2=4S_n+4n+1,n\in\mathbf{N}^*$,且 a_2,a_5,a_{14} 恰好是等比数列 $\{b_n\}$ 的前三项.

(1)求数列 $\{a_n\},\{b_n\}$ 的通项公式;

(2)记数列 $\{b_n\}$ 的前 n 项和为 T_n ,若对任意的 $n\in\mathbf{N}^*,\left(T_n+\dfrac{3}{2}\right)k\geqslant 3n-6$ 恒成立,求实数 k 的取值范围.

解:(1)由题意 $a_{n+1}^2=4S_n+4n+1$,当 $n\geqslant 2$ 时 $,a_n^2=4S_{n-1}+4(n-1)+1$.

两式相减得 $a_{n+1}^2-a_n^2=4a_n+4$,即 $a_{n+1}^2=(a_n+2)^2$.

因为 $a_n>0$,所以 $a_{n+1}=a_n+2$,所以当 $n\geqslant 2$ 时 $,\{a_n\}$ 等差.

又 a_2,a_5,a_{14} 构成等比数列,所以 $a_5^2=a_2\cdot a_{14}$,即 $(a_2+6)^2=a_2(a_2+24)$,解得 $a_2=3$.

由条件可知 $,a_2^2=4a_1+5$,所以 $a_1=1$.

因为 $a_2-a_1=3-1=2$,所以 $\{a_n\}$ 是首项 $a_1=1$,公差为 $d=2$ 的等差数列.

数列 $\{a_n\}$ 的通项公式为 $a_n=2n-1$,数列 $\{b_n\}$ 的通项公式为 $b_n=3^n$.

(2)
$$T_n=\dfrac{b_1(1-q^n)}{1-q}=\dfrac{3(1-3^n)}{1-3}=\dfrac{3^{n+1}-3}{2}$$

所以 $\left(\dfrac{3^{n+1}-3}{2}+\dfrac{3}{2}\right)k\geqslant 3n-6$ 对 $n\in\mathbf{N}^*$ 恒成立,所以 $k\geqslant\dfrac{2n-4}{3^n}$ 对 $n\in\mathbf{N}^*$ 恒成立.

现在的问题是要求 $\dfrac{2n-4}{3^n}$ 的最大值,而求最值常常转变为研究其单调性.

一般情况下我不主张你用求导的方法来研究数列的单调性.比如,已知数列 $\{a_n\}$: $a_n=n^2+\lambda n$ 为递增数列,求 λ 的取值范围.如果你考察函数 $:f(x)=x^2+\lambda x,x\in[1,+\infty)$,

$f'(x) = 2x + \lambda \geq 0$ 恒成立,则 $\lambda \geq -2$,而由 $a_{n+1} - a_n = (n+1)^2 + \lambda(n+1) - (n^2 + \lambda n) = \lambda + 2n + 1 > 0$ 恒成立,可得 $\lambda > -3$,为什么会出错?因为数列的自变量 n 不连续,图像也是一些离散的点. 所以它如果递增,未必所有的点都跑到抛物线对称轴的右边来,它的第一项对应的点 $(1, a_1)$ 还可以"滞留"在对称轴的左边而乐不思蜀,你不妨就数列 $\{a_n\}: a_n = n^2 - \dfrac{5}{2}n$,画个图体会一下.

令 $c_n = \dfrac{2n-4}{3^n}$,$c_{n+1} - c_n = \dfrac{2(n+1)-4}{3^{n+1}} - \dfrac{2n-4}{3^n} = \dfrac{-2(2n-5)}{3^{n+1}}$.

当 $n \leq 2$ 时,$c_{n+1} > c_n$,当 $n \geq 3$ 时,$c_{n+1} < c_n$,所以 $(c_n)_{max} = c_3 = \dfrac{2}{27}$,所以 $k \geq \dfrac{2}{27}$.

5.已知数列 $\{a_n\}$ 是等差数列,数列 $\{b_n\}$ 是等比数列,且对任意的 $n \in \mathbf{N}^*$,都有 $a_1 b_1 + a_2 b_2 + a_3 b_3 + \cdots + a_n b_n = n \cdot 2^{n+3}$.

(1)若 $\{b_n\}$ 的首项为 4,公比为 2,求数列 $\{a_n + b_n\}$ 的前 n 项和;

(2)若 $a_n = 4n + 4$,试探究:数列 $\{b_n\}$ 中是否存在某一项,它可以表示为该数列中其他 $r(r \in \mathbf{N}, r \geq 2)$ 项的和? 若存在,请求出该项;若不存在,请说明理由.

解:(1)因为 $a_1 b_1 + a_2 b_2 + a_3 b_3 + \cdots + a_n b_n = n \cdot 2^{n+3}$,所以当 $n \geq 2$ 时

$$a_1 b_1 + a_2 b_2 + a_3 b_3 + \cdots + a_{n-1} b_{n-1} = (n-1) \cdot 2^{n+2}$$

两式相减,得 $\quad a_n b_n = n \cdot 2^{n+3} - (n-1) \cdot 2^{n+2} = (n+1) \cdot 2^{n+2} \quad (n \geq 2)$

而当 $n = 1$ 时,$a_1 b_1 = 16$ 适合上式,从而 $a_n b_n = (n+1) \cdot 2^{n+2} \quad (n \in \mathbf{N}^*)$.

又因为 $\{b_n\}$ 是首项为 4,公比为 2 的等比数列,即 $b_n = 2^{n+1}$,所以 $a_n = 2n + 2$.

所以 $a_n + b_n = (2n + 2) + 2^{n+1}$,从而数列 $\{a_n + b_n\}$ 的前 n 项和

$$S_n = \dfrac{n(4 + 2n + 2)}{2} + \dfrac{4(1 - 2^n)}{1 - 2} = 2^{n+2} + n^2 + 3n - 4$$

(2)因为 $a_n = 4n + 4$,$a_n b_n = (n+1) \cdot 2^{n+2} (n \in \mathbf{N}^*)$,所以 $b_n = 2^n$.

假设数列 $\{b_n\}$ 中第 k 项可以表示为该数列中其他 $r(r \in \mathbf{N}, r \geq 2)$ 项 $b_{t_1}, b_{t_2}, b_{t_3}, \cdots, b_{t_r}(t_1 < t_2 < t_3 < \cdots < t_r)$ 的和,即 $b_k = b_{t_1} + b_{t_2} + b_{t_3} + \cdots + b_{t_r}$,从而 $2^k = 2^{t_1} + 2^{t_2} + 2^{t_3} + \cdots + 2^{t_r}$.

这里,$b_k = b_{t_1} + b_{t_2} + b_{t_3} + \cdots + b_{t_r}$ 是很难捉摸的,这里绕不过去.

必须绕过去. 记住:既是难点,就很有可能同时也是突破口.

还应该明白:这是一个开放的题目,可能会找到答案,也有可能会发现矛盾,你的思路也应该更为活跃……

显然 $k > t_r$,于是

$$k \geq t_r + 1 \qquad\qquad (*)$$

又 $\quad 2^k = 2^{t_1} + 2^{t_2} + 2^{t_3} + \cdots + 2^{t_r} \leq 2^1 + 2^2 + 2^3 + \cdots + 2^{t_r} = \dfrac{2(1 - 2^{t_r})}{1 - 2} = 2^{t_r + 1} - 2 < 2^{t_r + 1}$

所以 $k < t_r + 1$,此与式 $(*)$ 矛盾,从而这样的项不存在.

本小题的另一种思路:

对于等式 $2^k = 2^{t_1} + 2^{t_2} + 2^{t_3} + \cdots + 2^{t_r}$,直觉是未知的东西太多,很难一一求出来,会想到反证、找矛盾,就是"找茬",这样一来,思维就发散了,可以有很多念头冒出来.这时要有足够的警觉和敏感.

由 $2^k = 2^{t_1} + 2^{t_2} + 2^{t_3} + \cdots + 2^{t_r}$,不妨设 $t_1 < t_2 < t_3 < \cdots < t_r < k$,两边同除以 2^{t_1},得 $2^{k-t_1} = 1 + 2^{t_2-t_1} + 2^{t_3-t_1} + \cdots + 2^{t_r-t_1}$.问题来了! 左边显然是偶数,而右边是奇数,矛盾.从而这样的项不存在.

6.已知数列 $\{a_n\}$ 的各项均为正数,记 $A(n) = a_1 + a_2 + \cdots + a_n$, $B(n) = a_2 + a_3 + \cdots + a_{n+1}$, $C(n) = a_3 + a_4 + \cdots + a_{n+2}$, $n = 1, 2, 3, \cdots$.

(1)若 $a_1 = 1$, $a_2 = 5$,且对任意 $n \in \mathbf{N}^*$,三个数 $A(n)$, $B(n)$, $C(n)$ 组成等差数列,求数列 $\{a_n\}$ 的通项公式;

(2)证明:数列 $\{a_n\}$ 是公比为 q 的等比数列的充要条件是:对任意 $n \in \mathbf{N}^*$,三个数 $A(n)$, $B(n)$, $C(n)$ 组成公比为 q 的等比数列.

解:(1)对任意 $n \in \mathbf{N}^*$,三个数 $A(n)$, $B(n)$, $C(n)$ 是等差数列,所以

$$B(n) - A(n) = C(n) - B(n)$$

即

$$a_{n+1} - a_1 = a_{n+2} - a_2$$

亦即

$$a_{n+2} - a_{n+1} = a_2 - a_1 = 4$$

故数列 $\{a_n\}$ 是首项为1,公差为4的等差数列.

于是 $a_n = 1 + (n-1) \times 4 = 4n - 3$.

(2)① 必要性:若数列 $\{a_n\}$ 是公比为 q 的等比数列,于是

$$\frac{B(n)}{A(n)} = \frac{a_2 + a_3 + \cdots + a_{n+1}}{a_1 + a_2 + \cdots + a_n} = \frac{q(a_1 + a_2 + \cdots + a_n)}{a_1 + a_2 + \cdots + a_n} = q$$

$$\frac{C(n)}{B(n)} = \frac{a_3 + a_4 + \cdots + a_{n+2}}{a_2 + a_3 + \cdots + a_{n+1}} = \frac{q(a_2 + a_3 + \cdots + a_{n+1})}{a_2 + a_3 + \cdots + a_{n+1}} = q$$

即 $\frac{B(n)}{A(n)} = \frac{C(n)}{B(n)} = q$,所以三个数 $A(n)$, $B(n)$, $C(n)$ 组成公比为 q 的等比数列.

② 充分性:若对于任意 $n \in \mathbf{N}^*$,三个数 $A(n)$, $B(n)$, $C(n)$ 组成公比为 q 的等比数列,则 $B(n) = qA(n)$, $C(n) = qB(n)$.

于是 $C(n) - B(n) = q[B(n) - A(n)]$,得 $a_{n+2} - a_2 = q(a_{n+1} - a_1)$.

即 $a_{n+2} - qa_{n+1} = a_2 - qa_1$.

由 $n = 1$ 有 $B(1) = qA(1)$,即 $a_2 = qa_1$,从而 $a_{n+2} - qa_{n+1} = 0$.

因为 $a_n > 0$,所以 $\frac{a_{n+2}}{a_{n+1}} = \frac{a_2}{a_1} = q$,故数列 $\{a_n\}$ 是首项为 a_1,公比为 q 的等比数列.

综上所述,数列 $\{a_n\}$ 是公比为 q 的等比数列的充要条件是:对任意 $n \in \mathbf{N}^*$,三个数 $A(n)$, $B(n)$, $C(n)$ 组成公比为 q 的等比数列.

本题外观似有点吓人,其实就是考察了等差、等比数列的定义以及证明一个数列为等差(比)数列的基本方法,所以你一定要镇定、稳住.

7. 设函数 $f(x) = \dfrac{2x+1}{x}$ $(x>0)$，数列 $\{a_n\}$ 满足 $a_1 = 1$，$a_n = f\left(\dfrac{1}{a_{n-1}}\right)$ $(n \in \mathbf{N}^*, n \geq 2)$.

(1) 求数列 $\{a_n\}$ 的通项公式；

(2) 设 $T_n = a_1 a_2 - a_2 a_3 + a_3 a_4 - a_4 a_5 + \cdots + (-1)^{n-1} a_n a_{n+1}$，若 $T_n \geq tn^2$ 对 $n \in \mathbf{N}^*$ 恒成立，求实数 t 的取值范围.

解：(1) 因为 $a_n = f\left(\dfrac{1}{a_{n-1}}\right) = \dfrac{2 \cdot \dfrac{1}{a_{n-1}} + 1}{\dfrac{1}{a_{n-1}}} = a_{n-1} + 2$ $(n \in \mathbf{N}^*, n \geq 2)$，所以 $a_n - a_{n-1} = 2$.

又 $a_1 = 1$，所以数列 $\{a_n\}$ 是以 1 为首项，公差为 2 的等差数列.

所以 $a_n = 2n - 1$.

不要被它的外衣所迷惑，说不定它是在拉大旗作虎皮哩.

勇敢地深入进去，化简、整理，层层剥笋，你会发现，它果然外强中干.

---

(2) ① 当 $n = 2m$，$m \in \mathbf{N}^*$ 时

$T_n = T_{2m} = a_1 a_2 - a_2 a_3 + a_3 a_4 - a_4 a_5 + \cdots + (-1)^{2m-1} a_{2m} a_{2m+1}$

$= a_2(a_1 - a_3) + a_4(a_3 - a_5) + \cdots + a_{2m}(a_{2m-1} - a_{2m+1})$

$= -4(a_2 + a_4 + \cdots + a_{2m}) = -4 \cdot \dfrac{a_2 + a_{2m}}{2} \cdot m = -(8m^2 + 4m) = -2n^2 - 2n$

② 当 $n = 2m - 1$，$m \in \mathbf{N}^*$ 时

$T_n = T_{2m-1} = T_{2m} - (-1)^{2m-1} a_{2m} a_{2m+1}$

$= -(8m^2 + 4m) + (4m-1)(4m+1) = 8m^2 - 4m - 1 = 2n^2 + 2n - 1$

所以
$$T_n = \begin{cases} -2n^2 - 2n, & n = 2k, k \in \mathbf{N}^* \\ 2n^2 + 2n - 1, & n = 2k-1, k \in \mathbf{N}^* \end{cases}$$

要使 $T_n \geq tn^2$ 对 $n \in \mathbf{N}^*$ 恒成立，即 $-2n^2 - 2n \geq tn^2$ 对一切偶数 n 恒成立，且 $2n^2 + 2n - 1 \geq tn^2$ 对一切奇数 n 恒成立.

(i) $t \leq -2 - \dfrac{2}{n}$ 对一切偶数 n 恒成立，所以 $t \leq \left(-2 - \dfrac{2}{n}\right)_{\min} = -2 - \dfrac{2}{2} = -3$；

(ii) $t \leq 2 + \dfrac{2}{n} - \dfrac{1}{n^2}$ 对一切奇数 n 恒成立，所以

$$t \leq \left(2 + \dfrac{2}{n} - \dfrac{1}{n^2}\right)_{\min} = \left(-\left(\dfrac{1}{n} - 1\right)^2 + 3\right)_{\min} < 2$$

所以 $t \leq -3$.

故实数 t 的取值范围为 $(-\infty, -3]$.

回顾、总结一下：第 (2) 题，不可回避的是 T_n. 如果将 $a_n = 2n-1$ 代入，则

$$(-1)^{n-1} a_n a_{n+1} = (-1)^{n-1}(2n-1)(2n+1) = (-1)^{n-1}(4n^2 - 1)$$

T_n 是数列 $\{(-1)^{n-1}(4n^2 - 1)\}$ 前项的和，这样就难以为继.

必须化归，往简单的方向努力.

对含有符号因子 $(-1)^{n-1}$ 的式子，通常对 n 分奇数、偶数讨论，又进一步想到：将两项看作一组，提取公因式……这不就化简了？

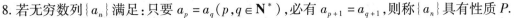

8. 若无穷数列 $\{a_n\}$ 满足：只要 $a_p = a_q (p,q \in \mathbf{N}^*)$，必有 $a_{p+1} = a_{q+1}$，则称 $\{a_n\}$ 具有性质 P.

(1) 若 $\{a_n\}$ 具有性质 P，且 $a_1 = 1, a_2 = 2, a_4 = 3, a_5 = 2, a_6 + a_7 + a_8 = 21$，求 a_3；

(2) 若无穷数列 $\{b_n\}$ 是等差数列，无穷数列 $\{c_n\}$ 是公比为正数的等比数列，$b_1 = c_5 = 1, b_5 = c_1 = 81, a_n = b_n + c_n$，判断 $\{a_n\}$ 是否具有性质 P，并说明理由；

(3) 设 $\{b_n\}$ 是无穷数列，已知 $a_{n+1} = b_n + \sin a_n (n \in \mathbf{N}^*)$. 求证："对任意 a_1，$\{a_n\}$ 都具有性质 P" 的充要条件为 "$\{b_n\}$ 是常数列".

> 面对一个有新定义的题，首先是要克服心理上的不适感，先读懂它，很好地理解这个定义，将未知的、陌生的转变成已知的、熟悉的.

解：(1) 因为 $a_5 = a_2$，所以 $a_6 = a_3, a_7 = a_4 = 3, a_8 = a_5 = 2$.

于是 $a_6 + a_7 + a_8 = a_3 + 3 + 2$，又因为 $a_6 + a_7 + a_8 = 21$，解得 $a_3 = 16$.

(2) $\{b_n\}$ 的公差为 20，$\{c_n\}$ 的公比为 $\dfrac{1}{3}$，所以

$$b_n = 1 + 20(n-1) = 20n - 19, c_n = 81 \left(\frac{1}{3}\right)^{n-1} = 3^{5-n}$$

$$a_n = b_n + c_n = 20n - 19 + 3^{5-n}$$

$$a_1 = a_5 = 82$$

但 $a_2 = 48, a_6 = \dfrac{304}{3}, a_2 \neq a_6$，所以 $\{a_n\}$ 不具有性质 P.

(3) 充分性：当 $\{b_n\}$ 为常数列时，$a_{n+1} = b_1 + \sin a_n$.

对任意给定的 a_1，只要 $a_p = a_q$，则由 $b_1 + \sin a_p = b_1 + \sin a_q$，必有 $a_{p+1} = a_{q+1}$.

所以充分性得证.

> 证明必要性，即要证："已知 $a_{n+1} = b_n + \sin a_n (n \in \mathbf{N}^*)$，对任意 a_1，$\{a_n\}$ 都具有性质 $P \Rightarrow \{b_n\}$ 是常数列"，而要证明数列 $\{b_n\}$ 是常数列，即要证，对任意 $n \in \mathbf{N}^*$，都有 $b_n = b_1$.
>
> 你是不是感到有点别扭、无从说起、不好表达？试一试反证法.

必要性：用反证法证明. 假设 $\{b_n\}$ 不是常数列，则存在 $k \in \mathbf{N}^*$，

使得 $b_1 = b_2 = \cdots = b_k = b$，而 $b_{k+1} \neq b$.

下面证明存在满足 $a_{n+1} = b_n + \sin a_n$ 的 $\{a_n\}$，使得 $a_1 = a_2 = \cdots = a_{k+1}$，但 $a_{k+2} \neq a_{k+1}$.

设 $f(x) = x - \sin x - b$，取 $m \in \mathbf{N}^*$，使得 $m\pi > |b|$，则：

$f(m\pi) = m\pi - b > 0, f(-m\pi) = -m\pi - b < 0$，故存在 c 使得 $f(c) = 0$.

取 $a_1 = c$，因为 $a_{n+1} = b + \sin a_n (1 \leq n \leq k)$，所以 $a_2 = b + \sin c = c = a_1$.

依此类推，得 $a_1 = a_2 = \cdots = a_{k+1} = c$.

但 $a_{k+2} = b_{k+1} + \sin a_{k+1} = b_{k+1} + \sin c \neq b + \sin c$，即 $a_{k+2} \neq a_{k+1}$.

所以 $\{a_n\}$ 不具有性质 P，矛盾. 必要性得证.

综上，"对任意 a_1，$\{a_n\}$ 都具有性质 P" 的充要条件为 "$\{b_n\}$ 是常数列".

> 注意关键词 "任意 a_1". 这里构造了一个具体的（特殊的）a_1，实际是完成了必要性的逆否命题的证明，即：如果 $\{b_n\}$ 不是常数列，那么，存在某个 a_1，使得数列 $\{a_n\}$（$a_{n+1} = b_n + \sin a_n (n \in \mathbf{N}^*)$）不具有性质 P，这就与题设矛盾，从而 $\{b_n\}$ 是常数列.
>
> 又，本题是 2016 年上海高考题最后一题，与全国卷数列题相比，风格迥异，地位悬殊，难度自然大了许多. 放在这里，让你了解和欣赏. 你不必太在意，也不要为难自己.

第三天　概率统计

高考对概率、统计与统计案例的考查主要有三个方面:一是统计与统计案例,其中回归分析、独立性检验、用样本的数据特征估计总体的数据特征是考查重点,常与抽样方法、茎叶图、频率分布直方图、概率等知识交汇考查;二是统计与概率分布的综合,常与抽样方法、茎叶图、频率分布直方图、概率与概率分布列等知识交汇考查;三是期望与方差的综合应用,常与离散型随机变量、概率、相互独立事件、二项分布等知识交汇考查.

1.随着移动互联网的快速发展,基于互联网的共享单车应运而生.某市场研究人员为了了解共享单车运营公司 M 的经营状况,对该公司最近 6 个月内的市场占有率进行了统计,并绘制了相应的折线图.

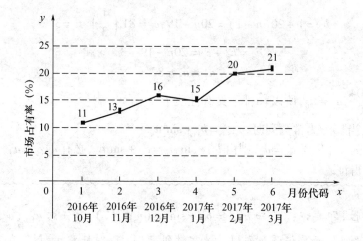

(1)由折线图可以看出,可用线性回归模型拟合月度市场占有率 y 与月份代码 x 之间的关系.求 y 关于 x 的线性回归方程,并预测 M 公司 2017 年 4 月份的市场占有率.

(2)为进一步扩大市场,公司拟再采购一批单车.现有采购成本分别为 1 000 元/辆和 1 200 元/辆的 A,B 两款车型可供选择,按规定每辆单车最多使用 4 年,但由于多种原因(如骑行频率等)会导致车辆报废年限各不相同.考虑到公司运营的经济效益,该公司决定先对两款车型的单车各 100 辆进行科学模拟测试,得到两款单车使用寿命频数表如下:

报废年限 车型	1 年	2 年	3 年	4 年	总计
A	20	35	35	10	100
B	10	30	40	20	100

经测算,平均每辆单车每年可以带来收入 500 元.不考虑除采购成本之外的其他成本,假设每辆单车的使用寿命都是整数年,且以频率作为每辆单车使用寿命的概率.如果你是 M 公司的负责人,以每辆单车产生利润的期望值作为决策依据,你会选择采购哪款车型?

参考数据: $\sum_{i=1}^{6}(x_i-\bar{x})(y_i-\bar{y})=35$, $\sum_{i=1}^{6}(x_i-\bar{x})^2=17.5$.

参考公式:回归方程为

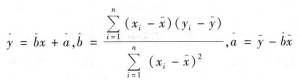

$$\hat{y} = \hat{b}x + \hat{a}, \hat{b} = \frac{\sum_{i=1}^{n}(x_i - \bar{x})(y_i - \bar{y})}{\sum_{i=1}^{n}(x_i - \bar{x})^2}, \hat{a} = \bar{y} - \hat{b}\bar{x}$$

其中 $\bar{x}, \bar{y}$ 为样本平均数.

解:(1)由折线图中所给的数据计算可得:

$$\bar{x} = \frac{1+2+3+4+5+6}{6} = 3.5$$

$$\bar{y} = \frac{11+13+16+15+20+21}{6} = 16$$

所以 $\hat{b} = \dfrac{(-2.5)\times(-5)+(-1.5)\times(-3)+(-0.5)\times0+0.5\times(-1)+1.5\times4+2.5\times5}{(-2.5)^2+(-1.5)^2+(-0.5)^2+0.5^2+1.5^2+2.5^2}$

$$= 2$$

所以 　　　　　　　　　$\hat{a} = 16 - 2\times3.5 = 9$

所以月度市场占有率 y 与月份序号 x 之间的线性回归方程为 $\hat{y} = 2x + 9$.

当 $x = 7$ 时, $\hat{y} = 2\cdot7 + 9 = 23$.

故 M 公司 2017 年 4 月份的市场占有率预计为 23%.

(2)解法一:由频率估计概率,每辆 A 款车可使用 1 年、2 年、3 年和 4 年的概率分别为 0.2,0.35,0.35 和 0.1.

所以每辆 A 款车可产生的利润期望值为

$$E\xi_1 = (500 - 1\,000)\times0.2 + (1\,000 - 1\,000)\times0.35 +$$
$$(1\,500 - 1\,000)\times0.35 + (2\,000 - 1\,000)\times0.1 = 175(元)$$

由频率估计概率,每辆 B 款车可使用 1 年、2 年、3 年和 4 年的概率分别为 0.1,0.3,0.4 和 0.2.

所以每辆 B 款车可产生的利润期望值为

$$E\xi_2 = (500 - 1\,200)\times0.1 + (1\,000 - 1\,200)\times0.3 +$$
$$(1\,500 - 1\,200)\times0.4 + (2\,000 - 1\,200)\times0.2 = 150(元)$$

所以 $E\xi_1 > E\xi_2$,所以应该采购 A 款单车.

解法二:由频率估计概率,每辆 A 款车可使用 1 年、2 年、3 年和 4 年的概率分别为 0.2,0.35,0.35 和 0.1.

所以每辆 A 款车可使用年限的期望值为

$$E\eta_1 = 1\times0.2 + 2\times0.35 + 3\times0.35 + 4\times0.1 = 2.35(年)$$

所以每辆 A 款车可产生的利润期望值为 $E\xi_1 = 2.35\times500 - 1\,000 = 175(元)$.

由频率估计概率,每辆 B 款车可使用 1 年、2 年、3 年和 4 年的概率分别为 0.1,0.3,0.4 和 0.2.

所以每辆 B 款车可使用年限的期望值为

$$E\eta_2 = 1\times0.1 + 2\times0.3 + 3\times0.4 + 4\times0.2 = 2.7(年)$$

所以每辆 B 款车可产生的利润期望值为 $E\xi_2 = 2.7\times500 - 1\,200 = 150(元)$.

因为 $E\xi_1 > E\xi_2$,所以应该采购 A 款单车.

如果散点图中的点从整体上看大致分布在一条直线的附近，那么我们说变量 x 和 y 具有线性相关关系. 一般题目会给出线性回归方程，无须记忆，只需将所给数据代入求出 $\hat{b}$，$\hat{a}$. 注意：回归直线必过样本中心点 $(\bar{x}, \bar{y})$（这个结论常用来编制小题）. 还有相关系数 r，也不必记它的表达式，只需了解：当 $r>0$ 时，表示两个变量正相关；当 $r<0$ 时，表示两个变量负相关. $|r|$ 越接近 1，表明两个变量相关性越强；$|r|$ 越接近 0，表明两个变量几乎不存在相关性.

本题以"共享单车"这一新生事物为编制背景，旨在引导大家关注时事，体现数学知识在实际生活中的应用，知识层面上，第(1)题考查了线性回归方程的计算及应用(预测)，第(2)题则考查数学期望及其应用(决策). 在能力方面，全面考查学生的计算、阅读理解(包括阅读图、表和文字)、数据分析与处理等多种能力.

温馨提示：第(2)题解法二用到了公式：$E(aX+b) = aE(X) + b$.

2. 自 2016 年下半年起六安市区商品房价不断上涨，为了调查研究六安城区居民对六安商品房价格承受情况，寒假期间小明在六安市区不同小区分别对 50 户居民家庭进行了抽查，并统计出这 50 户家庭对商品房的承受价格（单位：元/m²），将收集的数据分成 $[0, 2\,000]$，$(2\,000, 4\,000]$，$(4\,000, 6\,000]$，$(6\,000, 8\,000]$，$(8\,000, 10\,000]$ 五组（单位：元/m²），并作出频率分布直方图如下：

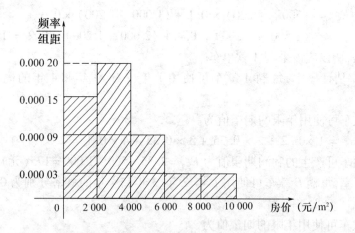

(1) 试根据频率分布直方图估计出这 50 户家庭对商品房的承受价格平均值（单位：元/m²）；

(2) 为了做进一步调查研究，小明准备从承受能力超过 4\,000 元/m² 的居民中随机抽出 2 户进行再调查，设抽出承受能力超过 8\,000 元/m² 的居民为 ξ 户，求 ξ 的分布列和数学期望.

解：(1) 50 户家庭对商品房的承受价格平均值为 $\bar{x}$（元/m²），则 $\bar{x} = (1\,000 \times 0.000\,15 + 3\,000 \times 0.000\,2 + 5\,000 \times 0.000\,09 + 7\,000 \times 0.000\,03 + 9\,000 \times 0.000\,03) \times 2\,000 = 3\,360$.

注意平均数的估算方法——频率分布直方图中每个小矩形的面积乘以小矩形底边中点的横坐标，再求和.

(2)由频率分布直方图,承受价格超过 4 000 元的居民共有($0.000\,09 + 0.000\,03 + 0.000\,03$)$\times 2\,000 \times 50 = 15$(户),承受价格超过 8 000 元的居民共有 $0.000\,03 \times 2\,000 \times 50 = 3$(户),因此 ξ 的可能取值为 0,1,2.

$$P(\xi = 0) = \frac{C_{12}^2}{C_{15}^2} = \frac{22}{35}, P(\xi = 1) = \frac{C_3^1 C_{12}^1}{C_{15}^2} = \frac{12}{35}, P(\xi = 0) = \frac{C_3^2}{C_{15}^2} = \frac{1}{35}$$

ξ 的分布列为

ξ	0	1	2
P	$\frac{22}{35}$	$\frac{12}{35}$	$\frac{1}{35}$

$$E(\xi) = 0 \times \frac{22}{35} + 1 \times \frac{12}{35} + 2 \times \frac{1}{35} = \frac{2}{5}$$

3. 近年来,我国电子商务蓬勃发展. 2016 年"6·18"期间,某网购平台的销售业绩高达 516 亿元人民币,与此同时,相关管理部门推出了针对该网购平台的商品和服务的评价系统. 从该评价系统中选出 200 次成功交易,并对其评价进行统计,网购者对商品的满意率为 0.6,对服务的满意率为 0.75,其中对商品和服务都满意的交易为 80 次.

(1)根据已知条件完成下面的 2×2 列联表,并回答能否有 99% 的把握认为"网购者对商品满意与对服务满意之间有关系"?

	对服务满意	对服务不满意	合计
对商品满意	80		
对商品不满意			
合计			200

(2)若将频率视为概率,某人在该网购平台上进行的 3 次购物中,设对商品和服务都满意的次数为随机变量 X,求 X 的分布列和数学期望 EX.

附:$K^2 = \dfrac{n(ad-bc)^2}{(a+b)(c+d)(a+c)(b+d)}$(其中 $n = a + b + c + d$ 为样本容量)

$P(K^2 \geqslant k)$	0.15	0.10	0.05	0.025	0.010
k	2.072	2.706	3.841	5.024	6.635

解:(1) 2×2 列联表:

	对服务满意	对服务不满意	合计
对商品满意	80	40	120
对商品不满意	70	10	80
合计	150	50	200

$$K^2 = \frac{200 \times (80 \times 10 - 40 \times 70)^2}{150 \times 50 \times 120 \times 80} \approx 11.111$$

因为 $11.111 > 6.635$ 所以能有 99% 的把握认为"网购者对商品满意与对服务满意之间有

关系".

(2) 每次购物时,对商品和服务都满意的概率为 $\frac{2}{5}$,且 X 的取值可以是 0,1,2,3.

$$P(X = 0) = \left(\frac{3}{5}\right)^3 = \frac{27}{125}; \quad P(X = 1) = C_3^1\left(\frac{2}{5}\right) \times \left(\frac{3}{5}\right)^2 = \frac{54}{125}$$

$$P(X = 2) = C_3^2\left(\frac{2}{5}\right)^2 \times \left(\frac{3}{5}\right)^1 = \frac{36}{125}; \quad P(X = 3) = C_3^3\left(\frac{2}{5}\right)^3 \times \left(\frac{3}{5}\right)^0 = \frac{8}{125}$$

X 的分布列为:

X	0	1	2	3
P	$\frac{27}{125}$	$\frac{54}{125}$	$\frac{36}{125}$	$\frac{8}{125}$

所以 $EX = 0 \times \frac{27}{125} + 1 \times \frac{54}{125} + 2 \times \frac{36}{125} + 3 \times \frac{8}{125} = \frac{6}{5}$.

另解:某人在该网购平台上进行 3 次购物,相当于做了 3 次独立重复试验. 故随机变量 X 服从二项分布,即 $X \sim B\left(3, \frac{2}{5}\right)$,则 $EX = 3 \times \frac{2}{5} = \frac{6}{5}$.

顺便说一下超几何分布和二项分布的区别(经常有人弄混了):

超几何分布需要知道总体的容量,而二项分布不需要;超几何分布是不放回抽取,而二项分布是放回抽取(独立重复). 当总体的容量非常大时,超几何分布近似于二项分布.

二项分布即 n 次独立重复试验. 在每次试验中只有两种可能的结果,而且两种结果发生与否互相对立,并且相互独立,与其他各次试验结果无关,事件发生与否的概率在每一次独立试验中都保持不变.

超几何分布是统计学上一种离散概率分布. 它描述了由有限个物件中抽出 n 个物件,成功抽出指定种类的物件的次数(不归还).

一言以蔽之:一个是有放回抽取(二项分布),另一个是无放回抽取(超几何分布).

还是放心不下,再举一个例子:

已知 20 个小球中有 15 个白球,5 个黑球. 从中抽取 3 次(每次抽 1 个),有 X 个黑球. 如果每次抽出都放回去,第二次再抽,那么每次抽到黑球的概率都是 $\frac{1}{4}$,这一次与其他次都互相独立. 很明显这是独立重复试验,对应的概率模型就是二项分布;如果每次抽取都不放回去,就是拿 3 个,那么这 3 个里面出现的黑球个数 X 就是超几何分布.

特征还是非常明显的. 还是这个例子,假设取 6 次. 如果不放回,里面最多有 5 个黑球;但是有放回抽取,可以 6 次都取到黑球.

它们之间还有联系. 就是总体个数比起抽取次数来说非常大的时候,就很接近了.

比如 1 000 个球,200 黑,800 白,抽取 3 次. 如果每次都放回,则每次抽黑球的概率都是 $\frac{1}{5}$;如果不放回,则第一次抽到黑球的概率是 $\frac{1}{5}$,第二次:如果第一次抽到的是白球就是 $\frac{200}{999}$,约等于 $\frac{1}{5}$,如果第一次抽到的是黑球就是 $\frac{199}{999}$,还是约等于 $\frac{1}{5}$. 第三次抽取同理,每次概率都约等于 $\frac{1}{5}$,就可以近似按照二项分布的独立重复试验来计算.

4.某公司计划购买2台机器,该种机器使用3年后即被淘汰.机器有一易损零件,在购进机器时,可以额外购买这种零件作为备件,每个200元.在机器使用期间,如果备件不足再购买,则每个500元.现需决策在购买机器时应同时购买几个易损零件,为此搜集并整理了100台这种机器在3年使用期内更换的易损零件数,得下面柱图:

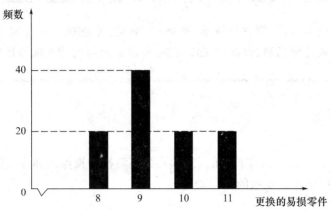

以这100台机器更换的易损零件数的频率代替1台机器更换的易损零件数发生的概率,记X表示2台机器3年内共需更换的易损零件数,n表示购买2台机器的同时购买的易损零件数.

(1)求X的分布列;

(2)若要求$P(X \leqslant n) \geqslant 0.5$,确定$n$的最小值;

(3)以购买易损零件所需费用的期望值为决策依据,在$n=19$与$n=20$之中选其一,应选用哪个?

解:(1)每台机器更换的易损零件数为8,9,10,11.

记事件A_i为第一台机器3年内换掉$i+7$个零件$(i=1,2,3,4)$;

记事件B_i为第二台机器3年内换掉$i+7$个零件$(i=1,2,3,4)$.

由题知$P(A_1)=P(A_3)=P(A_4)=P(B_1)=P(B_3)=P(B_4)=0.2$,$P(A_2)=P(B_2)=0.4$.

设2台机器共需更换的易损零件数的随机变量为X,则X的可能的取值为16,17,18,19,20,21,22.

$P(X=16)=P(A_1)P(B_1)=0.2 \times 0.2=0.04$

$P(X=17)=P(A_1)P(B_2)+P(A_2)P(B_1)=0.2 \times 0.4+0.4 \times 0.2=0.16$

$P(X=18)=P(A_1)P(B_3)+P(A_2)P(B_2)+P(A_3)P(B_1)$
$\qquad =0.2 \times 0.2+0.2 \times 0.2+0.4 \times 0.4=0.24$

$P(X=19)=P(A_1)P(B_4)+P(A_2)P(B_3)+P(A_3)P(B_2)+P(A_4)P(B_1)$
$\qquad =0.2 \times 0.2+0.2 \times 0.2+0.4 \times 0.2+0.2 \times 0.4=0.24$

$P(X=20)=P(A_2)P(B_4)+P(A_3)P(B_3)+P(A_4)P(B_2)$
$\qquad =0.4 \times 0.2+0.2 \times 0.4+0.2 \times 0.2=0.2$

$P(X=21)=P(A_3)P(B_4)+P(A_4)P(B_3)=0.2 \times 0.2+0.2 \times 0.2=0.08$

$P(X=22)=P(A_4)P(B_4)=0.2 \times 0.2=0.04$

X	16	17	18	19	20	21	22
P	0.04	0.16	0.24	0.24	0.2	0.08	0.04

(2)要令 $P(x \leqslant n) \geqslant 0.5$,因为

$$0.04 + 0.16 + 0.24 < 0.5, 0.04 + 0.16 + 0.24 + 0.24 \geqslant 0.5$$

则 n 的最小值为 19.

(3)购买零件所需费用含两部分,一部分为购买机器时购买零件的费用,另一部分为备件不足时额外购买的费用.

当 $n = 19$ 时,费用的期望为 $19 \times 200 + 500 \times 0.2 + 1\,000 \times 0.08 + 1\,500 \times 0.04 = 4\,040$;

当 $n = 20$ 时,费用的期望为 $20 \times 200 + 500 \times 0.08 + 1\,000 \times 0.04 = 4\,080$.

所以应选用 $n = 19$.

本题考查统计条形图,事件的概率、分布列、期望,考查理论结合实际的应用能力.此类问题的难度一般为中低档,但知识点比较多,要注意问题间的关联与区别.

5. 某险种的基本保费为 a(单位:元),继续购买该险种的投保人称为续保人,续保人的本年度的保费与其上年度的出险次数的关联如下:

上年度出险次数	0	1	2	3	4	≥5
保费	0.85a	a	1.25a	1.5a	1.75a	2a

设该险种一位续保人一年内出险次数与相应概率如下:

一年内出险次数	0	1	2	3	4	≥5
概率	0.30	0.15	0.20	0.20	0.10	0.05

(1)求一续保人本年度的保费高于基本保费的概率;

(2)若一续保人本年度的保费高于基本保费,求其保费比基本保费高出 60% 的概率;

(3)求续保人本年度的平均保费与基本保费的比值.

解:(1)设续保人本年度的保费高于基本保费为事件 A,则

$$P(A) = 1 - P(\bar{A}) = 1 - (0.30 + 0.15) = 0.55$$

(2)设续保人保费比基本保费高出 60% 为事件 B,则

$$P(B \mid A) = \frac{P(AB)}{P(A)} = \frac{0.10 + 0.05}{0.55} = \frac{3}{11}$$

(3)设本年度所交保费为随机变量 X.

X	0.85a	a	1.25a	1.5a	1.75a	2a
P	0.30	0.15	0.20	0.20	0.10	0.05

平均保费为

$EX = 0.85a \times 0.30 + 0.15a + 1.25a \times 0.20 + 1.5a \times 0.20 + 1.75a \times 0.10 + 2a \times 0.05$

$\quad = 0.255a + 0.15a + 0.25a + 0.3a + 0.175a + 0.1a = 1.23a$

所以平均保费与基本保费比值为 1.23.

本题是一个与现实生活有密切联系的实际问题,考查了学生利用概率与统计知识解决实际问题的能力.概率与统计的交汇问题是高考中比较常见的考题之一,通过对数据的分析与处理,综合考查统计中的相关知识,并设置相应的问题求解对应的概率问题,是命题者都比较青睐的命题方向之一.

　　6.未来制造业对零件的精度要求越来越高.3D打印通常是采用数字技术材料打印机来实现的,常在模具制造、工业设计等领域被用于制造模型,后逐渐用于一些产品的直接制造,已经有使用这种技术打印而成的零部件.该技术应用十分广泛,可以预计在未来会有发展空间.某制造企业向 A 高校 3D 打印实验团队租用一台 3D 打印设备,用于打印一批对内径有较高精度要求的零件.该团队在实验室打印出了一批这样的零件,从中随机抽取 10 个零件,度量其内径的茎叶图如图所示(单位:μm)

　　(1)计算平均值 μ 与标准差 σ;

　　(2)假设这台 3D 打印设备打印出品的零件内径 Z 服从正态分布 $N(\mu,\sigma^2)$,该团队到工厂安装调试后,试打了 5 个零件,度量其内径分别为(单位:μm):86,95,103,109,118,试问此打印设备是否需要进一步调试?为什么?

9	7 7 8
10	2 5 7 8
11	3 4

　　参考数据:$P(\mu-2\sigma<Z<\mu+2\sigma)=0.954\,4$,$P(\mu-3\sigma<Z<\mu+3\sigma)=0.997\,4$,$0.954\,4^3=0.87$,$0.997\,4^4=0.99$,$0.045\,6^2=0.002$.

　　解:(1) $\mu=\dfrac{97+97+98+102+105+107+108+109+113+114}{10}=105(\mu m)$

$$\sigma^2=\frac{(-8)^2+(-8)^2+(-7)^2+(-3)^2+0^2+2^2+3^2+4^2+8^2+9^2}{10}=36$$

所以 $\sigma=6\ \mu m$.

(2)结论:需要进一步调试.

　　解法一:理由如下:如果机器正常工作,则 Z 服从正态分布 $N(105,6^2)$,则
$$P(\mu-3\sigma<Z<\mu+3\sigma)=P(87<Z<123)=0.997\,4$$
零件内径在(87,123)之外的概率只有 0.002 6.

　　而 $86\notin(87,123)$,根据 3σ 原则,知机器异常,需要进一步调试.

　　解法二:理由如下:如果机器正常工作,则 Z 服从正态分布 $N(105,6^2)$,则
$$P(\mu-3\sigma<Z<\mu+3\sigma)=P(87<Z<123)=0.997\,4$$
正常情况下 5 个零件中恰有一件内径在(87,123)外的概率为
$$P=C_5^1\times0.002\,6\times0.997\,4^4=5\times0.002\,6\times0.99=0.001\,287$$
为小概率事件,而 $86\notin(87,123)$,小概率事件发生,说明机器异常,需要进一步调试.

　　解法三:理由如下:如果机器正常工作,则 Z 服从正态分布 $N(105,6^2)$,则
$$P(\mu-2\sigma<Z<\mu+2\sigma)=P(93<Z<117)=0.954\,4$$
正常情况下 5 个零件中恰有 2 个内径在(93,117)外的概率为
$$P=C_5^2\times0.004\,56^2\times0.954\,4^3=10\times0.002\times0.87=0.017\,4$$
此为小概率事件,而 $86\notin(93,117)$,$118\notin(93,117)$,小概率事件发生,说明机器异常,需要进一步调试.

有关正态分布.

正态总体总取值于区间 $(\mu - 3\sigma, \mu + 3\sigma)$ 之内. 而在此区间以外取值的概率只有 $0.002\,6$, 通常认为这种情况在一次试验中几乎不可能发生. 在实际应用中, 通常认为服从于正态分布 $N(\mu, \sigma^2)$ 的随机变量 X 只取 $(\mu - 3\sigma, \mu + 3\sigma)$ 之间的值, 并简称为 "3σ 原则".

本题第 (2) 题, 打印机出现了异常情况.

本题的 "评分标准" 中写道:

若有下面两种理由之一, 可得分:

试验结果 5 件中有 1 件在 $(87, 123)$ 之外, 概率为 0.2, 远大于正常概率 $0.002\,6$.

试验结果 5 件中有 2 件在 $(93, 117)$ 之外, 概率为 0.4, 远大于正常概率 $0.045\,6$.

---

7. 为推动乒乓球运动的发展, 某乒乓球比赛允许不同协会的运动员组队参加. 现有来自甲协会的运动员 3 名, 其中种子选手 2 名; 乙协会的运动员 5 名, 其中种子选手 3 名. 从这 8 名运动员中随机选择 4 人参加比赛.

(1) 设 A 为事件 "选出的 4 人中恰有 2 名种子选手, 且这 2 名种子选手来自同一个协会", 求事件 A 发生的概率;

(2) 设 X 为选出的 4 人中种子选手的人数, 求随机变量 X 的分布列和数学期望.

解: (1) 由已知, 有 $P(A) = \dfrac{C_2^2 C_3^2 + C_3^2 C_3^2}{C_8^4} = \dfrac{6}{35}$.

所以事件 A 发生的概率为 $\dfrac{6}{35}$.

(2) 随机变量 X 的所有可能取值为 $1, 2, 3, 4$.

$$P(X = k) = \frac{C_5^k C_3^{4-k}}{C_8^4} (k = 1, 2, 3, 4)$$

所以随机变量 X 的分布列为

X	1	2	3	4
P	$\dfrac{1}{14}$	$\dfrac{3}{7}$	$\dfrac{3}{7}$	$\dfrac{1}{14}$

所以随机变量 X 的数学期望 $E(X) = 1 \times \dfrac{1}{14} + 2 \times \dfrac{3}{7} + 3 \times \dfrac{3}{7} + 4 \times \dfrac{1}{14} = \dfrac{5}{2}$.

---

8. 甲、乙两人组成 "星队" 参加猜成语活动, 每轮活动由甲、乙各猜一个成语, 在一轮活动中, 如果两人都猜对, 则 "星队" 得 3 分; 如果只有一人猜对, 则 "星队" 得 1 分; 如果两人都没猜对, 则 "星队" 得 0 分. 已知甲每轮猜对的概率是 $\dfrac{3}{4}$, 乙每轮猜对的概率是 $\dfrac{2}{3}$; 每轮活动中甲、乙猜对与否互不影响, 各轮结果也互不影响. 假设 "星队" 参加两轮活动, 求:

(1) "星队" 至少猜对 3 个成语的概率;

(2) "星队" 两轮得分之和 X 的分布列和数学期望 EX.

解: (1) "至少猜对 3 个成语" 包括 "恰好猜对 3 个成语" 和 "猜对 4 个成语".

设 "至少猜对 3 个成语" 为事件 A;

"恰好猜对 3 个成语"和"猜对 4 个成语"分别为事件 B,C,则

$$P(B) = C_2^1 \cdot \frac{3}{4} \cdot \frac{2}{3} \cdot \frac{3}{4} \cdot \frac{1}{3} + C_2^1 \cdot \frac{3}{4} \cdot \frac{2}{3} \cdot \frac{1}{4} \cdot \frac{2}{3} = \frac{5}{12}$$

$$P(C) = \frac{3}{4} \cdot \frac{2}{3} \cdot \frac{3}{4} \cdot \frac{2}{3} = \frac{1}{4}$$

所以

$$P(A) = P(B) + P(C) = \frac{5}{12} + \frac{1}{4} = \frac{2}{3}$$

（2）"星队"两轮得分之和 X 的所有可能取值为 $0,1,2,3,4,6$,于是

$$P(X = 0) = \frac{1}{4} \cdot \frac{1}{3} \cdot \frac{1}{4} \cdot \frac{1}{3} = \frac{1}{144}$$

$$P(X = 1) = C_2^1 \frac{1}{4} \cdot \frac{2}{3} \cdot \frac{1}{4} \cdot \frac{1}{3} + C_2^1 \frac{1}{4} \cdot \frac{1}{3} \cdot \frac{3}{4} \cdot \frac{1}{3} = \frac{10}{144} = \frac{5}{72}$$

$$P(X = 2) = \frac{1}{4} \cdot \frac{2}{3} \cdot \frac{1}{4} \cdot \frac{2}{3} + \frac{3}{4} \cdot \frac{1}{3} \cdot \frac{3}{4} \cdot \frac{1}{3} + C_2^1 \frac{1}{4} \cdot \frac{2}{3} \cdot \frac{3}{4} \cdot \frac{1}{3} = \frac{25}{144}$$

> 另解：$X = 2$ 即"星队"每轮各得 1 分,"星队"某一轮得 1 分的概率为 $\frac{3}{4} \cdot \frac{1}{3} + \frac{1}{4} \cdot \frac{2}{3} = \frac{5}{12}$,因为两轮互不影响,所以 $P(X = 2) = \frac{5}{12} \cdot \frac{5}{12} = \frac{25}{144}$.

$$P(X = 3) = C_2^1 \frac{3}{4} \cdot \frac{2}{3} \cdot \frac{1}{4} \cdot \frac{1}{3} = \frac{12}{144} = \frac{1}{12}$$

$$P(X = 4) = C_2^1 \frac{3}{4} \cdot \frac{2}{3} \cdot \left(\frac{1}{4} \cdot \frac{2}{3} + \frac{3}{4} \cdot \frac{1}{3} \right) = \frac{60}{144} = \frac{5}{12}$$

$$P(X = 6) = \frac{3}{4} \cdot \frac{2}{3} \cdot \frac{3}{4} \cdot \frac{2}{3} = \frac{36}{144} = \frac{1}{4}$$

X 的分布列为：

X	0	1	2	3	4	6
P	$\frac{1}{144}$	$\frac{5}{72}$	$\frac{25}{144}$	$\frac{1}{12}$	$\frac{5}{12}$	$\frac{1}{4}$

X 的数学期望 $EX = \frac{1}{144} \times 0 + \frac{5}{72} \times 1 + \frac{25}{144} \times 2 + \frac{1}{12} \times 3 + \frac{5}{12} \times 4 + \frac{1}{4} \times 6 = \frac{552}{144} = \frac{23}{6}$.

9. 将一个半径适当的小球放入如图所示的容器最上方的入口处,小球将自由下落. 小球在下落过程中,将 3 次遇到黑色障碍物,最后落入 A 袋或 B 袋中. 已知小球每次遇到黑色障碍物时向左、右两边下落的概率都是 $\frac{1}{2}$.

（1）求小球落入 A 袋中的概率 $P(A)$;

（2）在容器入口处依次放入 4 个小球,记 ξ 为落入 A 袋中小球的个数,试求 $\xi = 3$ 的概率和 ξ 的数学期望 $E\xi$.

解：（1）解法一：记小球落入 B 袋中的概率 $P(B)$,则

$$P(A) + P(B) = 1$$

由于小球每次遇到黑色障碍物时一直向左或者一直向右下落,小球将落入 B 袋,所以

$$P(B) = \left(\frac{1}{2}\right)^3 + \left(\frac{1}{2}\right)^3 = \frac{1}{4}$$

所以
$$P(A) = 1 - \frac{1}{4} = \frac{3}{4}$$

解法二:由于小球每次遇到黑色障碍物时,至少有一次向左和一次向右下落,小球将落入 A 袋,所以

$$P(A) = C_3^1 \left(\frac{1}{2}\right)^3 + C_3^2 \left(\frac{1}{2}\right)^3 = \frac{3}{4}$$

(2)由题意,$\xi \sim B\left(4, \frac{3}{4}\right)$,所以有

$$P(\xi = 3) = C_4^3 \left(\frac{3}{4}\right)^3 \left(\frac{1}{4}\right)^1 = \frac{27}{64}$$

所以
$$E\xi = 4 \times \frac{3}{4} = 3$$

10. 随机将 $1, 2, \cdots, 2n (n \in \mathbf{N}^*, n \geq 2)$ 这 $2n$ 个连续正整数分成 A, B 两组,每组 n 个数,A 组最小数为 a_1,最大数为 a_2;B 组最小数为 b_1,最大数为 b_2,记 $\xi = a_2 - a_1, \eta = b_2 - b_1$.

(1)当 $n = 3$ 时,求 ξ 的分布列和数学期望;

(2)令 C_i 表示事件"$\xi = \eta = i$",求 $P(C_{n-1})$,$P(C_n)$ 和 $P(C_{n+1})$($n \geq 3$).

解:(1) ξ 的所有可能取值为 $2, 3, 4, 5$.

将 6 个数平均分成 A, B 两组,不同的分组方法共有 $C_6^3 = 20$ 种.

当 $\xi = 2$ 时,A 组有 $1, 2, 3$; $2, 3, 4$; $3, 4, 5$; $4, 5, 6$ 四种可能,所以 $P(\xi = 2) = \frac{4}{20}$.

当 $\xi = 3$ 时,A 组有 $1, 2, 4$; $1, 3, 4$; $2, 3, 5$; $2, 4, 5$; $3, 4, 6$; $3, 5, 6$ 六种可能.

所以 $P(\xi = 3) = \frac{6}{20}$.

当 $\xi = 4$ 时,A 组有 $1, 2, 5$; $1, 3, 5$; $1, 4, 5$; $2, 3, 6$; $2, 4, 6$; $2, 5, 6$ 六种可能.

所以 $P(\xi = 4) = \frac{6}{20}$.

当 $\xi = 5$ 时,A 组有 $1, 2, 6$; $1, 3, 6$; $1, 4, 6$; $1, 5, 6$ 四种可能.

所以 $P(\xi = 5) = \frac{4}{20}$.

> 计算概率时,可以选一个你认为比较难计算的留下,最后用间接的方法计算.
> 比如:$P(\xi = 5) = 1 - P(\xi = 2) - P(\xi = 3) - P(\xi = 4)$.

所以 ξ 的分布列为:

ξ	2	3	4	5
P	$\frac{4}{20}$	$\frac{6}{20}$	$\frac{6}{20}$	$\frac{4}{20}$

$$E\xi = 2 \cdot \frac{4}{20} + 3 \cdot \frac{6}{20} + 4 \cdot \frac{6}{20} + 5 \cdot \frac{4}{20} = \frac{7}{2}$$

(2)将 $1, 2, \cdots, 2n$ 这 $2n$ 个数平均分成 A, B 两组,不同的分组方法共有 C_{2n}^n 种.

(i) 当 $\xi = \eta = n-1$ 时,与 1 同在一组的最大的数为 n,所以这一组的 n 个数为 $1,2,\cdots,n$,另一组的 n 个数为 $(n+1),(n+2),\cdots,2n$,所以此时不同的分组方法共有 2 种,故 $P(C_{n-1}) = \dfrac{2}{C_{2n}^n}$.

(ii) 当 $\xi = \eta = n$ 时,与 1 同在一组的最大的数为 $n+1$,与 $2n$ 同在一组的最小的数为 n.

此时两组数分别为 $1,2,\cdots,(n-1),(n+1)$ 和 $n,(n+2),\cdots,2n$. 所以此时不同的分组方法共有 2 种,故 $P(C_n) = \dfrac{2}{C_{2n}^n}$.

(iii) 当 $\xi = \eta = n+1$ 时,与 1 在一组的最大的数为 $n+2$,与 $2n$ 同在一组的最小的数为 $n-1$.

此时两组数分别为:$1,2,\cdots,(n-2),n,(n+2)$ 和 $(n-1),(n+1),(n+3),\cdots,2n$;

或 $1,2,\cdots,(n-2),(n+1),(n+2)$ 和 $(n-1),n,(n+3),\cdots,2n$.

所以此时不同的分组方法共有 4 种,故 $P(C_{n+1}) = \dfrac{4}{C_{2n}^n}$.

有时,要考察某事件所包含的基本事件数,欲速则不达,不妨返璞归真,一一列举.

第四天　立 体 几 何

立体几何从来都是高考的重点,每年必有一道大题横亘在解答题的中间地带,难度中等,攻下它,承上启下,至关重要.

这一块高考命题的主要内容是线、面位置关系的判定与证明,以及空间角的计算,着重考察推理论证能力、计算能力和空间想象能力;建立空间坐标系应用空间向量解决问题的能力,以及转化与化归的数学思想.

有了空间向量,确实能降低难度,用计算代替了部分推理.可新的问题在于:能否顺利找到三条两两垂直的直线以建立空间直角坐标系?有时很费周折、很辛苦(特别是题目所给的图形不好看像一座比萨斜塔的时候).建议大家在平时复习做题时,对自己从难从严要求,每个题尽量用两种方法(向量的和传统的)解决.只有平时见多识广见怪不怪了,高考时才能底气十足,从容应对.

1. 如右图,四边形 $ABCD$ 为菱形,$\angle ABC = 120°$,E,F 是平面 $ABCD$ 同一侧的两点,$BE \perp$ 平面 $ABCD$,$DF \perp$ 平面 $ABCD$,$BE = 2DF$,$AE \perp EC$.

(1)证明:平面 $AEC \perp$ 平面 AFC;

(2)求直线 AE 与直线 CF 所成角的余弦值.

解:(1)连接 BD,设 $BD \cap AC = G$,连接 EG,FG,EF,在菱形 $ABCD$ 中,不妨设 $GB = 1$,由 $\angle ABC = 120°$,可得 $AG = GC = \sqrt{3}$.

由 $BE \perp$ 平面 $ABCD$,$AB = BC$,所以 $\triangle EBA \cong \triangle EBC$,所以 $AE = CE$,又因为 $AE \perp EC$,所以 $EG = \sqrt{3}$,$EG \perp AC$,在 $Rt\triangle EBG$ 中,可得 $BE = \sqrt{2}$,故 $DF = \dfrac{\sqrt{2}}{2}$.

在 $Rt\triangle FDG$ 中,可得 $FG = \dfrac{\sqrt{6}}{2}$.

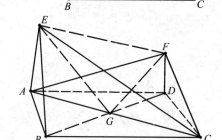

在直角梯形 $BDFE$ 中,由 $BD = 2$,$BE = \sqrt{2}$,$DF = \dfrac{\sqrt{2}}{2}$,可得 $EF = \dfrac{3\sqrt{2}}{2}$.

所以 $EG^2 + FG^2 = EF^2$,所以 $EG \perp FG$,$AC \cap FG = G$,所以 $EG \perp$ 平面 AFC.

因为 $EG \subset$ 面 AEC,所以平面 $AEC \perp$ 平面 AFC.

对空间面面垂直问题的证明有两种思路,思路1:几何法,先由线线垂直证明线面垂直,再由线面垂直证明面面垂直;思路2:利用向量法,通过计算两个平面的法向量,证明其法向量垂直,从而证明面面垂直.

本小题的特殊性在于:$\triangle EAC$,$\triangle FAC$ 都是等腰三角形,且有公共底边 AC,可以很方便地找到二面角 $E - AC - F$ 的平面角 $\angle EGF$.所以欲证平面 $AEC \perp$ 平面 AFC,只需勾股定理的逆定理证明 $\angle EGF$ 为直角.

(2)如图,以 G 为坐标原点,分别以 $\overrightarrow{GB}$,$\overrightarrow{GC}$ 的方向为 x 轴、y 轴正方向,$|\overrightarrow{GB}|$ 为单位长度,建立空间直角坐标系 $G-xyz$. 由(1)可得 $A(0, -\sqrt{3}, 0)$,$E(1, 0, \sqrt{2})$,$F\left(-1, 0, \dfrac{\sqrt{2}}{2}\right)$,$C(0, \sqrt{3}, 0)$,

所以 $\overrightarrow{AE}=(1,\sqrt{3},\sqrt{2})$，$\overrightarrow{CF}=\left(-1,-\sqrt{3},\dfrac{\sqrt{2}}{2}\right)$.

故 $\cos\langle\overrightarrow{AE},\overrightarrow{CF}\rangle=\dfrac{\overrightarrow{AE}\cdot\overrightarrow{CF}}{|\overrightarrow{AE}||\overrightarrow{CF}|}=-\dfrac{\sqrt{3}}{3}$.

所以直线 AE 与直线 CF 所成角的余弦值

为 $\dfrac{\sqrt{3}}{3}$.

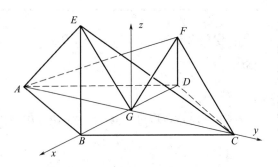

　　求异面直线所成的角,也有两种思路,思路1:几何法,步骤为一找二作三证四解,先在图形中找,看有没有现成的异面直线所成角,若没有,则通常过一点(特殊点)分别作平行线,作出它们的交角,再证明该角是异面直线所成角,再构造三角形,通过解三角形解出该角.思路2:向量法,建立空间直角坐标系,借助两个向量的夹角来求解.特别注意:两个向量夹角的范围是 $[0,\pi]$,而异面直线所成角的范围为 $\left(0,\dfrac{\pi}{2}\right]$.

2. 如图,四棱锥中,$AB\parallel CD$,$BC\perp CD$,侧面 SAB 为等边三角形,$AB=BC=2$,$CD=SD=1$.

(1)证明:$SD\perp$ 平面 SAB；

(2)求 AB 与平面 SBC 所成角的正弦值.

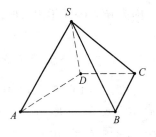

解法一:(1)以 C 为坐标原点,射线 CD 为 x 轴正半轴,建立如图所示的空间直角坐标系 $C-xyz$,则 $D(1,0,0)$,$A(2,2,0)$,$B(0,2,0)$,

设 $S(x,y,z)$,则 $x>0$,$y>0$,$z>0$,且 $\overrightarrow{AS}=(x-2,y-2,z)$,$\overrightarrow{BS}=(x,y-2,z)$,$\overrightarrow{DS}=(x-1,y,z)$.

由 $|\overrightarrow{AS}|=|\overrightarrow{BS}|$,得

$$\sqrt{(x-2)^2+(y-2)^2+z^2}=\sqrt{x^2+(y-2)^2+z^2}$$

解得 $x=1$.

由 $|\overrightarrow{DS}|=1$,得

$$y^2+z^2=1$$

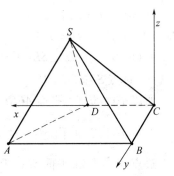

由 $|\overrightarrow{BS}|=2$,得

$$y^2+z^2-4y+1=0$$

解①②,得 $y=\dfrac{1}{2}$,$z=\dfrac{\sqrt{3}}{2}$,所以

$$S\left(1,\dfrac{1}{2},\dfrac{\sqrt{3}}{2}\right),\overrightarrow{AS}=\left(-1,-\dfrac{3}{2},\dfrac{\sqrt{3}}{2}\right),\overrightarrow{BS}=\left(1,-\dfrac{3}{2},\dfrac{\sqrt{3}}{2}\right),\overrightarrow{DS}=\left(0,\dfrac{1}{2},\dfrac{\sqrt{3}}{2}\right)$$

所以 $\overrightarrow{DS}\cdot\overrightarrow{AS}=0$,$\overrightarrow{DS}\cdot\overrightarrow{BS}=0$,所以 $DS\perp AS$,$DS\perp BS$,所以 $SD\perp$ 平面 SAB.

在空间向量的背景下，欲证 $SD \perp$ 平面 SAB，也可求出平面 SAB 的法向量 $\boldsymbol{n}$，进而证明 $\overrightarrow{SD} /\!/ \boldsymbol{n}$.

设 $\boldsymbol{n} = (x, y, z)$，所以 $\boldsymbol{n} \cdot \overrightarrow{AS} = 0, \boldsymbol{n} \cdot \overrightarrow{BS} = 0$，所以 $\begin{cases} -x - \dfrac{3}{2}y + \dfrac{\sqrt{3}}{2}z = 0 \\ x - \dfrac{3}{2}y + \dfrac{\sqrt{3}}{2}z = 0 \end{cases}$，两式相减，得 $x =$

0，所以 $z = \sqrt{3}y$. 令 $y = 1$，所以 $z = \sqrt{3}$. 所以平面 SAB 的一个法向量 $\boldsymbol{n} = (0, 1, \sqrt{3})$. 易证 $\overrightarrow{SD} /\!/$
$\boldsymbol{n}$. (略)

顺便说一下，不能想当然地将平面 α 的法向量设成 $\boldsymbol{n} = (x, y, 0)$ 或 $\boldsymbol{n} = (x, y, 1)$.
(想一下，什么时候不可以这样设？)

(2)设平面 SBC 的法向量 $\boldsymbol{n} = (x_1, y_1, z_1)$，则 $\boldsymbol{n} \perp \overrightarrow{BS}, \boldsymbol{n} \perp \overrightarrow{CB}$，所以 $\boldsymbol{n} \cdot \overrightarrow{BS} = 0, \boldsymbol{n} \cdot \overrightarrow{CB} = 0$，
又 $\overrightarrow{BS} = \left(1, -\dfrac{3}{2}, \dfrac{\sqrt{3}}{2}\right), \overrightarrow{CB} = (0, 2, 0)$.

所以 $\begin{cases} x_1 - \dfrac{3}{2}y_1 + \dfrac{\sqrt{3}}{2}z_1 = 0 \\ 2y_1 = 0 \end{cases}$，取 $z_1 = 2$，得 $\boldsymbol{n} = (-\sqrt{3}, 0, 2)$.

因为 $\overrightarrow{AB} = (-2, 0, 0)$，所以 $\cos\langle \overrightarrow{AB}, \boldsymbol{n}\rangle = \dfrac{\overrightarrow{AB} \cdot \boldsymbol{n}}{|\overrightarrow{AB}||\boldsymbol{n}|} = \dfrac{-2 \times (-\sqrt{3})}{\sqrt{7} \times 2} = \dfrac{\sqrt{21}}{7}$.

故 AB 与平面 SBC 所成的角的正弦值为 $\dfrac{\sqrt{21}}{7}$.

解法二：(1) 如图，取 AB 的中点 E，连接 DE, SE，则四边形 $BCDE$ 为矩形，所以 $DE = CB = 2$，所以 $AD = \sqrt{DE^2 + AE^2} = \sqrt{5}$. 因为侧面 SAB 为等边三角形，$AB = 2$，所以 $SA = SB = AB = 2$，且 $SE = \sqrt{3}$. 又因为 $SD = 1$，所以 $SA^2 + SD^2 = AD^2, SE^2 + SD^2 = ED^2$.

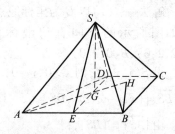

所以 $SD \perp SA, SD \perp SE$，所以 $SD \perp$ 平面 SAB.

(2)过点 S 作 $SG \perp DE$ 于 G，因为 $AB \perp SE, AB \perp DE$，所以平面 $AB \perp$ 平面 SDE.
所以平面 $SDE \perp$ 平面 $ABCD$，由平面与平面垂直的性质，知 $SG \perp$ 平面 $ABCD$.

在 $Rt\triangle DSE$ 中，由 $SD \cdot SE = DE \cdot SG$，得 $1 \times \sqrt{3} = 2 \times SG$，所以 $SG = \dfrac{\sqrt{3}}{2}$.

过点 A 作 $AH \perp$ 平面 SBC 于 H，连接 BH，则 $\angle ABH$ 为 AB 与平面 SBC 所成的角.
因为 $CD /\!/ AB$，$AB \perp$ 平面 SDE，所以 $CD \perp$ 平面 SDE，所以 $CD \perp SD$.
在 $Rt\triangle CDS$ 中，由 $CD = SD = 1$，求得 $SC = \sqrt{2}$.

在 $\triangle SBC$ 中，$SB = BC = 2, SC = \sqrt{2}$，所以 $S_{\triangle SBC} = \dfrac{1}{2} \times \sqrt{2} \times \sqrt{2^2 - \left(\dfrac{\sqrt{2}}{2}\right)^2} = \dfrac{\sqrt{7}}{2}$.

由 $V_{A-SBC} = V_{S-ABC}$，得 $\dfrac{1}{3}S_{\triangle SBC} \cdot AH = \dfrac{1}{3}S_{\triangle ABC} \cdot SG$.

即 $\dfrac{1}{3} \times \dfrac{\sqrt{7}}{2} \times AH = \dfrac{1}{3} \times \dfrac{1}{2} \times 2 \times 2 \times \sqrt{2}$，解得 $AH = \dfrac{2\sqrt{21}}{7}$，所以 $\sin\angle ABH = \dfrac{AH}{AB} = \dfrac{\sqrt{21}}{7}$，

故 AB 与平面 SBC 所成角的正弦值为 $\dfrac{\sqrt{21}}{7}$.

你在平常练习时,要把题目做透.立体几何题,尽量考虑"两条腿走路"(传统方法和向量方法兼顾),以备不时之需.以防不测(有时所给图形或几何体没有那么"理想",建系有点困难).

　　我好像说过这话了,我真啰唆.

　　如本题,求 AB 与平面 SBC 所成角的正弦值,一是 AB 的长(线段 AB 有一个端点 B 在平面 SBC 内,否则还需转变),另外就是要求点 A 到平面 SBC 的距离(通常转变为三棱锥的体积).

　　3. 如图(a),在直角梯形 $ABCD$ 中,$AD \parallel BC$,$AB \perp BC$,$BD \perp DC$,点 E 是 BC 边的中点,将 $\triangle ABD$ 沿 BD 折起,使平面 $ABD \perp$ 平面 BCD,连接 AE,AC,DE,得到如图(b)所示的几何体.

　　(1)求证:$AB \perp$ 平面 ADC;

　　(2)若 $AD = 1$,二面角 $C - AB - D$ 的平面角的正切值为 $\sqrt{6}$,求二面角 $B - AD - E$ 的余弦值.

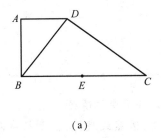

(a)

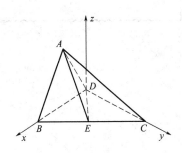

(b)

　　解:(1)因为平面 $ABD \perp$ 平面 BCD,平面 $ABD \cap$ 平面 $BCD = BD$,又 $BD \perp DC$,所以 $DC \perp$ 平面 ABD.

　　因为 $AB \subset$ 平面 ABD,所以 $DC \perp AB$.

　　又因为折叠前后均有 $AD \perp AB$,$DC \cap AD = D$,所以 $AB \perp$ 平面 ADC.

　　(2)由(1)知 $AB \perp$ 平面 ADC,所以二面角 $C - AB - D$ 的平面角为 $\angle CAD$.

　　又 $DC \perp$ 平面 ABD,$AD \subset$ 平面 ABD,所以 $DC \perp AD$.

　　依题意 $\tan \angle CAD = \dfrac{CD}{AD} = \sqrt{6}$.

　　因为 $AD = 1$,所以 $CD = \sqrt{6}$.

　　设 $AB = x(x > 0)$,则 $BD = \sqrt{x^2 + 1}$.

　　依题意 $\triangle ABD \backsim \triangle DCB$,所以 $\dfrac{AB}{AD} = \dfrac{CD}{BD}$,即 $\dfrac{x}{1} = \dfrac{\sqrt{6}}{\sqrt{x^2+1}}$.

　　解得 $x = \sqrt{2}$,故 $AB = \sqrt{2}$,$BD = \sqrt{3}$,$BC = \sqrt{BD^2 + CD^2} = 3$.

　　解法1:如图所示,建立空间直角坐标系 $D - xyz$,则

$D(0,0,0)$,$B(\sqrt{3},0,0)$,$C(0,\sqrt{6},0)$,$E\left(\dfrac{\sqrt{3}}{2},\dfrac{\sqrt{6}}{2},0\right)$,

$A\left(\dfrac{\sqrt{3}}{3},0,\dfrac{\sqrt{6}}{3}\right)$,所以 $\overrightarrow{DE} = \left(\dfrac{\sqrt{3}}{2},\dfrac{\sqrt{6}}{2},0\right)$,$\overrightarrow{DA} = \left(\dfrac{\sqrt{3}}{3},0,\dfrac{\sqrt{6}}{3}\right)$.

　　由(1)知平面 BAD 的法向量 $\boldsymbol{n} = (0,1,0)$.

　　设平面 ADE 的法向量 $\boldsymbol{m} = (x,y,z)$.

由 $\begin{cases} \boldsymbol{m} \cdot \overrightarrow{DE} = 0, \\ \boldsymbol{m} \cdot \overrightarrow{DA} = 0, \end{cases}$ 得 $\begin{cases} \dfrac{\sqrt{3}}{2}x + \dfrac{\sqrt{6}}{2}y = 0, \\ \dfrac{\sqrt{3}}{3}x + \dfrac{\sqrt{6}}{3}z = 0. \end{cases}$

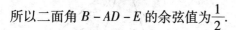

令 $x = \sqrt{6}$，得 $y = -\sqrt{3}, z = -\sqrt{3}$，所以 $\boldsymbol{m} = (\sqrt{6}, -\sqrt{3}, -\sqrt{3})$.

所以 $\cos\langle \boldsymbol{n}, \boldsymbol{m}\rangle = \dfrac{\boldsymbol{n} \cdot \boldsymbol{m}}{|\boldsymbol{n} \cdot \boldsymbol{m}|} = -\dfrac{1}{2}$.

由图可知二面角 $B-AD-E$ 的平面角为锐角，所以二面角 $B-AD-E$ 的余弦值为 $\dfrac{1}{2}$.

解法 2：因为 $DC \perp$ 平面 ABD，过点 E 作 $EF \parallel DC$ 交 BD 于 F，则 $EF \perp$ 平面 ABD. 因为 $AD \subset$ 平面 ABD，所以 $EF \perp AD$.

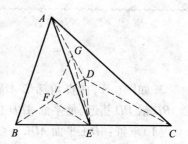

过点 F 作 $FG \perp AD$ 于 G，连接 GE，所以 $AD \perp$ 平面 EFG，因此 $AD \perp GE$.

所以二面角 $B-AD-E$ 的平面角为 $\angle EGF$.

由平面几何知识求得

$$EF = \frac{1}{2}CD = \frac{\sqrt{6}}{2}, \quad FG = \frac{1}{2}AB = \frac{\sqrt{2}}{2}$$

所以 $EG = \sqrt{EF^2 + FG^2} = \sqrt{2}$，所以 $\cos\angle EGF = \dfrac{FG}{EG} = \dfrac{1}{2}$.

所以二面角 $B-AD-E$ 的余弦值为 $\dfrac{1}{2}$.

对于折叠问题，一定要把折叠前后的两个图对照着看，以弄清变化情况.

位于折痕同一侧的线段、角等的位置关系以及大小不变，依然故我；而位于折痕两侧的线段、角等的位置关系以及大小就会发生变化，甚至面目全非.

又，求二面角，传统的方法可以作出平面角.

平面角的作法，除了定义法外，还有两种：

(1)垂线法：在二面角的一个面上一点 P 引另一个面的垂线 PB，在另一平面内过 B 作棱的垂线 BA，连接 PA，则 $\angle PAB$ 为所求.

(2)垂面法：过两个面的垂线 PM, PN 作平面 PMN，平面 PMN 交公共棱于 A，则 $\angle MAN$ 为所求.（见下图）

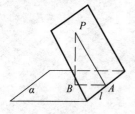

（垂线法）

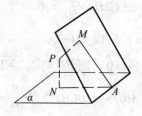

（垂面法）

4. 如图所示的多面体中,四边形 $ABCD$ 和四边形 $BCEF$ 是全等的等腰梯形,且平面 $BCEF \perp$ 平面 $ABCD$,$AB /\!/ CD$,$CE /\!/ BF$,$AD = BC = EF$,$CD = \dfrac{1}{2}AB$,$\angle ABC = \angle CBF = 60°$,$G$ 为线段 AB 的中点.

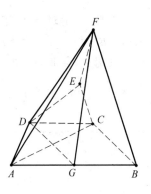

(1) 求证:$DE /\!/$ 平面 ABF;

(2) 求二面角 $D-FG-B$(钝角) 的余弦值.

解:(1) 因为 $AB /\!/ CD$,又因为 $CD \not\subset$ 平面 ABF,$AB \subset$ 平面 ABF.

所以 $CD /\!/$ 平面 ABF,同理 $CE /\!/$ 平面 ABF.

又因为 $CD \cap CE = C$,所以平面 $DCE /\!/$ 平面 ABF.

又因为 $DE \subset$ 平面 DCE,所以 $DE /\!/$ 平面 ABF.

(2) 如图,连接 CG,FC,

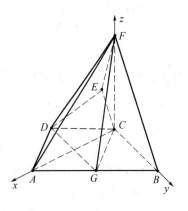

因为 G 为 AB 的中点,$AB = 2CD$,$AB /\!/ CD$,所以 $CD /\!/ AG$,$CD = AG$,所以四边形 $AGCD$ 为平行四边形,所以 $AD = CG$.

因为 $AD = BC$,所以 $BC = CG$. 又因为 $\angle ABC = 60°$,所以 $\triangle BCG$ 为等边三角形.

所以 $\angle BCG = 60°$,$BG = CG$,所以 $AG = CG$,所以四边形 $AGCD$ 为菱形,所以

$$\angle ACG = \frac{1}{2}\angle DCG = \frac{1}{2}\angle CGB = 30°$$

所以

$$\angle ACB = \angle ACG + \angle BCG = 90°$$

所以 $AC \perp BC$.

又因为平面 $BCEF \perp$ 平面 $ABCD$,且平面 $BCEF \cap$ 平面 $ABCD = BC$,所以 $AC \perp$ 平面 $BCEF$.

因为四边形 $ABCD$ 和四边形 $BCEF$ 是全等的等腰梯形,平面 $BCEF \perp$ 平面 $ABCD$,所以 $CF \perp$ 平面 $ABCD$.

所以以 C 为坐标原点,以 CA,CB,CF 所在直线分别为 x 轴、y 轴、z 轴建立如图所示的空间直角坐标系,设 $BC = 1$,则 $CA = CF = \sqrt{3}$.

可得 $B(0,1,0)$,$G\left(\dfrac{\sqrt{3}}{2},\dfrac{1}{2},0\right)$,$D\left(\dfrac{\sqrt{3}}{2},-\dfrac{1}{2},0\right)$,$F(0,0,\sqrt{3})$.

则 $\overrightarrow{FG} = \left(\dfrac{\sqrt{3}}{2},\dfrac{1}{2},-\sqrt{3}\right)$,$\overrightarrow{DG} = (0,1,0)$,$\overrightarrow{BG} = \left(\dfrac{\sqrt{3}}{2},-\dfrac{1}{2},0\right)$.

设平面 DFG 的法向量为 $\boldsymbol{m} = (x,y,z)$.

由 $\begin{cases} \overrightarrow{FG} \cdot \boldsymbol{m} = 0 \\ \overrightarrow{DG} \cdot \boldsymbol{m} = 0 \end{cases}$ 得 $\begin{cases} \dfrac{\sqrt{3}}{2}x + \dfrac{1}{2}y - \sqrt{3}z = 0 \\ 0 + y + 0 = 0 \end{cases}$,令 $x = 2$,则 $z = 1$,故取平面 DFG 的一个法向量为 $\boldsymbol{m} = (2,0,1)$.

同理可求平面 BFG 的一个法向量为 $\boldsymbol{n} = (1,\sqrt{3},1)$.

所以 $\cos\langle \boldsymbol{m},\boldsymbol{n}\rangle = \dfrac{\boldsymbol{m} \cdot \boldsymbol{n}}{|\boldsymbol{m}||\boldsymbol{n}|} = \dfrac{2+0+1}{\sqrt{2^2+1^2} \cdot \sqrt{1+3+1}} = \dfrac{3}{5}$.

又因为二面角 $D-FG-B$ 为钝角,所以其余弦值为 $-\dfrac{3}{5}$.

实际上,通过计算可以发现:$CF \perp$ 平面 $ABCD$,设 $BC = 1$,则 $CB = CG = 1$,$CF = \sqrt{3}$,$FD = FB = FG = 2a$,于是 $\triangle FBG \cong \triangle FDG$. 这就是本题的"特殊性".

此时,作等腰 $\triangle FBG$ 腰 FG 上的高 BH,连接 DH,则 $\angle BHD$ 即为二面角 $D - FG - B$ 的平面角. 连接 BD,则 $BD = \sqrt{3}$. 在 $\triangle BHD$ 中,易求 $BH = DH = \dfrac{\sqrt{15}}{4}$,则 $\cos \angle BHD$ 可求.(略)

5. 如图,在四棱锥 $P - ABCD$ 中,平面 $PAD \perp$ 平面 $ABCD$,$PA \perp PD$,$PA = PD$,$AB \perp AD$,$AB = 1$,$AD = 2$,$AC = CD = \sqrt{5}$.

(1)求证:$PD \perp$ 平面 PAB;

(2)求直线 PB 与平面 PCD 所成角的正弦值;

(3)在棱 PA 上是否存在点 M,使得 $BM /\!/$ 平面 PCD? 若存在,求 $\dfrac{AM}{AP}$ 的值;若不存在,说明理由.

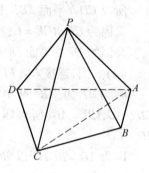

解:(1)因为面 $PAD \cap$ 面 $ABCD = AD$,面 $PAD \perp$ 面 $ABCD$.

因为 $AB \perp AD$,$AB \subset$ 面 $ABCD$.

所以 $AB \perp$ 面 PAD,又 $PD \subset$ 面 PAD,所以 $AB \perp PD$.

又 $PA \perp PD$,$PD \perp$ 面 PAB.

(2)取 AD 中点为 O,连接 CO,PO,

因为 $AC = CD = \sqrt{5}$,因为 $PA = PD$.

因为 $PA = PD$,所以 $PO \perp AD$.

以 O 为原点,如图建系,易知 $P(0,0,1)$,$B(1,1,0)$,$D(0,-1,0)$,$C(2,0,0)$,则

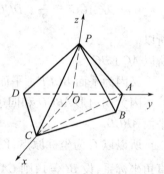

$$\overrightarrow{PB} = (1,1,-1),\ \overrightarrow{PD} = (0,-1,-1)$$
$$\overrightarrow{PC} = (2,0,-1),\ \overrightarrow{CD} = (-2,-1,0)$$

设 $\boldsymbol{n}$ 为面 PDC 的法向量,令 $\boldsymbol{n} = (x,y,1)$,则

$$\begin{cases} \boldsymbol{n} \cdot \overrightarrow{PD} = 0 \\ \boldsymbol{n} \cdot \overrightarrow{PC} = 0 \end{cases} \Rightarrow \boldsymbol{n} = \left(\dfrac{1}{2}, -1, 1 \right)$$

则 PB 与面 PCD 所成的角 θ 有

$$\sin \theta = |\cos \langle \boldsymbol{n}, \overrightarrow{PB} \rangle| = \left| \dfrac{\boldsymbol{n} \cdot \overrightarrow{PB}}{|\boldsymbol{n}||\overrightarrow{PB}|} \right| = \left| \dfrac{\dfrac{1}{2} - 1 - 1}{\sqrt{\dfrac{1}{4} + 1 + 1} \times \sqrt{3}} \right| = \dfrac{\sqrt{3}}{3}$$

(3)假设存在点 M 使得 $BM /\!/$ 面 PCD.

设 $\dfrac{AM}{AP} = \lambda$,由(2)知 $A(0,1,0)$,$P(0,0,1)$,$\overrightarrow{AP} = (0,-1,1)$,$B(1,1,0)$,

有 $\overrightarrow{AM} = \lambda \overrightarrow{AP} \Rightarrow M(0,1-\lambda,\lambda)$,所以 $\overrightarrow{BM} = (-1,-\lambda,\lambda)$.

因为 $BM /\!/$ 面 PCD,$\boldsymbol{n}$ 为 PCD 的法向量.

所以 $\overrightarrow{BM} \cdot \boldsymbol{n} = 0$,即 $-\dfrac{1}{2} + \lambda + \lambda = 0$,所以 $\lambda = \dfrac{1}{4}$.

所以综上,存在点 M,即当 $\dfrac{AM}{AP}=\dfrac{1}{4}$ 时,点 M 即为所求.

第(3)小题属探讨性问题.

因为这类问题结论的不确定,所以一般情况下建议用空间向量来做,通过待定系数法、考察方程(组)解的情况来解决.

6. 在如图所示的几何体中,四边形 $ABCD$ 是菱形,四边形 $ADNM$ 是矩形,平面 $ADNM\perp$ 平面 $ABCD$,$\angle DAB=60°$,$AD=2$,$AM=1$,E 是 AB 的中点.

(1)求证:$AN/\!/$ 平面 MEC;

(2)在线段 AM 上是否存在点 P,使二面角 $P-EC-D$ 的大小为 $\dfrac{\pi}{6}$?若存在,求出 AP 的长;若不存在,请说明理由.

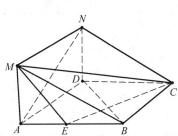

解:(1)连接 BN,设 MC 和 BN 交于点 F,连接 EF,因为 $NM/\!/AD/\!/CB$,$NM=AD=CB$,所以四边形 $MNCB$ 是平行四边形,F 是 BN 的中点.

又因为 E 是 AB 的中点,所以 $AN/\!/EF$.

因为 $EF\subset$ 平面 MEC,$AN\not\subset$ 平面 MEC,所以 $AN/\!/$ 平面 MEC.

(2)如图,连接 DE,PE,PC,因为四边形 $ABCD$ 是菱形,E 是 AB 的中点,$\angle DAB=\dfrac{\pi}{3}$,所以 $\triangle ABD$ 是等边三角形,可得 $DE\perp AB$.

又四边形 $ADNM$ 是矩形,平面 $ADNM\perp$ 平面 $ABCD$,所以 $DN\perp$ 平面 $ABCD$.

如图建立空间直角坐标系 $D-xyz$,设 $AP=h$,则
$$D(0,0,0),E(\sqrt{3},0,0),C(0,2,0),P(\sqrt{3},-1,h)$$
$$\overrightarrow{CE}=(\sqrt{3},-2,0),\overrightarrow{EP}=(0,-1,h)$$

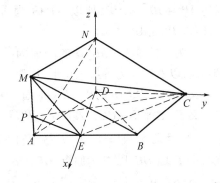

设平面 PEC 的法向量 $\boldsymbol{n}_1=(x,y,z)$,则 $\begin{cases}\overrightarrow{CE}\cdot\boldsymbol{n}_1=0\\\overrightarrow{EP}\cdot\boldsymbol{n}_1=0\end{cases}$,所以 $\begin{cases}\sqrt{3}x-2y=0\\-y+hz=0\end{cases}$.

令 $y=\sqrt{3}h$,则 $\boldsymbol{n}_1=(2h,\sqrt{3}h,\sqrt{3})$.

又平面 ADE 的法向量 $\boldsymbol{n}_2=(0,0,1)$,所以 $\cos\langle\boldsymbol{n}_1,\boldsymbol{n}_2\rangle=\dfrac{\boldsymbol{n}_1\cdot\boldsymbol{n}_2}{|\boldsymbol{n}_1||\boldsymbol{n}_2|}=\dfrac{\sqrt{3}}{2}$,即 $\dfrac{\sqrt{3}}{\sqrt{7h^2+3}}=\dfrac{\sqrt{3}}{2}$.

解得 $h=\dfrac{\sqrt{7}}{7}<1$.

所以当 AP 的长为 $\dfrac{\sqrt{7}}{7}$ 时,二面角 $P-EC-D$ 的大小为 $\dfrac{\pi}{6}$.

本题用传统方法可以很快解决:如图,设 $AP=h$,过 A 作 $AG\perp$ 直线 CE 于 G,连接 AG,则 $\angle PGA$ 为二面角 $P-EC-D$ 的平面角,于是 $AG=\sqrt{3}h$. 在平面 $ABCD$ 内,由余弦定理可求得 $EC=\sqrt{7}$,又由 $S_{\triangle CBE}=\dfrac{1}{2}BE\cdot BC\cdot \sin\angle CBE=\dfrac{1}{2}\cdot CE\cdot \sqrt{3}h$,解得 $h=\dfrac{\sqrt{7}}{7}$.

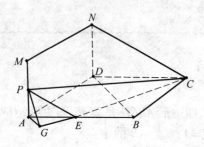

7. 如图,已知四棱锥 $P-ABCD$ 的底面为菱形,$\angle BAD=120°$,$AB=PC=2$,$AP=BP=\sqrt{2}$.

(1)求证:$AB\perp PC$;

(2)求二面角 $B-PC-D$ 的平面角的余弦值.

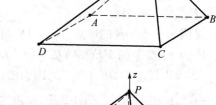

解:(1)如图,取 AB 的中点 O,连接 PO,CO,AC,因为 $AP^2+BP^2=AB^2$,所以 $\triangle PAB$ 为等腰直角三角形,所以 $PO\perp AB$.

因为四棱锥 $P-ABCD$ 的底面为菱形,$\angle BAD=120°$,所以 $\triangle ABC$ 为等边三角形,所以 $CO\perp AB$.

又 $CO\cap PO=O$,所以 $AB\perp$ 平面 POC.

又 $PC\subset$ 平面 POC,所以 $AB\perp PC$.

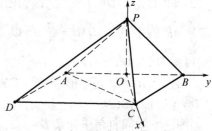

(2)易求得 $PO=1$,$OC=\sqrt{3}$,所以 $PO^2+OC^2=PC^2$,即 $PO\perp OC$,以 O 为原点,OC,OB,OD 所在直线分别为 x,y,z 轴建立空间直角坐标系,则 $A(0,-1,0)$,$B(0,1,0)$,$C(\sqrt{3},0,0)$,$P(0,0,1)$,$D(\sqrt{3},-2,0)$,所以 $\overrightarrow{BC}=(\sqrt{3},-1,0)$,$\overrightarrow{PC}=(\sqrt{3},0,-1)$,$\overrightarrow{DC}=(0,2,0)$.

设平面 DPC 的一个法向量 $\boldsymbol{n}=(x,y,z)$,则

$$\begin{cases}\overrightarrow{PC}\cdot\boldsymbol{n}=\sqrt{3}x-z=0\\ \overrightarrow{DC}\cdot\boldsymbol{n}=2y=0\end{cases}$$

令 $x=1$,则 $\boldsymbol{n}=(1,0,\sqrt{3})$.

同理得平面 PCB 的一个法向量 $\boldsymbol{m}=(1,\sqrt{3},\sqrt{3})$.

设二面角 $B-PC-D$ 的平面角为 θ,显然 θ 为钝角,故

$$\cos\theta=-\dfrac{|\boldsymbol{n}\cdot\boldsymbol{m}|}{|\boldsymbol{n}||\boldsymbol{m}|}=-\dfrac{1+0+3}{2\cdot\sqrt{7}}=-\dfrac{2\sqrt{7}}{7}$$

所以二面角 $B-PC-D$ 的平面角的余弦值为 $-\dfrac{2\sqrt{7}}{7}$.

介绍另一种新颖的解法:由 $AB \perp$ 平面 POC,所以 $DC \perp$ 平面 POC,于是 $DC \perp PC$. 若在 PC 上存在点 E,使得 $EB \perp PC$,则 $\overrightarrow{CD}, \overrightarrow{EB}$ 的夹角即为所求.

现在你就专心致志地求出点 E 吧.

$\overrightarrow{CD} = \overrightarrow{BA} = (0, -2, 0), \overrightarrow{CP} = (-\sqrt{3}, 0, 1)$.

设 $\overrightarrow{CE} = \lambda \overrightarrow{CP}, \overrightarrow{CE} = (-\sqrt{3}\lambda, 0, \lambda), \overrightarrow{EB} = \overrightarrow{CB} - \overrightarrow{CE} = (-\sqrt{3} + \sqrt{3}\lambda, 1, -\lambda)$,由 $\overrightarrow{EB} \cdot \overrightarrow{CP} = 0$,可求得 $\lambda = \dfrac{3}{4}$,于是 $\overrightarrow{EB} = (-\dfrac{\sqrt{3}}{4}, 1, -\dfrac{3}{4})$. (余下略)

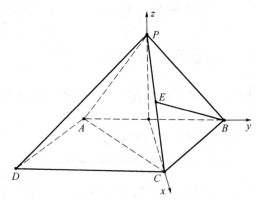

把求二面角转变成求两个向量(不是法向量,它们分别在二面角的两个半平面内,与二面角的棱垂直)的夹角,这种做法不多见,却很轻盈、灵便,值得一试,并掌握.

8. 如图,在四棱锥 $P-ABCD$ 中,已知 $PA \perp$ 平面 $ABCD$,且四边形 $ABCD$ 为直角梯形,$\angle ABC = \angle BAD = \dfrac{\pi}{2}$,$PA = AD = 2$,$AB = BC = 1$.

(1)求平面 PAB 与平面 PCD 所成二面角的余弦值;

(2)点 Q 是线段 BP 上的动点,当直线 CQ 与 DP 所成的角最小时,求线段 BQ 的长.

解:以 $\{\overrightarrow{AB}, \overrightarrow{AD}, \overrightarrow{AP}\}$ 为正交基底建立空间直角坐标系 $A-xyz$,则各点的坐标为 $B(1,0,0)$,$C(1,1,0)$,$D(0,2,0)$,$P(0,0,2)$.

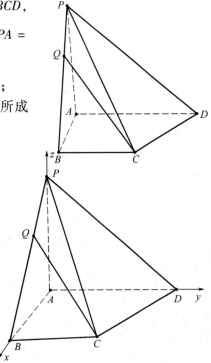

(1)因为 $AD \perp$ 平面 PAB,所以 $\overrightarrow{AD}$ 是平面 PAB 的一个法向量,$\overrightarrow{AD} = (0,2,0)$.

因为 $\overrightarrow{PC} = (1,1,-2), \overrightarrow{PD} = (0,2,-2)$.

设平面 PCD 的法向量为 $\boldsymbol{m} = (x,y,z)$,则 $\boldsymbol{m} \cdot \overrightarrow{PC} = 0, \boldsymbol{m} \cdot \overrightarrow{PD} = 0$,即 $\begin{cases} x + y - 2z = 0 \\ 2y - 2z = 0 \end{cases}$.

令 $y = 1$,解得 $z = 1, x = 1$.

所以 $\boldsymbol{m} = (1,1,1)$ 是平面 PCD 的一个法向量.

从而 $\cos\langle\overrightarrow{AD},\boldsymbol{m}\rangle=\dfrac{\overrightarrow{AD}\cdot\boldsymbol{m}}{|\overrightarrow{AD}||\boldsymbol{m}|}=\dfrac{\sqrt{3}}{3}$，所以平面 PAB 与平面 PCD 所成二面角的余弦值为 $\dfrac{\sqrt{3}}{3}$.

(2)因为 $\overrightarrow{BP}=(-1,0,2)$，设 $\overrightarrow{BQ}=\lambda\overrightarrow{BP}=(-\lambda,0,2\lambda)(0\leqslant\lambda\leqslant1)$.

又 $\overrightarrow{CB}=(0,-1,0)$，则 $\overrightarrow{CQ}=\overrightarrow{CB}+\overrightarrow{BQ}=(-\lambda,-1,2\lambda)$，又 $\overrightarrow{DP}=(0,-2,2)$，从而

$$\cos\langle\overrightarrow{CQ},\overrightarrow{DP}\rangle=\dfrac{\overrightarrow{CQ}\cdot\overrightarrow{DP}}{|\overrightarrow{CQ}||\overrightarrow{DP}|}=\dfrac{1+2\lambda}{\sqrt{10\lambda^2+2}}$$

设 $1+2\lambda=t,t\in[1,3]$，则

$$\cos^2\langle\overrightarrow{CQ},\overrightarrow{DP}\rangle=\dfrac{2t^2}{5t^2-10t+9}=\dfrac{2}{9\left(\dfrac{1}{t}-\dfrac{5}{9}\right)^2+\dfrac{20}{9}}\leqslant\dfrac{9}{10}$$

当且仅当 $t=\dfrac{9}{5}$，即 $\lambda=\dfrac{2}{5}$ 时，$|\cos\langle\overrightarrow{CQ},\overrightarrow{DP}\rangle|$ 的最大值为 $\dfrac{3\sqrt{10}}{10}$.

因为 $y=\cos x$ 在 $\left(0,\dfrac{\pi}{2}\right)$ 上是减函数，此时直线 CQ 与 DP 所成角取得最小值.

又因为 $BP=\sqrt{1^2+2^2}=\sqrt{5}$，所以 $BQ=\dfrac{2}{5}BP=\dfrac{2\sqrt{5}}{5}$.

本题属于几何代数的交汇题.通过引进变量,把异面直线所成角的最小值问题转变成三角函数的最值问题,动用函数的"手段"解决它.

"函数与方程"的思想放之四海,深入人心.

第五天　轨 迹 方 程

这一节开始我们讲解析几何.

平面解析几何通过直角坐标系,建立点与实数对之间的一一对应关系,以及曲线与方程之间的一一对应关系,运用代数方法研究几何问题,或用几何方法研究代数问题.在解析几何创立以前,几何与代数是彼此独立的两个分支.解析几何的建立第一次真正实现了几何方法与代数方法的结合,使形与数统一起来,这是数学发展史上的一次重大突破.作为变量数学发展的第一个决定性步骤,解析几何的建立对于微积分的诞生有着不可估量的作用.

平面解析几何的基本思想有两个要点:第一,在平面建立坐标系,一点的坐标与一组有序的实数对相对应;第二,在平面上建立了坐标系后,平面上的一条曲线就可由带两个变数的一个代数方程来表示了,从这里可以看到,运用坐标法不仅可以把几何问题通过代数的方法解决,而且还把变量、函数,以及数和形等重要概念密切联系了起来.

复习解析几何,要深刻理解解析几何的这一基本思想,以及解决问题的基本路径:通过建系,先将它转变为代数问题;然后再通过计算,以达到研究曲线几何性质的目的.要在转变(翻译)和计算上狠下功夫,要认真研究和总结解析几何计算的特点:字母运算、方程的研究,常常涉及对式子结构的把握,利用对称性、字母的轮换性,以及方程的根与系数的关系等,以尽量简化过程.

说起来,这也是一个此消彼长的过程:有了解析几何,也许从此我们对几何问题不必再绞尽脑汁地推导、作辅助线了,但另一方面,从此对我们的计算能力(技巧、准确性和速度)就有了更快更高更强的要求.

1.已知椭圆 $C:\dfrac{x^2}{a^2}+\dfrac{y^2}{b^2}=1(a>b>0)$ 的两个焦点分别为 $F_1(-1,0)$,$F_2(1,0)$,且椭圆 C 经过点 $P\left(\dfrac{4}{3},\dfrac{1}{3}\right)$.

(1)求椭圆 C 的离心率;

(2)设过点 $A(0,2)$ 的直线 l 与椭圆 C 交于 M,N 两点,点 Q 是线段 MN 上的点,且 $\dfrac{2}{|AQ|^2}=\dfrac{1}{|AM|^2}+\dfrac{1}{|AN|^2}$,求点 Q 的轨迹方程.

解:(1)

> 求离心率 e,无论椭圆、双曲线,一般都是寻找 a,b,c 的等式;而若是求离心率的范围,则要寻找 a,b,c 的不等式.

$$2a=|PF_1|+|PF_2|=\sqrt{\left(\dfrac{4}{3}+1\right)^2+\left(\dfrac{1}{3}\right)^2}+\sqrt{\left(\dfrac{4}{3}-1\right)^2+\left(\dfrac{1}{3}\right)^2}=2\sqrt{2}$$

所以,$a=\sqrt{2}$. 又由已知 $c=1$,所以椭圆 C 的离心率

$$e=\frac{c}{a}=\frac{1}{\sqrt{2}}=\frac{\sqrt{2}}{2}$$

(2)由(1)知椭圆 C 的方程为 $\dfrac{x^2}{2}+y^2=1$. 设点 $Q(x,y)$.

（ i ）当直线 l 与 x 轴垂直时，直线 l 与椭圆 C 交于 $(0,1),(0,-1)$ 两点，此时点 Q 坐标为 $\left(0,2-\dfrac{3\sqrt{5}}{5}\right)$.

你不妨把特殊情况写在前面，一是防止遗漏，二是就考试而言可以先拿一点步骤分.

做所有的题都应如此：先写容易得出结论的部分，取得阶段性成果.

（ ii ）当直线 l 与 x 轴不垂直时，设直线 l 的方程为 $y=kx+2$.

因为 M,N 在直线上，可设点 M,N 的坐标分别为 $(x_1,kx_1+2),(x_2,kx_2+2)$，则
$$|AM|^2=(1+k^2)x_1^2, \quad |AN|^2=(1+k^2)x_2^2$$

又
$$|AQ|^2=x^2+(y-2)^2=(1+k^2)x^2$$

又由
$$\frac{2}{|AQ|^2}=\frac{1}{|AM|^2}+\frac{1}{|AN|^2}$$

得
$$\frac{2}{(1+k^2)x^2}=\frac{1}{(1+k^2)x_1^2}+\frac{1}{(1+k^2)x_2^2}$$

即
$$\frac{2}{x^2}=\frac{1}{x_1^2}+\frac{1}{x_2^2}=\frac{(x_1+x_2)^2-2x_1x_2}{(x_1x_2)^2} \qquad ①$$

再明确一下自己的思路：求动点 (x,y) 的轨迹方程，就是找 x,y 的关系式.

写到这里，自然会想到韦达定理. 即可以将右边用 k 表示出来，又 $y=kx+2$，这里 k 是一个参数，消去 k 就可以了.

注意：消参数 k 的时候，特别注意它的范围，它决定了方程中 x,y 的范围，影响到曲线的形状.

将 $y=kx+2$ 代入 $\dfrac{x^2}{2}+y^2=1$ 中，得
$$(2k^2+1)x^2+8kx+6=0 \qquad ②$$

由 $\Delta=(8k)^2-4\cdot(2k^2+1)\cdot6>0$ 得 $k^2>\dfrac{3}{2}$.

由②可知 $x_1+x_2=-\dfrac{8k}{2k^2+1}$，$x_1x_2=\dfrac{6}{2k^2+1}$，代入①中并化简，得
$$x^2=\frac{18}{10k^2-3} \qquad ③$$

因为点 Q 在直线 $y=kx+2$ 上，所以 $k=\dfrac{y-2}{x}$，代入③中并化简，得
$$10(y-2)^2-3x^2=18$$

注意本题这一块的处理，它并没有等到 $\begin{cases}x=f(k)\\y=g(k)\end{cases}$ 两个式子"到齐"之后才想到消参（那样需要增加很多运算量，还要开方、讨论），而是积极主动地用 $k=\dfrac{y-2}{x}$ 代换，这样客观上就得到了 x,y 的直接的关系式，稍加整理，就离方程不远了.

由③及 $k^2>\dfrac{3}{2}$，可知 $0<x^2<\dfrac{3}{2}$，即 $x\in\left(-\dfrac{\sqrt{6}}{2},0\right)\cup\left(0,\dfrac{\sqrt{6}}{2}\right)$.

又 $\left(0, 2-\dfrac{3\sqrt{5}}{5}\right)$ 满足 $10(y-2)^2 - 3x^2 = 18$，故 $x \in \left(-\dfrac{\sqrt{6}}{2}, \dfrac{\sqrt{6}}{2}\right)$．

由题意，$Q(x,y)$ 在椭圆 C 内部，所以 $-1 \leqslant y \leqslant 1$，又由 $10(y-2)^2 = 18 + 3x^2$，有 $(y-2)^2 \in \left[\dfrac{9}{5}, \dfrac{9}{4}\right)$，且 $-1 \leqslant y \leqslant 1$，则 $y \in \left(\dfrac{1}{2}, 2-\dfrac{3\sqrt{5}}{5}\right]$．

所以点 Q 的轨迹方程是 $10(y-2)^2 - 3x^2 = 18\left(x \in \left(-\dfrac{\sqrt{6}}{2}, \dfrac{\sqrt{6}}{2}\right), y \in \left(\dfrac{1}{2}, 2-\dfrac{3\sqrt{5}}{5}\right]\right)$．

2. 已知抛物线 $C: y^2 = 2x$ 的焦点为 F，平行于 x 轴的两条直线 l_1, l_2 分别交 C 于 A, B 两点，交 C 的准线于 P, Q 两点.

(1) 若 F 在线段 AB 上，R 是 PQ 的中点，证明: $AR /\!/ FQ$；

(2) 若 $\triangle PQF$ 的面积是 $\triangle ABF$ 的面积的两倍，求 AB 中点的轨迹方程.

解: 由题设 $F\left(\dfrac{1}{2}, 0\right)$. 设 $l_1: y = a, l_2: y = b$，则 $ab \neq 0$，且

$$A\left(\dfrac{a^2}{2}, a\right), B\left(\dfrac{b^2}{2}, b\right), P\left(-\dfrac{1}{2}, a\right), Q\left(-\dfrac{1}{2}, b\right), R\left(-\dfrac{1}{2}, \dfrac{a+b}{2}\right)$$

记过 A, B 两点的直线为 l，则 l 的方程为 $2x - (a+b)y + ab = 0$.

> 一开始，如果还没有头绪，不要隔岸观火，不要坐而论道，君子动口更要动手. 不妨做一些准备工作，比如设动点坐标、已知点坐标(尽量减少字母的个数)、将已知条件用数学式子表示出来(具体化)……在整理的过程中，你的思路就会慢慢清晰起来.
>
> 第(1)小题，欲证 $AR /\!/ FQ$，除了用斜率，还可以用向量来证: 先说明两条直线不重合，再证明向量 $\overrightarrow{AR}$ 与 $\overrightarrow{FQ}$ 共线，当难以判断直线斜率是否存在(需要讨论)时，这种方法更为简洁.

(1) 由于 F 在线段 AB 上，故 $1 + ab = 0$.

记 AR 的斜率为 k_1，FQ 的斜率为 k_2，则

$$k_1 = \dfrac{a-b}{1+a^2} = \dfrac{a-b}{a^2-ab} = \dfrac{1}{a} = \dfrac{-ab}{a} = -b = k_2$$

所以 $AR /\!/ FQ$.

(2)

> 第(2)小题，欲求 AB 中点 (x, y) 的轨迹方程.
>
> 注意到 $x = \dfrac{1}{4}(a^2 + b^2), y = \dfrac{1}{2}(a+b)$，如果不那么急功近利，不妨先去寻找 a, b 的关系式，然后再转化为 x, y 的直接的关系式.

设过 A, B 的直线 l 与 x 轴的交点为 $D(x_1, 0)$，则

$$S_{\triangle ABF} = \dfrac{1}{2}|b-a| \cdot |FD| = \dfrac{1}{2}|b-a| \cdot \left|x_1 - \dfrac{1}{2}\right|, \quad S_{\triangle PQF} = \dfrac{|a-b|}{2}$$

由题设可得 $2 \cdot \dfrac{1}{2}|b-a| \cdot \left|x_1 - \dfrac{1}{2}\right| = \dfrac{|a-b|}{2}$，所以 $x_1 = 0$(舍去)，$x_1 = 1$.

设满足条件的 AB 的中点为 $E(x, y)$.

数学培优半月谈

当 AB 与 x 轴不垂直时, 由 $k_{AB} = k_{DE}$ 可得 $\dfrac{2}{a+b} = \dfrac{y}{x-1}(x \neq 1)$.

而 $\dfrac{a+b}{2} = y$, 所以 $y^2 = x-1(x \neq 1)$.

当 AB 与 x 轴垂直时, E 与 D 重合.

所以, 所求轨迹方程为 $y^2 = x-1$.

3. 已知过原点的动直线 l 与圆 $C_1 : x^2 + y^2 - 6x + 5 = 0$ 相交于不同的两点 A, B.

(1) 求圆 C_1 的圆心坐标;

(2) 求线段 AB 的中点 M 的轨迹 C 的方程;

(3) 是否存在实数 k, 使得直线 $L : y = k(x-4)$ 与曲线 C 只有一个交点:若存在, 求出 k 的取值范围;若不存在, 说明理由.

解: (1) 由 $x^2 + y^2 - 6x + 5 = 0$ 得 $(x-3)^2 + y^2 = 4$, 所以 圆 C_1 的圆心坐标为 $(3, 0)$;

(2) 设 $M(x, y)$, 则因为 点 M 为弦 AB 中点, 则有 $C_1 M \perp AB$, 所以 $k_{C_1 M} \cdot k_{AB} = -1$, 即 $\dfrac{y}{x-3} \cdot \dfrac{y}{x} = -1$.

所以线段 AB 的中点 M 的轨迹的方程为 $\left(x - \dfrac{3}{2}\right)^2 + y^2 = \dfrac{9}{4}\left(\dfrac{5}{3} < x \leqslant 3\right)$.

与圆有关的问题, 有理由要求你用好圆的几何性质, 所以有结论 $C_1 M \perp AB$.

在推出 $C_1 M \perp AB$ 后, 也可继续推出 $C_1 M \perp OM$, C_1, O 皆为定点, 于是进一步下结论:动点 M 在以 $C_1 O$ 为直径的圆上 (轨迹可能是圆的一部分) 这就给它定性了, 它的方程就很容易求了.

本题的一个难点在于:动点 M 的轨迹不是整个圆, 只是圆的一部分.

怎样确定轨迹的"边界"? (数学上说是轨迹的"纯粹性")

可以考察动直线 l 的极端情况:当动直线 l 趋于与圆相切时, A, B, M 趋于重合.

此时切点横坐标为 $\dfrac{5}{3}$, 所以有 $x > \dfrac{5}{3}$, 至于 $x \leqslant 3$, 可以不写, 因为由 $\left(x - \dfrac{3}{2}\right)^2 + y^2 = \dfrac{9}{4}$ 即可推出 $x \leqslant 3$.

又, 本题属于"弦中点轨迹"问题, 这一类问题一般都可以采用"点差法":

设 $M(x, y)$, $A(x_1, y_1)$, $B(x_2, y_2)$, 则 $x_1 + x_2 = 2x$, $y_1 + y_2 = 2y$.

于是 $x_1^2 + y_1^2 - 6x_1 + 5 = 0$, $x_2^2 + y_2^2 - 6x_2 + 5 = 0$, 两式相减:

$$(x_1 + x_2)(x_1 - x_2) + (y_1 + y_2)(y_1 - y_2) - 6(x_1 - x_2) = 0$$

所以 $$2x + 2y \cdot \dfrac{y_1 - y_2}{x_1 - x_2} - 6 = 0$$

所谓动点轨迹方程, 说白了, 就是动点横纵坐标 x, y 所满足的关系式.

在上式中, $\dfrac{y_1 - y_2}{x_1 - x_2}$ 为 AB 的斜率, 因为过原点, 所以将 $\dfrac{y_1 - y_2}{x_1 - x_2}$ 换作 $\dfrac{y - 0}{x - 0}$ (也可这样处理:

因为 $C_1 M \perp AB$, 所以将 $\dfrac{y_1 - y_2}{x_1 - x_2}$ 换作 $-\dfrac{x-3}{y-0}$), 客观上便得到了 x, y 所满足的关系式, 剩下的问题只是整理了.

— 84 —

(3)由(2)知点 M 的轨迹是以 $C\left(\dfrac{3}{2},0\right)$ 为圆心, $r=$ $\dfrac{3}{2}$ 为半径的部分圆弧 EF (如图所示,不包括两端点),且 $E\left(\dfrac{5}{3},\dfrac{2\sqrt{5}}{3}\right),F\left(\dfrac{5}{3},-\dfrac{2\sqrt{5}}{3}\right),$

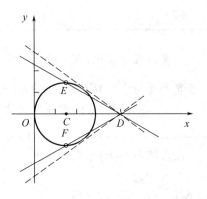

又直线 $L:y=k(x-4)$ 过定点 $D(4,0)$,当直线 L 与圆 C 相切时,由

$$\dfrac{\left|k\left(\dfrac{3}{2}-4\right)-0\right|}{\sqrt{k^2+1^2}}=\dfrac{3}{2}$$

得 $k=\pm\dfrac{3}{4}$,又 $k_{DE}=-k_{DF}=-\dfrac{0-\left(-\dfrac{2\sqrt{5}}{3}\right)}{4-\dfrac{5}{3}}=\dfrac{2\sqrt{5}}{7}$,结合右图知,当 $k\in\left\{-\dfrac{3}{4},\dfrac{3}{4}\right\}\cup$

$\left[-\dfrac{2\sqrt{5}}{7},\dfrac{2\sqrt{5}}{7}\right]$ 时,直线 $L:y=k(x-4)$ 与曲线 C 只有一个交点.

对于第(3)小题,如果能自觉运用数形结合,把曲线 C 与直线 L 的图形画出求解,则可轻易突破难点.

4.已知点 $H(-6,0)$,点 P 在 y 轴上,点 Q 在 x 轴的正半轴上,点 M 在直线 PQ 上,且满足 $\overrightarrow{HP}\cdot\overrightarrow{PM}=0,\overrightarrow{PM}=\dfrac{1}{2}\overrightarrow{MQ}.$

(1)当点 P 在 y 轴上移动时,求点 M 的轨迹 C ;

(2)过点 $T(-2,0)$ 作直线 l 与轨迹 C 交于 A,B 两点,若在 x 轴上存在一点 $E(x_0,0)$,使得 $\triangle AEB$ 是以点 E 为直角顶点的直角三角形,求直线 l 的斜率 k 的取值范围.

解:(1)设点 $M(x,y)$,点 $P(0,y_P)$,点 $Q(x_Q,0)$.

本题属典型的"相关点":即除了动点 M 之外,还有其他动点(如本题的 P,Q),动点之间相互关联,或者说动点 M 由其他动点而决定,此时只要找到它们坐标之间的关系,适时代入即可求得.

由 $\overrightarrow{PM}=\dfrac{1}{2}\overrightarrow{MQ}$ 可得 $x_Q=3x,y_P=\dfrac{3}{2}y.$

由 $\overrightarrow{HP}\cdot\overrightarrow{PM}=0$,得 $(6,y_P)\cdot(x,y-y_P)=0.$

于是 $6x+y_P(y-y_P)=0,6x+\dfrac{3}{2}y\left(-\dfrac{y}{2}\right)=0$,即 $y^2=8x.$

由点 Q 在 x 轴的正半轴上,得 $x>0.$

所以动点 M 的轨迹 C 是以 $(0,0)$ 为顶点, $(2,0)$ 为焦点的抛物线,除去原点.

(2)

> 关键在于转化:在 x 轴上存在一点 $E(x_0,0)$,使得 $\triangle AEB$ 是以点 E 为直角顶点的直角三角形等价于 $\angle AEB = 90°$,即 $\overrightarrow{EA} \cdot \overrightarrow{EB} = 0$.
>
> 第二个问题:直线方程怎么设?设方程 $x = my - 2$,易算.

设直线 $l : x = my - 2$,代入 $y^2 = 8x$,得

$$y^2 - 8my + 16 = 0 \qquad\qquad ①$$

$\Delta = 64m^2 - 64 > 0$,解之得

$$m > 1 \text{ 或 } m < -1 \qquad\qquad (*)$$

设 $A(x_1,y_1),B(x_2,y_2)$,则 y_1,y_2 是方程①的两个实根,由韦达定理得

$$y_1 + y_2 = 8m, y_1y_2 = 16$$

假设在 x 轴上存在一点 $E(x_0,0)$,使得 $\triangle AEB$ 是以点 E 为直角顶点的直角三角形,则 $\angle AEB = 90°$,即

$$\overrightarrow{EA} \cdot \overrightarrow{EB} = 0 \Leftrightarrow (x_1 - x_0, y_1) \cdot (x_2 - x_0, y_2) = 0$$

$$\Leftrightarrow (my_1 - 2 - x_0, y_1) \cdot (my_2 - 2 - x_0, y_2) = 0$$

$$\Leftrightarrow (1 + m^2)y_1y_2 - m(x_0 + 2)(y_1 + y_2) + (x_0 + 2)^2 = 0$$

$$\Leftrightarrow 16(1 + m^2) - m(x_0 + 2)8m + (x_0 + 2)^2 = 0$$

$$\Leftrightarrow (x_0 + 2)^2 - 8m^2(x_0 + 2) + 16(1 + m^2) = 0$$

将上式看作关于 $x_0 + 2$ 的一元二次方程,点 E 存在,即此方程有解,所以

$$\Delta = 64m^4 - 64(m^2 + 1) \geq 0$$

化简得 $m^4 - m^2 - 1 \geq 0$,解之得 $m^2 \geq \dfrac{1 + \sqrt{5}}{2}$,结合式 $(*)$ 得 $m^2 \geq \dfrac{1 + \sqrt{5}}{2}$.

又因为直线 l 的斜率 $k = \dfrac{1}{m}$,所以 $k^2 \leq \dfrac{\sqrt{5} - 1}{2}$,显然 $k \neq 0$.

故所求直线 l 的斜率 k 的取值范围为 $\left[-\sqrt{\dfrac{\sqrt{5} - 1}{2}}, 0\right) \cup \left(0, \sqrt{\dfrac{\sqrt{5} - 1}{2}}\right]$.

> 再说等价转化.
>
> 想到一个定理:直角三角形斜边上的中线等于斜边的一半.
>
> 如前,求出线段 AB 的中点坐标 $N(4m^2 - 2, 4m)$,而
>
> $$|AB| = \sqrt{1 + m^2} \cdot \sqrt{(y_1 + y_2)^2 - 4y_1y_2} = 8\sqrt{1 + m^2} \cdot \sqrt{m^2 - 1}$$
>
> 所以"在 x 轴上存在一点 $E(x_0,0)$,使得 $\triangle AEB$ 是以点 E 为直角顶点的直角三角形"
>
> $\Leftrightarrow$ 点 N 到 x 轴的距离不大于 $\dfrac{1}{2}|AB|$
>
> $\Leftrightarrow |4m| \leq \dfrac{1}{2} \cdot 8\sqrt{1 + m^2} \cdot \sqrt{m^2 - 1}$
>
> 这同样轻而易举.(以下略)

5. 在直角坐标系 xOy 上取两个定点 $A_1(-\sqrt{6},0)$，$A_2(\sqrt{6},0)$，再取两个动点 $N_1(0,m)$，$N_2(0,n)$，且 $mn=2$。

(1)求直线 A_1N_1 与 A_2N_2 交点 M 的轨迹 C 方程；

(2)过 $R(3,0)$ 的直线 l 与轨迹 C 交于 P，Q，过 P 作 $PN\perp x$ 轴且与轨迹 C 交于另一点 N，F 为轨迹 C 的右焦点，若 $\overrightarrow{RP}=\lambda\overrightarrow{RQ}(\lambda>1)$，求证：$\overrightarrow{NF}=\lambda\overrightarrow{FQ}$。

解：(1)依题意，可得直线 A_1N_1 的方程为

$$y=\frac{m}{\sqrt{6}}(x+\sqrt{6}) \qquad\qquad ①$$

直线 A_2N_2 的方程为

$$y=-\frac{n}{\sqrt{6}}(x-\sqrt{6}) \qquad\qquad ②$$

设 $M(x,y)$ 是直线 A_1N_1 与 A_2N_2 的交点，两式两端分别相乘，得

$$y^2=-\frac{mn}{6}(x^2-6)$$

由 $mn=2$，所以 $y^2=-\frac{2}{6}(x^2-6)$，整理得 $\frac{x^2}{6}+\frac{y^2}{2}=1$。

注意到 $mn=2\neq0$，所以 $y\neq0$。

所以点 M 的轨迹 C 方程为 $\frac{x^2}{6}+\frac{y^2}{2}=1$（除去两点 $(-\sqrt{6},0)$，$(\sqrt{6},0)$）。

> 本题为两条动直线的交点轨迹问题，虽然不难，依然有话要说。
>
> 按事先的想法，本应求出两条直线的交点的横纵坐标 $x,y(x=f(m,n),y=g(m,n)$，都与 m,n 有关，这其实已是动点 M 的参数方程了)，再利用 $mn=2$ 消去参数，即得点 M 的轨迹方程(普通方程)，这样做下去挺正常，挺好。
>
> 但你在书写的过程中忽然发现有捷径可走：干吗还要苦苦地等到猴年马月？将两式 ①② 相乘，不就消去参数了么？而消去了参数客观上不就得到了动点横纵坐标 x,y 适合的关系式了？这就是它的轨迹方程了！

(2)设 $l:x=ty+3$，$P(x_1,y_1)$，$Q(x_2,y_2)$，则 $N(x_1,-y_1)$。由

$$\begin{cases}x=ty+3\\ \dfrac{x^2}{6}+\dfrac{y^2}{2}=1\end{cases}\Rightarrow(t^2+3)y^2+6ty+3=0 \qquad (*)$$

由 $\overrightarrow{RP}=\lambda\overrightarrow{RQ}\Rightarrow(x_1-3,y_1)=\lambda(x_2-3,y_2)$

故 $x_1-3=\lambda(x_2-3)$，$y_1=\lambda y_2$

欲证 $\overrightarrow{NF}=\lambda\overrightarrow{FQ}$，即证 $(2-x_1,y_1)=\lambda(x_2-2,y_2)$，只需证：$2-x_1=\lambda(x_2-2)$。

只需证 $\frac{x_1-3}{x_2-3}=-\frac{x_1-2}{x_2-2}$，即证 $2x_1x_2-5(x_1+x_2)+12=0$，即 $2t^2y_1y_2+t(y_1+y_2)=0$。

由 $(*)$ 得：$2t^2y_1y_2+t(y_1+y_2)=2t^2\cdot\frac{3}{t^2+3}-t\cdot\frac{6t}{t^2+3}=0$。所以原式得证。

和第 2 题一样,一开始,你反正闲着也是闲着,不妨就像这样将条件和要证的结论用式子写出来,并加以变形、整理.

又,画个草图就可发现,欲证 $\overrightarrow{NF}=\lambda\overrightarrow{FQ}$ 成立,只需证明 N,F,Q 三点共线就可以了.

(因为,当 N,F,Q 三点共线时,可得 $\overrightarrow{NF}=\mu\overrightarrow{FQ}$,于是 $2-x_1=\mu(x_2-2)$,$y_1=\mu y_2$,而由条件 $\overrightarrow{RP}=\lambda\overrightarrow{RQ}$,可得 $y_1=\lambda y_2$,于是 $\lambda=\mu$,结论得证.)

现在的问题转变成已知 $(x_1-3,y_1)=\lambda(x_2-3,y_2)$,求证:$\overrightarrow{NF},\overrightarrow{FQ}$ 共线.

即已知:$(x_1-3)y_2-(x_2-3)y_1=0$,求证:$(2-x_1)y_2-(x_2-2)y_1=0$.

故只需证 $\dfrac{x_1-3}{x_2-3}=-\dfrac{x_1-2}{x_2-2}$,即证 $2x_1x_2-5(x_1+x_2)+12=0$.

到这里,昭然若揭,呼之欲出.

而且可以看到,将直线 l 的方程设为 $y=k(x-3)$ 更好.

---

6. 平面直角坐标系中,动圆 C 与圆 $(x-1)^2+y^2=\dfrac{1}{4}$ 外切,且与直线 $x=-\dfrac{1}{2}$ 相切,记圆心 C 的轨迹为曲线 T.

(1)求曲线 T 的方程;

(2)设过定点 $Q(m,0)$(m 为非零常数)的动直线 l 与曲线 T 交于 A,B 两点,问:在曲线 T 上是否存在点 P(与 A,B 两点相异),当直线 PA,PB 的斜率存在时,直线 PA,PB 的斜率之和为定值? 若存在,求出点 P 的坐标;若不存在,请说明理由.

解:(1)设动圆圆心为 $C(x,y)$,动圆半径为 r. 由题意,可得

$$\sqrt{(x-1)^2+y^2}=r+\dfrac{1}{2},\ \left|x-\left(-\dfrac{1}{2}\right)\right|=r$$

所以

$$\sqrt{(x-1)^2+y^2}=\left|x+\dfrac{1}{2}\right|+\dfrac{1}{2}$$

若 $x+\dfrac{1}{2}\geqslant 0$,则 $\sqrt{(x-1)^2+y^2}=x+\dfrac{1}{2}+\dfrac{1}{2}$,两边平方,化简得 $y^2=4x$.

若 $x+\dfrac{1}{2}<0$,$\sqrt{(x-1)^2+y^2}=-x-\dfrac{1}{2}+\dfrac{1}{2}$,整理得 $y^2=2x-1(x<0,舍去)$.

所以曲线 T 的方程为 $y^2=4x$.

本题也可先画个草图,从几何上分析.

由题意可知,动圆圆心 C 到点 $(1,0)$ 的距离与它到直线 $x=-1$ 的距离相等.

由抛物线定义,动点 C 的轨迹是以 $(1,0)$ 为焦点,直线 $x=-1$ 为准线的抛物线.

所以曲线 T 的方程为 $y^2=4x$.

如果所求动点符合某已知曲线(圆、椭圆、双曲线、抛物线)的定义,那就可以直接下结论,给它定性,这样就可以进一步给所求的方程定型,这就避免了繁难的推导.

这样的机会可遇不可求,你要敏锐,你要珍惜.

---

(2)假设在曲线 T 上存在点 P 满足题设条件,不妨设 $P(x_0,y_0)$,$A(x_1,y_1)$,$B(x_2,y_2)$,则

$$k_{PA} = \frac{y_1 - y_0}{x_1 - x_0} = \frac{4}{y_1 + y_0}, k_{PB} = \frac{y_2 - y_0}{x_2 - x_0} = \frac{4}{y_2 + y_0}$$

所以

$$k_{PA} + k_{PB} = \frac{4}{y_1 + y_0} + \frac{4}{y_2 + y_0} = \frac{4(y_1 + y_2 + 2y_0)}{y_0^2 + (y_1 + y_2)y_0 + y_1 y_2} \qquad (*)$$

显然动直线 l 的斜率非零,故可设其方程为 $x = ty + m$.

> 注意本题直线方程的设法.
>
> 这样设,可以很快代换成 y 的一元二次方程,直奔主题.
>
> 要研究抛物线 $C: y^2 = 2px$ 和直线 l 的关系,经常采用这种设法.
>
> 总之,你应该先写出你将要研究的式子,好好打量,回头再考虑如何设直线方程.

联立 $y^2 = 4x$,整理得 $y^2 - 4ty - 4m = 0$,所以 $y_1 + y_2 = 4t, y_1 y_2 = -4m$,且 $y_1 \neq y_2$.

代入式($*$)得

$$k_{PA} + k_{PB} = = \frac{4(4t + 2y_0)}{y_0^2 + 4ty_0 - 4m} = \frac{16t + 8y_0}{4y_0 t + y_0^2 - 4m}$$

设 $k_{PA} + k_{PB} = a, a$ 为常数,所以

$$\frac{16t + 8y_0}{4y_0 t + y_0^2 - 4m} = a$$

于是

$$(16 - 4y_0 a)t + (8y_0 + 4am - y_0^2 a) = 0 \qquad (**)$$

> 欲使直线 PA, PB 的斜率之和为定值,故设为 a, a 为待定的常数.
>
> "动直线",则 t 为变量.
>
> 对任意的 t,式($**$)恒成立.
>
> 式($**$)可视为关于 t 的方程,于是这个方程有无数解……

欲使式($**$)对任意 $t \in \mathbf{R}$ 成立,则有 $\begin{cases} 16 - 4y_0 a = 0 \\ 8y_0 + 4am - y_0^2 a = 0 \end{cases}$.

显然 $y_0 \neq 0$,所以 $a = \frac{4}{y_0}, 8y_0 + 4 \cdot \frac{4}{y_0} \cdot m - y_0^2 \cdot \frac{4}{y_0} = 0$,所以 $y_0^2 = -4m$.

于是,当 $m > 0$ 时,不存在满足条件的 y_0,即不存在满足条件的点 P;

当 $m < 0$ 时,则 $y_0 = \pm 2\sqrt{-m}$,满足条件的点的坐标为 $(-m, 2\sqrt{-m})$ 或 $(-m, -2\sqrt{-m})$.

下面说明此时直线 PA, PB 的斜率必定存在.

因为 $y_1 y_2 = -4m$,所以 $y_1^2 y_2^2 = 16m^2$,所以 $x_1 x_2 = m^2$.

显然 $x_1 \neq x_2$,所以 $x_1 \neq -m$ 且 $x_2 \neq -m$,所以直线 PA, PB 的斜率必定存在.

综上,当 $m < 0$ 时,存在点 P,其坐标为 $(-m, 2\sqrt{-m})$ 或 $(-m, -2\sqrt{-m})$,使得直线 PA, PB 的斜率之和为定值;当 $m > 0$ 时,这样的点 P 不存在.

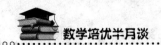

第六天　定点、定值和定曲线

1.平面直角坐标系 xOy 中,椭圆 $C:\dfrac{x^2}{a^2}+\dfrac{y^2}{b^2}=1\,(a>b>0)$ 的离心率是 $\dfrac{\sqrt{3}}{2}$,抛物线 $E:x^2=2y$ 的焦点 F 是 C 的一个顶点.

(1)求椭圆 C 的方程;

(2)设 P 是 E 上的动点,且位于第一象限,E 在点 P 处的切线 l 与 C 交于不同的两点 A,B,线段 AB 的中点为 D,直线 OD 与过 P 且垂直于 x 轴的直线交于点 M.

①求证:点 M 在定直线上;

②直线 l 与 y 轴交于点 G,记 $\triangle PFG$ 的面积为 S_1,

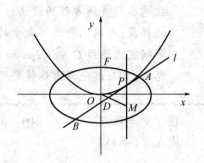

$\triangle PDM$ 的面积为 S_2,求 $\dfrac{S_1}{S_2}$ 的最大值及取得最大值时点 P 的坐标.

解:(1) 由离心率是 $\dfrac{\sqrt{3}}{2}$,有 $a^2=4b^2$.

又抛物线 $x^2=2y$ 的焦点坐标为 $F\left(0,\dfrac{1}{2}\right)$,所以 $b=\dfrac{1}{2}$,于是 $a=1$.

所以椭圆 C 的方程为 $x^2+4y^2=1$.

(2) ①设点 P 坐标为 $P\left(m,\dfrac{m^2}{2}\right)(m>0)$.

由 $x^2=2y$ 得 $y=\dfrac{1}{2}x^2$,$y'=x$,所以点 E 在点 P 处的切线 l 斜率为 m.

因此切线 l 的方程为 $y=mx-\dfrac{m^2}{2}$.

设 $A(x_1,y_1),B(x_2,y_2),D(x_0,y_0)$,将 $y=mx-\dfrac{m^2}{2}$ 代入 $x^2+4y^2=1$,得

$$(1+4m^2)x^2-4m^3x+m^2-1=0$$

于是
$$x_1+x_2=\dfrac{4m^3}{1+4m^2},\quad x_0=\dfrac{x_1+x_2}{2}=\dfrac{2m^3}{1+4m^2}$$

又
$$y_0=mx_0-\dfrac{m^2}{2}=\dfrac{-m^2}{2(1+4m^2)}$$

于是直线 OD 的方程为 $y=-\dfrac{1}{4m}x$.

联立方程 $y=-\dfrac{1}{4m}x$ 与 $x=m$,得 M 的坐标为 $M\left(m,-\dfrac{1}{4}\right)$.

所以点 M 在定直线 $y=-\dfrac{1}{4}$ 上.

一般地,欲证点 M 在定直线(或定曲线)上,可以先求出点 M 的坐标 (x_M,y_M).

即 $\begin{cases}x_M=f(t)\\y_M=g(t)\end{cases}$,点 M 不会是一个具体的点,这里肯定含有参数,实际上它就是点 M 所在曲线的参数方程.消去参数 t,就得到那条定直线(或定曲线)了,从而完成了证明.

---

②在切线 l 的方程 $y=mx-\dfrac{m^2}{2}$ 中,令 $x=0$,得 $y=-\dfrac{m^2}{2}$.

即点 G 的坐标为 $\left(0,-\dfrac{m^2}{2}\right)$，又 $P\left(m,\dfrac{m^2}{2}\right)$，$F\left(0,\dfrac{1}{2}\right)$，所以

$$S_1=\frac{1}{2}m\times|GF|=\frac{m(m^2+1)}{4}$$

再由 $D\left(\dfrac{2m^3}{1+4m^2},\dfrac{-m^2}{2(1+4m^2)}\right)$，得

$$S_2=\frac{1}{2}\times\frac{2m^2+1}{4}\times\frac{2m^3+m}{4m^2+1}=\frac{m(2m^2+1)^2}{8(4m^2+1)}$$

于是有

$$\frac{S_1}{S_2}=\frac{2(4m^2+1)(m^2+1)}{(2m^2+1)^2}$$

令 $t=2m^2+1$，得

$$\frac{S_1}{S_2}=\frac{(2t-1)(t+1)}{t^2}=2+\frac{1}{t}-\frac{1}{t^2}$$

当 $\dfrac{1}{t}=\dfrac{1}{2}$ 时，即 $t=2$ 时，$\dfrac{S_1}{S_2}$ 取得最大值 $\dfrac{9}{4}$.

第(2)小题也是常规思路：写出 $\dfrac{S_1}{S_2}$ 的表达式，就得到了一个函数 $\dfrac{S_1}{S_2}=h(m)$.

换元的作用不可低估：它及时地简化了式子，从而减少了运算量和出错的可能……心情也因此好了很多.

---

2. 已知椭圆 $C:9x^2+y^2=m^2(m>0)$，直线 l 不过原点 O 且不平行于坐标轴，l 与 C 有两个交点 A,B，线段 AB 的中点为 M.

(1)证明：直线 OM 的斜率与 l 的斜率的乘积为定值；

(2)若 l 过点 $\left(\dfrac{m}{3},m\right)$，延长线段 OM 与 C 交于点 P，四边形 $OAPB$ 能否为平行四边形？若能，求此时 l 的斜率；若不能，说明理由.

解：(1)

第(1)小题的思路很清晰，先写出"直线 OM 的斜率与 l 的斜率的乘积"：设 $A(x_1,y_1)$，$B(x_2,y_2)$，$M(x_M,y_M)$，直线 l 的斜率为 k，则 $k\cdot k_{OM}=k\cdot\dfrac{y_1+y_2}{x_1+x_2}$，你会想到韦达定理，以下只剩验算了.

设直线 $l:y=kx+b(k\neq0,b\neq0)$，$A(x_1,y_1)$，$B(x_2,y_2)$，$M(x_M,y_M)$.

将 $y=kx+b$ 代入 $9x^2+y^2=m^2$ 得

$$(k^2+9)x^2+2kbx+b^2-m^2=0$$

故

$$x_M=\frac{x_1+x_2}{2}=-\frac{kb}{k^2+9},\quad y_M=kx_M+b=\frac{9b}{k^2+9}$$

直线 OM 的斜率 $k_{OM}=\dfrac{y_M}{x_M}=-\dfrac{9}{k}$，则 $k\cdot k_{OM}=-9$.

所以直线 OM 的斜率与 l 的斜率的乘积为定值.

(2)

第(2)小题的难点:

如何用解析法(计算)判断(或证明)一个四边形为平行四边形?

解析几何的特点在于几何与代数的结合. 这时我们可以浮想联翩,想到平面几何里的那些结论,看看哪一条比较好操作(便于计算)?

对角线平分的四边形为平行四边形.

所谓"平分",可以检查两条线段的中点重合.

而中点比较好处理,你懂的.

四边形 $OAPB$ 能为平行四边形.

因为直线 l 过点 $\left(\dfrac{m}{3}, m\right)$,所以直线 l 不过原点且与 C 有两个交点的充要条件是 $k > 0, k \neq 3$.

由(1)可知,直线 $OM : y = -\dfrac{9}{k}x$.

及时用上最新成果,尽量减少字母.

设点 P 的横坐标为 x_P,由 $\begin{cases} y = -\dfrac{9}{k}x \\ 9x^2 + y^2 = m^2 \end{cases}$ 得 $x_P^2 = \dfrac{k^2 m^2}{9k^2 + 81}$,即 $x_P = \pm \dfrac{km}{3\sqrt{k^2 + 9}}$.

四边形 $OAPB$ 为平行四边形等价于其对角线互相平分,所以 $x_P = 2x_M$.

由(1),$x_M = -\dfrac{kb}{k^2 + 9}$,所以 $\pm \dfrac{km}{3\sqrt{k^2 + 9}} = -\dfrac{2kb}{k^2 + 9}$.

又 $m = \dfrac{m}{3}k + b$,即 $b = m\dfrac{3-k}{3}$,所以 $\pm \dfrac{km}{3\sqrt{k^2 + 9}} = \dfrac{2k(k-3)m}{3(k^2 + 9)}$.

所以 $\pm \sqrt{k^2 + 9} = 2(k-3)$,两边平方,得 $k^2 - 8k + 9 = 0$.

解得 $k_1 = 4 - \sqrt{7}, k_2 = 4 + \sqrt{7}$.

因为 $k_i > 0, k_i \neq 3, i = 1, 2$,所以当 l 的斜率为 $4 - \sqrt{7}$ 或 $4 + \sqrt{7}$ 时,四边形 $OAPB$ 为平行四边形.

涉及弦中点坐标问题,都可以(应该)想到"点差法"或"韦达定理".

两条路径:设端点 A, B 的坐标,代入椭圆(或其他曲线)方程并作差,出现弦 AB 的中点和直线 l 的斜率;设直线 l 的方程同时和椭圆方程联立;利用韦达定理求弦 AB 的中点.

3. 如图,椭圆 $E : \dfrac{x^2}{a^2} + \dfrac{y^2}{b^2} = 1 (a > b > 0)$ 的离心率是 $\dfrac{\sqrt{2}}{2}$,过点 $P(0,1)$ 的动直线 l 与椭圆相交于 A, B 两点,当直线 l 平行于 x 轴时,直线 l 被椭圆 E 截得的线段长为 $2\sqrt{2}$.

(1)求椭圆 E 的方程;

(2)在平面直角坐标系 xOy 中,是否存在与点 P 不同的定

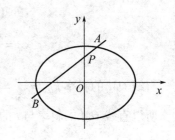

点 Q，使得 $\dfrac{|QA|}{|QB|}=\dfrac{|PA|}{|PB|}$ 恒成立？若存在，求出点 Q 的坐标；若不存在，请说明理由.

解：(1) 由已知，点 $(\sqrt{2},1)$ 在椭圆 E 上.

因此，$\begin{cases} \dfrac{2}{a^2}+\dfrac{1}{b^2}=1, \\ a^2-b^2=c^2, \\ \dfrac{c}{a}=\dfrac{\sqrt{2}}{2}, \end{cases}$ 解得 $a=2,b=\sqrt{2}$. 所以椭圆的方程为 $\dfrac{x^2}{4}+\dfrac{y^2}{2}=1$.

(2)

从特殊性入手，先设法将定点 Q 探讨出来 (甚至猜出来)，再验证一般性.

当直线 l 与 x 轴平行时，设直线 l 与椭圆相交于 C,D 两点.

如果存在定点 Q 满足条件，则 $\dfrac{|QC|}{|QD|}=\dfrac{|PC|}{|PD|}=1$，即 $|QC|=|QD|$.

所以点 Q 在 y 轴上，可设点 Q 的坐标为 $(0,y_0)$.

当直线 l 与 x 轴垂直时，设直线 l 与椭圆相交于 M,N 两点，则 $M(0,\sqrt{2}),N(0,-\sqrt{2})$，

由 $\dfrac{|QM|}{|QN|}=\dfrac{|PM|}{|PN|}$，有 $\dfrac{|y_0-\sqrt{2}|}{|y_0+\sqrt{2}|}=\dfrac{\sqrt{2}-1}{\sqrt{2}+1}$，解得 $y_0=1$ 或 $y_0=2$.

所以，若存在不同于点 P 的定点 Q 满足条件，则点 Q 的坐标只可能为 $Q(0,2)$.

下面证明：对任意的直线 l，均有 $\dfrac{|QA|}{|QB|}=\dfrac{|PA|}{|PB|}$.

当直线 l 的斜率不存在时，由上可知，结论成立.

当直线 l 的斜率存在时，可设直线 l 的方程为 $y=kx+1$，A,B 的坐标分别为 $(x_1,y_1),(x_2,y_2)$.

联立 $\begin{cases} \dfrac{x^2}{4}+\dfrac{y^2}{2}=1 \\ y=kx+1 \end{cases}$，得 $(2k^2+1)x^2+4kx-2=0$.

其判别式 $\Delta=16k^2+8(2k^2+1)>0$，所以，$x_1+x_2=-\dfrac{4k}{2k^2+1}$，$x_1x_2=-\dfrac{2}{2k^2+1}$.

注意到 $\dfrac{|PA|}{|PB|}=\dfrac{|x_1|}{|x_2|}$，而

$$\dfrac{|QA|^2}{|QB|^2}=\dfrac{x_1^2+(y_1-2)^2}{x_2^2+(y_2-2)^2}=\dfrac{x_1^2+(kx_1-1)^2}{x_2^2+(kx_2-1)^2}$$

欲证 $\dfrac{|QA|}{|QB|}=\dfrac{|PA|}{|PB|}$，只需证

$$\dfrac{x_1^2+(kx_1-1)^2}{x_2^2+(kx_2-1)^2}=\dfrac{x_1^2}{x_2^2}$$

即只需证　　$(kx_1-1)^2x_2^2=(kx_2-1)^2x_1^2 \Leftrightarrow (x_2-x_1)(x_1+x_2-2kx_1x_2)=0$

而　　　　　$(x_1+x_2-2kx_1x_2)=\dfrac{-4k}{2k^2+1}-2k\dfrac{-2}{2k^2+1}=0$

所以　　　　　　　　　　$\dfrac{|QA|}{|QB|}=\dfrac{|PA|}{|PB|}$

实际上,欲证 $\dfrac{|QA|}{|QB|}=\dfrac{|PA|}{|PB|}$,结合图形可以联想到角平分线定理,只需证 QP 是 $\angle AQB$ 的平分线,又因为 Q,P 均在 y 轴上,所以只需证 $k_{QA}+k_{QB}=0$ 即可.

$$k_{QA}+k_{QB}=\dfrac{y_1-2}{x_1}+\dfrac{y_2-2}{x_2}=\dfrac{kx_1-1}{x_1}+\dfrac{kx_2-1}{x_2}=\dfrac{2kx_1x_2-(x_1+x_2)}{x_1x_2}$$

以下用韦达定理验证即可. 略.

解决直线与圆锥曲线相交的问题,大多是将直线方程与圆锥曲线的方程联立,再根据根与系数的关系解答.

本题是一个探索性问题,对这类问题一般是根据特殊情况找出结果(定点坐标、定值等),然后再证明其普遍性.

(顺便说一下,高考试卷中,一般解析几何题的位置都靠后,考生应立足于拿稳第(1)题的分和第(2)题的步骤分.)

---

4. 设椭圆 $E:\dfrac{x^2}{a^2}+\dfrac{y^2}{b^2}=1(a>b>0)$,$F_1$,$F_2$ 分别为椭圆的左、右焦点,点 M 为椭圆上的一动点,$\triangle F_1MF_2$ 面积的最大值为 4,椭圆的离心率为 $\dfrac{\sqrt{2}}{2}$.

(1)求椭圆 E 的方程;

(2)是否存在圆心为原点 O 的圆,使得该圆的任意一条切线与椭圆 E 恒有两个交点,且 $\overrightarrow{OA}\perp\overrightarrow{OB}$? 若存在,求出该圆的方程;若不存在,请说明理由.

解:(1)当 M 为椭圆的短轴端点时,$\triangle F_1MF_2$ 面积最大.

此时 $S_{\triangle F_1MF_2}=\dfrac{1}{2}\cdot 2c\cdot b=bc=4$,又由离心率 $e=\dfrac{\sqrt{2}}{2}$ 及 $a^2=b^2+c^2$,可得 $a^2=8,b^2=4$.

所以椭圆 E 的方程为 $\dfrac{x^2}{8}+\dfrac{y^2}{4}=1$.

(2)

探索性问题,可分为两步走:先猜出答案,再加以证明.

要探讨定圆的存在性,可从特殊情况入手.

设圆方程:$x^2+y^2=r^2$,对于直线 $x=r$(特殊的切线),应该有结论 $\overrightarrow{OA}\perp\overrightarrow{OB}$ 成立,由此可求得 $r^2=\dfrac{8}{3}$.

做到这里,我们意识到:这样的圆,如果存在,就是它了.

换句话说,如果连它也并不满足那些条件,那么这样的圆不存在. (这是必要条件)

你看,现在问题摇身一变——由探索性的问题变成一个证明题了.

而对于证明题,至少方向是明确的,因而难度也降低了.

现在,具体答题的时候,你就可以将结论先亮出来了.

这叫"先声夺人".

存在圆 $x^2+y^2=\dfrac{8}{3}$,使得该圆的任意一条切线与椭圆 E 恒有两个交点,且 $\overrightarrow{OA}\perp\overrightarrow{OB}$.

证明如下:

设该圆的切线方程为 $y = kx + m$.

因为直线与圆相切,所以 $\sqrt{\dfrac{8}{3}} = \dfrac{|m|}{\sqrt{1+k^2}}$,即

$$\dfrac{8}{3}(1 + k^2) = m^2 \qquad\qquad ①$$

又解方程组 $\begin{cases} y = kx + m \\ \dfrac{x^2}{8} + \dfrac{y^2}{4} = 1 \end{cases}$,得

$$(1 + 2k^2)x^2 + 4kmx + 2m^2 - 8 = 0$$

因为直线 $y = kx + m$ 为圆 $x^2 + y^2 = \dfrac{8}{3}$ 的切线,而该圆位于椭圆内部,由椭圆为封闭曲线,可知该直线必与椭圆相交.

设 $A(x_1, y_1)$,$B(x_2, y_2)$,由根与系数的关系得

$$x_1 + x_2 = -\dfrac{4km}{1 + 2k^2},\quad x_1 x_2 = \dfrac{2m^2 - 8}{1 + 2k^2}$$

要使 $\overrightarrow{OA} \perp \overrightarrow{OB}$,需使 $x_1 x_2 + y_1 y_2 = 0$,即

$$x_1 x_2 + (kx_1 + m)(kx_2 + m) = 0$$

即

$$(1 + k^2)x_1 x_2 + km(x_1 + x_2) + m^2 = 0$$

即

$$(1 + k^2)\dfrac{2m^2 - 8}{1 + 2k^2} + km\left(-\dfrac{4km}{1 + 2k^2}\right) + m^2 = 0$$

即

$$(1 + k^2)(2m^2 - 8) - 4k^2 m^2 + m^2(1 + 2k^2) = 0$$

化简,得

$$m^2 - 8k^2 - 8 = 0$$

将①代入,即可得证.

当切线斜率不存在时,切线为 $x = \dfrac{2\sqrt{6}}{3}$ 或 $x = -\dfrac{2\sqrt{6}}{3}$,与椭圆的两个交点为 $A\left(\dfrac{2\sqrt{6}}{3}, \dfrac{2\sqrt{6}}{3}\right)$,$B\left(\dfrac{2\sqrt{6}}{3}, -\dfrac{2\sqrt{6}}{3}\right)$ 或者 $A\left(-\dfrac{2\sqrt{6}}{3}, \dfrac{2\sqrt{6}}{3}\right)$,$B\left(-\dfrac{2\sqrt{6}}{3}, -\dfrac{2\sqrt{6}}{3}\right)$,均满足 $\overrightarrow{OA} \perp \overrightarrow{OB}$.

综上所述,所求的圆方程为 $x^2 + y^2 = \dfrac{8}{3}$.

5. 过点 $P(a, -2)$ 作抛物线 $C: x^2 = 4y$ 的两条切线,切点分别为 $A(x_1, y_1)$,$B(x_2, y_2)$.

(1) 证明: $x_1 x_2 + y_1 y_2$ 为定值;

(2) 记 $\triangle PAB$ 的外接圆的圆心为点 M,点 F 是抛物线 C 的焦点,对任意实数 a,试判断以 PM 为直径的圆是否恒过点 F? 并说明理由.

解:(1) 由 $x^2 = 4y$,得 $y = \dfrac{1}{4}x^2$,所以 $y' = \dfrac{1}{2}x$. 所以直线 PA 的斜率为 $\dfrac{1}{2}x_1$.

因为点 $A(x_1, y_1)$ 和 $B(x_2, y_2)$ 在抛物线 C 上,所以 $y_1 = \dfrac{1}{4}x_1^2$,$y_2 = \dfrac{1}{4}x_2^2$.

所以直线 PA 的方程为 $y - \dfrac{1}{4}x_1^2 = \dfrac{1}{2}x_1(x - x_1)$.

因为点 $P(a, -2)$ 在直线 PA 上,所以 $-2 - \dfrac{1}{4}x_1^2 = \dfrac{1}{2}x_1(a - x_1)$,即 $x_1^2 - 2ax_1 - 8 = 0$.

同理,$x_2^2 - 2ax_2 - 8 = 0$.

所以 x_1,x_2 是方程 $x^2 - 2ax - 8 = 0$ 的两个根. 所以 $x_1 x_2 = -8$.

解析几何中的运算,要注意字母的"轮换性".

这里还有一个思维的跳跃——x_1,x_2 是方程 $x^2-2ax-8=0$ 的两个根.

又 $y_1y_2=\dfrac{1}{4}x_1^2\cdot\dfrac{1}{4}x_2^2=\dfrac{1}{16}(x_1x_2)^2=4$.

所以 $x_1x_2+y_1y_2=-4$ 为定值.

实际上,这类问题还有一个"通法"——那就是先求出直线 AB(即所谓"切点弦"所在直线)的方程,再利用直线与圆锥曲线的位置关系求解:

由上文,直线 PA 的方程为 $y-\dfrac{1}{4}x_1^2=\dfrac{1}{2}x_1(x-x_1)$,整理得:$\dfrac{1}{2}x_1x-y-y_1=0$.

同理,直线 PB 的方程为 $\dfrac{1}{2}x_2x-y-y_2=0$.

P 为 PA,PB 的交点,于是 $\dfrac{1}{2}x_1a-(-2)-y_1=0$,$\dfrac{1}{2}x_2a-(-2)-y_2=0$.

(注意了,又有跳跃性思维.)

所以直线 AB 的方程为:$\dfrac{1}{2}ax-y+2=0$.

(其理由是:一方面,由上面两式可知,A,B 两点坐标满足 $\dfrac{1}{2}ax-y+2=0$,另一方面,这个方程是 x,y 的一次方程,所以它表示一条直线,所以它就"有资格"充当直线 AB 的方程.)

现在问题变得很简单了:将 $\dfrac{1}{2}ax-y+2=0$ 代入 $x^2=4y$,再用韦达定理即可推得 $x_1x_2+y_1y_2=-4$.

(2)解法一:直线 PA 的垂直平分线方程为

$$y-\dfrac{y_1-2}{2}=-\dfrac{2}{x_1}\left(x-\dfrac{x_1+a}{2}\right)$$

由于 $y_1=\dfrac{1}{4}x_1^2$,$x_1^2-8=2ax_1$,所以直线 PA 的垂直平分线方程为

$$y-\dfrac{ax_1}{4}=-\dfrac{2}{x_1}\left(x-\dfrac{x_1+a}{2}\right) \qquad ①$$

同理直线 PB 的垂直平分线方程为

$$y-\dfrac{ax_2}{4}=-\dfrac{2}{x_2}\left(x-\dfrac{x_2+a}{2}\right) \qquad ②$$

问题:为什么这里没有考虑直线 AB 的垂直平分线方程?

还是因为字母的"轮换性",为了减少运算量.

由①②解得 $x=\dfrac{3}{2}a$,$y=1+\dfrac{a^2}{2}$,所以点 $M\left(\dfrac{3}{2}a,1+\dfrac{a^2}{2}\right)$.

抛物线 C 的焦点为 $F(0,1)$,则 $\overrightarrow{MF}=\left(-\dfrac{3}{2}a,-\dfrac{a^2}{2}\right)$,$\overrightarrow{PF}=(-a,3)$.

由于 $\overrightarrow{MF} \cdot \overrightarrow{PF} = \dfrac{3a^2}{2} - \dfrac{3a^2}{2} = 0$，所以 $\overrightarrow{MF} \perp \overrightarrow{PF}$.

所以以 PM 为直径的圆恒过点 F.

另法：以 PM 为直径的圆的方程为

$$(x - a)\left(x - \frac{3}{2}a\right) + (y + 2)\left(y - 1 - \frac{a^2}{2}\right) = 0$$

把点 $F(0,1)$ 代入上方程，知点 F 的坐标是方程的解，所以得证.

解法二：设点 M 的坐标为 (m,n)，则 $\triangle PAB$ 的外接圆方程为

$$(x - m)^2 + (y - n)^2 = (m - a)^2 + (n + 2)^2$$

由于点 $A(x_1,y_1), B(x_2,y_2)$ 在该圆上，则

$$(x_1 - m)^2 + (y_1 - n)^2 = (m - a)^2 + (n + 2)^2$$
$$(x_2 - m)^2 + (y_2 - n)^2 = (m - a)^2 + (n + 2)^2$$

两式相减得

$$(x_1 - x_2)(x_1 + x_2 - 2m) + (y_1 - y_2)(y_1 + y_2 - 2n) = 0 \qquad ③$$

由（1）知 $x_1 + x_2 = 2a, x_1 x_2 = -8, y_1 = \dfrac{1}{4}x_1^2, y_2 = \dfrac{1}{4}x_2^2$，代入上式得

$$(x_1 - x_2)(4a - 4m + a^3 + 4a - 2an) = 0$$

当 $x_1 \neq x_2$ 时，得

$$8a - 4m + a^3 - 2an = 0 \qquad ④$$

假设以 PM 为直径的圆恒过点 F，则 $\overrightarrow{MF} \perp \overrightarrow{PF}$，即 $(-m, n-1) \cdot (-a, -3) = 0$，得

$$ma - 3(n - 1) = 0 \qquad ⑤$$

由 ④⑤ 解得 $m = \dfrac{3}{2}a, n = 1 + \dfrac{1}{2}a^2$，所以点 $M\left(\dfrac{3}{2}a, 1 + \dfrac{1}{2}a^2\right)$.

当 $x_1 = x_2$ 时，则 $a = 0$，点 $M(0,1)$.

所以以 PM 为直径的圆恒过点 F.

关于三角形的外接圆，除了它的定义以及正弦定理，其他我们知之甚少，所以就老老实实将外心坐标求出来，再作打算.

本题是 2017 年广州一模第 20 题，很多考生铩羽而归. 究其原因，多半是考试时"急中生智"、慌不择路，干脆把外心当作了重心，张冠李戴，铸成大错.

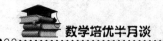

第七天　圆锥曲线中的范围或最值

1.已知椭圆 $C_1:\dfrac{x^2}{a^2}+\dfrac{y^2}{b^2}=1(a>b>0)$ 的离心率为 $\dfrac{\sqrt{2}}{2}$,其短轴的下端点在抛物线 $x^2=4y$ 的

准线上.

(1)求椭圆 C_1 的方程;

(2)设 O 为坐标原点,M 是直线 $l:x=2$ 上的动点,F 为椭圆
的右焦点,过点 F 作 OM 的垂线与以 OM 为直径的圆 C_2 相交于
P,Q 两点,与椭圆 C_1 相交于 A,B 两点,如图所示.

①若 $|PQ|=\sqrt{6}$,求圆 C_2 的方程;

②设 C_2 与四边形 $OAMB$ 的面积分别为 S_1,S_2,若 $S_1=\lambda S_2$,
求 λ 的取值范围.

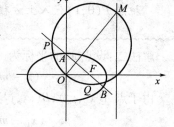

解:(1)因为椭圆短轴下端点在抛物线 $x^2=4y$ 的准线上,所以 $b=1$.

因为 $e=\dfrac{c}{a}=\sqrt{\dfrac{a^2-b^2}{a^2}}=\dfrac{\sqrt{2}}{2}$,所以椭圆 C_1 的方程为 $\dfrac{x^2}{2}+y^2=1$.

(2)①由(1),知 $F(1,0)$,设 $M(2,t)$,则 C_2 的圆心坐标为 $\left(1,\dfrac{t}{2}\right)$.

C_2 的方程为 $(x-1)^2+\left(y-\dfrac{t}{2}\right)=1+\dfrac{t^2}{4}$,当 $t=0$ 时,PQ 所在直线的方程为 $x=1$,此时
$|PQ|=2$,与题意不符,不成立,所以 $t\neq0$.

所以可设直线 PQ 所在直线方程为 $y=-\dfrac{2}{t}(x-1)(t\neq0)$,即 $2x+ty-2=0(t\neq0)$.

又圆 C_2 的半径 $r=\sqrt{1+\dfrac{t^2}{4}}$,由 $\left(\dfrac{|PQ|}{2}\right)^2+d^2=r^2$,

得 $\left(\dfrac{\sqrt{6}}{2}\right)^2+\left(\dfrac{\dfrac{t^2}{2}}{\sqrt{t^2+4}}\right)^2=\dfrac{1}{4}(t^2+4)$,解得 $t^2=4\Rightarrow t=\pm2$.

所以圆 C_2 的方程为 $(x-1)^2+(y-1)^2=2$ 或 $(x-1)^2+(y+1)^2=2$.

一般地,处理弦长问题多采用韦达定理,即

$$|AB|=\sqrt{1+k^2}\,|x_1-x_2|=\sqrt{1+k^2}\sqrt{(x_1+x_2)^2-4x_1x_2}$$

而圆的弦长常采用勾股定理(会稍微简单一点).圆的切线长也是这样.

一个题目繁难与否其实是一个积累的过程、量变到质变的过程.若是时刻都有化简意
识,每一处都能捕捉到"矛盾的特殊性",从点滴做起,不拒细壤,不择细流,则整个题目做
下来,就会轻松一大截.

---

②当 $t\neq0$,由①,知 PQ 的方程为

$$2x+ty-2=0$$

由 $\begin{cases}\dfrac{x^2}{2}+y^2=1\\2x+ty-2=0\end{cases}$ 消去 y,得

$$(8+t^2)x^2-16x+8-2t^2=0$$

则

$$\Delta=(-16)^2-4(8+t^2)(8-2t^2)=8(t^4+4t^2)>0$$

所以
$$x_1 + x_2 = \frac{16}{8+t^2}, \quad x_1 x_2 = \frac{8-2t^2}{8+t^2}$$

所以
$$|AB| = \sqrt{\left[1+\left(-\frac{2}{t}\right)^2\right]\left[(x_1+x_2)^2 - 4x_1x_2\right]} = \sqrt{\frac{t^2+4}{t^2} \cdot \frac{16^2 - 4(8+t^2)(8-2t^2)}{(8+t^2)^2}}$$
$$= 2\sqrt{2} \cdot \frac{t^2+4}{8+t^2}$$

所以
$$S_2 = \frac{1}{2}|OM| \cdot |AB| = \frac{1}{2} \cdot \sqrt{t^2+4} \cdot 2\sqrt{2} \cdot \frac{t^2+4}{8+t^2}$$
$$= \frac{\sqrt{2}(t^2+4)\sqrt{t^2+4}}{t^2+8}$$
$$S_1 = \pi r^2 = \frac{\pi}{4}(t^2+4)$$

因为
$$S_1 = \lambda S_2$$

$$\lambda = \frac{S_1}{S_2} = \frac{\frac{\pi}{4}(t^2+4)}{\frac{\sqrt{2}(t^2+4)\sqrt{t^2+4}}{t^2+8}} = \frac{\sqrt{2}\pi}{8} \cdot \frac{t^2+8}{\sqrt{t^2+4}} = \frac{\sqrt{2}\pi}{8}\left(\sqrt{t^2+4} + \frac{4}{\sqrt{t^2+4}}\right) \geq \frac{\sqrt{2}\pi}{8} \cdot 4 = \frac{\sqrt{2}}{2}\pi$$

当且仅当 $\sqrt{t^2+4} = \frac{4}{\sqrt{t^2+4}}$，即 $t=0$ 时取等号.

又因为 $t \neq 0$，所以 $\lambda > \frac{\sqrt{2}}{2}\pi$，当 $t=0$ 时，直线 PQ 的方程为 $x=1$，$|AB| = \sqrt{2}$，$|OM| = 2$，所以
$S_2 = \frac{1}{2}|OM| \times |AB| = \sqrt{2}$，所以 $S_1 = \pi\left(\frac{1}{2}|OM|\right)^2 = \pi$，所以 $\lambda = \frac{S_1}{S_2} = \frac{\pi}{\sqrt{2}} = \frac{\sqrt{2}}{2}\pi$.

综上，$\lambda \geq \frac{\sqrt{2}}{2}\pi$，所以实数 λ 的取值范围为 $\left[\frac{\sqrt{2}}{2}\pi, +\infty\right)$.

解析几何难在何处?

你会脱口而出:繁!有时候就像一个泥潭,陷进去不能自拔.

我想说,它其实没那么夸张,只是你太脆弱,字母运算让你受不了.

突破它的有效途径就是努力提高自己计算的准确性和速度,驾驭它,熟练掌握其策略与技巧,比如对结构的分析、字母的轮换、换元、函数(不等式)方法的应用、处理好一些细节等.还有很重要的一点:心态放平稳,不要不耐烦.

2.已知椭圆 $\frac{x^2}{a^2} + \frac{y^2}{b^2} = 1 (a > b > 0)$ 的离心率是 $\frac{1}{2}$,过点 $P\left(0, \frac{\sqrt{3}}{2}\right)$ 的动直线 l 与椭圆相交于 A, B 两点,当直线 l 平行于 x 轴时,直线 l 被椭圆截得的线段长为 $2\sqrt{3}$.(F_1, F_2 分别为左、右焦点)

(1)求椭圆的标准方程;

(2)过 F_2 的直线 l_1 交椭圆于不同的两点 M, N,则 $\triangle F_1 MN$ 内切圆的面积是否存在最大值?若存在,求出这个最大值及此时的直线 l_1 方程;若不存在,请说明理由.

解:(1)由题意知,椭圆过点 $\left(\sqrt{3}, \dfrac{\sqrt{3}}{2}\right)$,于是 $\begin{cases} e = \dfrac{c}{a} = \dfrac{1}{2} \\ \dfrac{3}{a^2} + \dfrac{3}{4b^2} = 1 \\ a^2 = b^2 + c^2 \end{cases}$,解得 $a = 2, b = \sqrt{3}, c = 1$.

所以椭圆方程为:$\dfrac{x^2}{4} + \dfrac{y^2}{3} = 1$.

(2)

难点在于如何处理"内切圆"这个信息.

我们对"三角形内切圆"的了解主要有以下三点:

(1)三角形内心是三条角平分线的交点;

(2)设 $\triangle ABC$ 三边长分别为 a, b, c,其面积为 S,内切圆半径为 r,则有 $S = \dfrac{1}{2}(a + b - c) \cdot r$.

(3)若 $\triangle ABC$ 为直角三角形,直角边长为 a, b,斜边长为 c,内切圆半径为 r,则有 $r = \dfrac{a + b - c}{2}$.

这样,你就比较容易找到本题的转变路径了.

设 $M(x_1, y_1), N(x_2, y_2)$,不妨设 $y_1 > 0, y_2 < 0$,设 $\triangle F_1 MN$ 的内切圆半径是 r,则 $\triangle F_1 MN$ 的周长是 $4a = 8$,$S_{\triangle F_1 MN} = \dfrac{1}{2}(MN + F_1 M + F_1 N) r = 4r$,因此 $\triangle F_1 MN$ 内切圆面积最大 $\Leftrightarrow r$ 最大 $\Leftrightarrow S_{\triangle F_1 MN}$ 最大.

$$S_{\triangle F_1 MN} = \dfrac{1}{2} |F_1 F_2| \cdot |y_1 - y_2| = |y_1 - y_2|$$

由题知,直线的斜率不为 0,故可设直线的方程为 $x = my + 1$,由

$$\begin{cases} x = my + 1 \\ \dfrac{x^2}{4} + \dfrac{y^2}{3} = 1 \end{cases}$$

得

$$(3m^2 + 4)y^2 + 6my - 9 = 0$$

则

$$S_{\triangle F_1 MN} = |y_1 - y_2| = \sqrt{(y_1 + y_2)^2 - 4y_1 y_2} = \dfrac{12\sqrt{m^2 + 1}}{3m^2 + 4}$$

令 $t = \sqrt{m^2 + 1}$,则 $t \geq 1$,$S_{\triangle F_1 MN} = \dfrac{12\sqrt{m^2 + 1}}{3m^2 + 4} = \dfrac{12}{3t + \dfrac{1}{t}}$.

设 $f(t) = 3t + \dfrac{1}{t}$,$f'(t) = 3 - \dfrac{1}{t^2}$,$f(t)$ 在 $[1, +\infty)$ 上单调递增,所以 $f(t) \geq f(1) = 4$,

$S_{\triangle F_1 MN} \leq \dfrac{12}{4} = 3$,因为 $S_{\triangle F_1 MN} = 4r$,所以 $r_{\max} = \dfrac{3}{4}$,此时所求内切圆的面积最大值是 $\dfrac{9\pi}{16}$,故直线方程为 $x = 1$ 时,$\triangle F_1 MN$ 内切圆面积最大值是 $\dfrac{9\pi}{16}$.

本题呈现的解析几何中的常规运算,看似寻常,其实可以细细体会.

一是直线方程的设法:为何不设成 $y = k(x-1)$?

(当然事先经过了分析,发现 $S_{\triangle F_1 MN} = |y_1 - y_2|$.)

二是韦达定理的使用,这很简单,但要自觉、习惯.

三是及时换元,令 $t = \sqrt{m^2 + 1}$,使 $S_{\triangle F_1 MN}$ 的表达式"轻装上阵".

四是及时纳入函数的轨道,用函数的思想方法求最值、解决问题.

以上四点环环相扣,须如行云流水,阴差阳错必将作茧自缚、贻误战机.

3.已知曲线 $C_1 : \dfrac{|x|}{a} + \dfrac{|y|}{b} = 1\,(a > b > 0)$ 围成的封闭图形的面积为 $4\sqrt{5}$,曲线 C_1 的内切圆半径为 $\dfrac{2\sqrt{5}}{3}$.记曲线 C_2 为以曲线 C_1 与坐标轴的交点为顶点的椭圆.

(1)求椭圆 C_2 的标准方程.

(2)设 AB 是过椭圆 C_2 中心的任意弦,直线 l 是线段 AB 的垂直平分线,点 M 是直线 l 上异于椭圆中心的点.

① 若 $|MO| = \lambda\,|OA|$(点 O 为坐标原点),当点 A 在椭圆 C_2 上运动时,求点 M 的轨迹方程;

② 若点 M 是直线 l 与椭圆 C_2 的交点,求 $\triangle AMB$ 的面积的最小值.

解:(1)

可先画出 $C_1 : \dfrac{|x|}{a} + \dfrac{|y|}{b} = 1\,(a > b > 0)$ 的图像,从几何的角度理解 a, b 的意义,然后利用针对 C_1 给定的两个条件确定的值,进而写出椭圆的方程.

由题意,得 $\begin{cases} 2ab = 4\sqrt{5}, \\ \dfrac{ab}{\sqrt{a^2 + b^2}} = \dfrac{2\sqrt{5}}{3}. \end{cases}$ 又 $a > b > 0$,解得 $a^2 = 5$,$b^2 = 4$.因此所求椭圆的标准方程为 $\dfrac{x^2}{5} + \dfrac{y^2}{4} = 1$.

(2)①假设 AB 所在直线的斜率存在且不为零,并设 AB 所在直线的方程为 $y = kx\,(k \neq 0)$,点 A 的坐标为 (x_A, y_A).

解方程组 $\begin{cases} \dfrac{x_A^2}{5} + \dfrac{y_A^2}{4} = 1 \\ y_A = kx_A \end{cases}$ 得 $x_A^2 = \dfrac{20}{4 + 5k^2}$,$y_A^2 = \dfrac{20k^2}{4 + 5k^2}$,所以

$$|OA|^2 = x_A^2 + y_A^2 = \dfrac{20}{4 + 5k^2} + \dfrac{20k^2}{4 + 5k^2} = \dfrac{20(1 + k^2)}{4 + 5k^2}$$

设 $M(x, y)$,由题意知 $|MO| = \lambda\,|OA|\,(\lambda \neq 0)$,所以 $|MO|^2 = \lambda^2\,|OA|^2$,即

$$x^2 + y^2 = \lambda^2 \dfrac{20(1 + k^2)}{4 + 5k^2}$$

因为直线 l 是 AB 的垂直平分线,所以直线 l 的方程为 $y = -\dfrac{1}{k}x$,即 $k = -\dfrac{x}{y}$.因此

$$x^2 + y^2 = \lambda^2 \frac{20\left(1 + \dfrac{x^2}{y^2}\right)}{4 + 5 \cdot \dfrac{x^2}{y^2}} = \lambda^2 \frac{20(x^2 + y^2)}{4y^2 + 5x^2}$$

又 $x^2 + y^2 \neq 0$，所以 $5x^2 + 4y^2 = 20\lambda^2$，故 $\dfrac{x^2}{4} + \dfrac{y^2}{5} = \lambda^2$.

又当 $k = 0$ 或不存在时，上式仍然成立.

综上所述，点 M 的轨迹方程为 $\dfrac{x^2}{4} + \dfrac{y^2}{5} = \lambda^2 (\lambda \neq 0)$.

②当 k 存在，且 $k \neq 0$ 时，由(1)得 $x_A^2 = \dfrac{20}{4 + 5k^2}$，$y_A^2 = \dfrac{20k^2}{4 + 5k^2}$. 设 $M(x_M, y_M)$，由

$$\begin{cases} \dfrac{x_M^2}{5} + \dfrac{y_M^2}{4} = 1 \\ y_M = -\dfrac{1}{k} x_M \end{cases}$$

解得 $\qquad x_M^2 = \dfrac{20k^2}{5 + 4k^2}$，$y_M^2 = \dfrac{20}{5 + 4k^2}$

所以 $\quad |OA|^2 = x_A^2 + y_A^2 = \dfrac{20(1 + k^2)}{4 + 5k^2}$，$|AB|^2 = 4|OA|^2 = \dfrac{80(1 + k^2)}{4 + 5k^2}$，$|OM|^2 = \dfrac{20(1 + k^2)}{5 + 4k^2}$

因此

$$S_{\triangle AMB}^2 = \frac{1}{4} |AB|^2 |OM|^2 = \frac{1}{4} \times \frac{80(1 + k^2)}{4 + 5k^2} \times \frac{20(1 + k^2)}{5 + 4k^2} = \frac{400(1 + k^2)^2}{(4 + 5k^2)(5 + 4k^2)}$$

$$\geq \frac{400(1 + k^2)^2}{\left(\dfrac{4 + 5k^2 + 5 + 4k^2}{2}\right)^2} = \frac{1\,600(1 + k^2)^2}{81(1 + k^2)^2} = \left(\frac{40}{9}\right)^2$$

当且仅当 $4 + 5k^2 = 5 + 4k^2$ 时，等号成立，即 $k = \pm 1$ 时等号成立. 此时 $\triangle AMB$ 面积的最小值是 $S_{\triangle AMB} = \dfrac{40}{9}$.

当 $k = 0$ 时，$S_{\triangle AMB} = \dfrac{1}{2} \times 2\sqrt{5} \times 2 = 2\sqrt{5} > \dfrac{40}{9}$.

当 k 不存在时，$S_{\triangle AMB} = \dfrac{1}{2} \times \sqrt{5} \times 4 = 2\sqrt{5} > \dfrac{40}{9}$.

综上所述，$\triangle AMB$ 面积的最小值为 $\dfrac{40}{9}$.

当写出 $S_{\triangle AMB}^2 = \dfrac{400(1 + k^2)^2}{(4 + 5k^2)(5 + 4k^2)}$ 时，一般方法是换元：令 $1 + k^2 = t$，$t \geq 1$，这样

$$S^2 = \frac{400t^2}{(5t - 1)(4t + 1)} = \frac{400t^2}{20t^2 + t - 1} = \frac{400}{-\dfrac{1}{t^2} + \dfrac{1}{t} + 20} = \frac{400}{-\left(\dfrac{1}{t} - \dfrac{1}{2}\right)^2 + \dfrac{81}{4}}$$

则最小值可求，现在是注意到了"特殊性"：$(4 + 5k^2) + (5 + 4k^2) = 9(1 + k^2)$，就可以直接用不等式了，所以要注意观察，要敏感.

---

4. 已知椭圆 $C: \dfrac{x^2}{a^2} + \dfrac{y^2}{b^2} = 1 (a > b > 0)$ 短轴的两个端点与右焦点的连线构成等边三角形，直线 $3x + 4y + 6 = 0$ 与圆 $x^2 + (y - b)^2 = a^2$ 相切.

(1) 求椭圆 C 的方程;

(2) 已知过椭圆 C 的左顶点 A 的两条直线 l_1,l_2 分别交椭圆 C 于 M,N 两点,且 $l_1 \perp l_2$,求证:直线 MN 过定点,并求出定点坐标.

(3) 在 (2) 的条件下,求 $\triangle AMN$ 面积的最大值.

解:(1) 由题意得 $\begin{cases} a = 2b \\ \dfrac{|4b+6|}{5} = a \end{cases}$,所以 $\begin{cases} a = 2 \\ b = 1 \end{cases}$,即椭圆 C:$\dfrac{x^2}{4} + y^2 = 1$.

(2) 由题意得直线 l_1,l_2 的斜率存在且不为 0,因为 $A(-2, 0)$,设 l_1:$x = my - 2$,l_2:$x = -\dfrac{1}{m}y - 2$

直线方程怎么设才好? 为什么这里 l_1 的方程没有设成 $y = k(x+2)$?

似乎区别不大,其中略有玄机.

因为待会儿要求点 M 的坐标,而且第 (3) 小题还要求 l_1,l_2 的面积,你会发现,设成 $x = my - 2$,会简单很多.

所以,到底如何设直线方程,不要任性,需要瞻前顾后,总揽全局.

由 $\begin{cases} x = my - 2 \\ x^2 + 4y^2 - 4 = 0 \end{cases}$ 得

$$(m^2 + 4)y^2 - 4my = 0 \qquad\qquad (\ast)$$

解得 $y_1 = 0$,$y_2 = \dfrac{4m}{m^2 + 4}$.

所以 $M\left(\dfrac{2m^2 - 8}{m^2 + 4}, \dfrac{4m}{m^2 + 4}\right)$,同理可得 $N\left(\dfrac{2 - 8m^2}{4m^2 + 1}, -\dfrac{4m}{4m^2 + 1}\right)$.

方程 $(\ast)$ 的两个根即为 A,M 两点的纵坐标,如果它比较繁,则可以利用韦达定理求出点 M 的纵坐标(因为已知点 A 的纵坐标).

因为直线 l_1,l_2 都过点 A,只是斜率不同,所以在求出点 M 的横纵坐标之后,只需将式子里的 m 全部换成 $-\dfrac{1}{m}$,即得点 N 的坐标.

这叫细目的"轮换性",是解析几何里字母运算的一个重要技巧,值得留意和学习.

---

① 当 $m \neq \pm 1$ 时,$k = \dfrac{5m}{4(m^2 - 1)}$.

所以直线 MN 的方程为

$$y - \dfrac{4m}{m^2 + 4} = \dfrac{5m}{4(m^2 - 1)}\left(x - \dfrac{2m^2 - 8}{m^2 + 4}\right) \qquad\qquad (\ast\ast)$$

整理,得 $y = \dfrac{5m}{4(m^2 - 1)}\left(x + \dfrac{6}{5}\right)$,此时直线 MN 过定点 $\left(-\dfrac{6}{5}, 0\right)$.

② 当 $m = \pm 1$ 时,直线 MN 的方程为:$x = -\dfrac{6}{5}$,过定点 $\left(-\dfrac{6}{5}, 0\right)$.

综上,直线 MN 恒过定点 $\left(-\dfrac{6}{5}, 0\right)$.

实际上,你可以画一个草图分析一下.

如图,$AM \perp AN$,$AM' \perp AN'$,且 AM 与 AN' 关于 x 轴对称,AM' 与 AN 关于 x 轴对称,这时不难发现 MN 与 $M'N'$ 的交点在 x 轴上,换句话说,那个定点应该在 x 轴上.

这样,你只要在 $(**)$ 中令 $y = 0$,就可以求得 $x = -\dfrac{6}{5}$ 了,这样,问题就变得非常清晰而明确了.

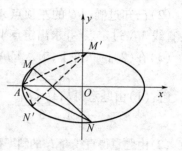

(3)由(2)知,

$$S_{\triangle AMN} = \frac{1}{2} \cdot \left| -\frac{6}{5} - (-2) \right| \cdot |y_M - y_N| = \frac{2}{5} \left| \frac{4m}{m^2+4} + \frac{4m}{4m^2+1} \right|$$

$$= 8 \left| \frac{m^3+m}{4m^4+17m^2+4} \right| = \frac{8 \left| m + \dfrac{1}{m} \right|}{4 \left(m + \dfrac{1}{m} \right)^2 + 9} = \frac{8}{4 \left| m + \dfrac{1}{m} \right| + \dfrac{9}{\left| m + \dfrac{1}{m} \right|}}$$

令 $t = \left| m + \dfrac{1}{m} \right|$,则 $t \geq 2$,当且仅当 $m = \pm 1$ 时取等号.

$S_{\triangle AMN} = \dfrac{8}{4t + \dfrac{9}{t}}$,则 $S_{\triangle AMN} \leq \dfrac{16}{25}$,且当 $m = \pm 1$ 时取等号.

所以 $\triangle AMN$ 面积的最大值为 $\dfrac{16}{25}$.

当 $\triangle AMN$ 面积的表达式写出之后,已是一个代数问题,熟练的计算(函数方法、换元、研究单调性、利用不等式等)就成了解决问题的关键.

5. 已知椭圆 C_1、抛物线 C_2 的焦点均在 x 轴上,从两条曲线上各取两个点,将其坐标混合记录于下表中:

x	$-\sqrt{2}$	2	$\sqrt{6}$	9
y	$\sqrt{3}$	$-\sqrt{2}$	-1	3

(1)求椭圆 C_1 和抛物线 C_2 的标准方程;

(2)过椭圆 C_1 右焦点 F 的直线 l 与此椭圆相交于 A,B 两点,若点 P 为直线 $x = 4$ 上任意一点.

①求证:直线 PA,PF,PB 的斜率成等差数列.

②若点 P 在 x 轴上,设 $\overrightarrow{FA} = \lambda \overrightarrow{FB}$,$\lambda \in [-2,-1]$,求 $|\overrightarrow{PA} + \overrightarrow{PB}|$ 取最大值时的直线 l 的方程.

解:(1)

椭圆方程可设为 $\dfrac{x^2}{a^2} + \dfrac{y^2}{b^2} = 1$，对于抛物线，因为不知道开口方向，故可统一设为 $y^2 = mx$，m 可正可负.（顺便说一下，如果只知道椭圆是标准方程，不知道焦点在何处，也可以将椭圆方程"笼统"设成 $mx^2 + ny^2 = 1 (m>0, n>0, m \neq n)$.双曲线亦然.）

现在的问题是，那四个点是"混合记录"的，怎么办？

从抛物线入手，因为它简单一点.

由 $y^2 = mx$ 可得 $\dfrac{y^2}{x} = m$，是常数……有了！

设抛物线方程为 $y^2 = mx$.

分别将 4 个点代入，解得 $m = -\dfrac{3}{2}$，$m = 1$，$m = \dfrac{\sqrt{6}}{6}$，$m = 1$.

故抛物线方程为 $y^2 = x$，即点 $(2, -\sqrt{2})$ 和 $(9,3)$ 在抛物线上.
因此 $(-\sqrt{2}, \sqrt{3})$，$(\sqrt{6}, 1)$ 两个点为椭圆 C_1 上两点.

设椭圆方程为：$\dfrac{x^2}{a^2} + \dfrac{y^2}{b^2} = 1 (a>b>0)$，将上述两个点坐标代入解得：$a^2 = 8$，$b^2 = 4$，

故椭圆方程为 $\dfrac{x^2}{8} + \dfrac{y^2}{4} = 1$.

(2)①

分析：从欲证的等式出发倒推：设 $P(4, y_0)$，$A(x_1, y_1)$，$B(x_2, y_2)$.

直线 $l: x = ty + 2$，欲证 $2k_{PF} = k_{PA} + k_{PB}$.

只需证 $\dfrac{2y_0}{4-2} = \dfrac{y_2 - y_0}{x_2 - 4} \Leftrightarrow y_0 = \dfrac{y_1 - y_0}{ty_1 - 2} + \dfrac{y_2 - y_0}{ty_2 - 2}$.

至此，思路已经形成：用韦达定理验证.

设直线 $l: x = ty + 2$，代入 $\dfrac{x^2}{8} + \dfrac{y^2}{4} = 1$，得 $(t^2 + 2)y^2 + 4ty - 4 = 0$.

$P(4, y_0)$，$A(x_1, y_1)$，$B(x_2, y_2)$，则有 $y_1 + y_2 = \dfrac{-4t}{t^2 + 2}$，$y_1 y_2 = \dfrac{-4}{t^2 + 2}$，于是

$$k_{PA} + k_{PB} = \dfrac{y_1 - y_0}{x_1 - 4} + \dfrac{y_2 - y_0}{x_2 - 4} = \dfrac{y_1 - y_0}{ty_1 - 2} + \dfrac{y_2 - y_0}{ty_2 - 2}$$

$$= \dfrac{2ty_1 y_2 - (2 + ty_0)(y_1 + y_2) + 4y_0}{t^2 y_1 y_2 - 2t(y_1 + y_2) + 4} = y_0 = 2k_{PF}$$

所以直线 PA, PF, PB 的斜率成等差数列.

②

继续分析，欲求直线 l 的方程，只需求 l 的斜率，条件是 $\vec{FA} = \lambda \vec{FB}$，具体化为 $x_1 - 2 = \lambda(x_2 - 2)$，$y_1 = \lambda y_2$，用一个就好，当然挑一个简单的 $y_1 = \lambda y_2$，这个式子虽然简单，却不好用，与韦达定理有距离，这时就需要变形、凑项，"没有条件创造条件也要上".

由 $y_1 = \lambda y_2$ 可得 $y_1 + y_2 = (\lambda + 1)y_2$，$y_1 y_2 = \lambda y_2^2$……
是不是可以了？

因为 $\overrightarrow{FA} = \lambda\overrightarrow{FB}$，所以 $y_1 = \lambda y_2$，$y_1 + y_2 = (\lambda + 1)y_2$，$y_1 y_2 = \lambda y_2^2$，所以

$$y_1 y_2 = \lambda \cdot \frac{(y_1 + y_2)^2}{(\lambda + 1)^2}$$

由①直线 $l : x = ty + 2$，y_1，y_2 是方程 $(t^2 + 2)y^2 + 4ty - 4 = 0$ 的解，所以

$$\frac{(y_1 + y_2)^2}{y_1 y_2} = \lambda + \frac{1}{\lambda} + 2 = -\frac{4t^2}{t^2 + 2} = -4 + \frac{8}{t^2 + 2}$$

由 $\lambda \in [-2, -1]$，得 $\lambda + \dfrac{1}{\lambda} \in \left[-\dfrac{5}{2}, -2\right]$，所以 $t^2 + 2 \in \left[2, \dfrac{16}{7}\right]$.

因为 $\overrightarrow{PA} = (x_1 - 4, y_1)$，$\overrightarrow{PB} = (x_2 - 4, y_2)$，所以

$$\overrightarrow{PA} + \overrightarrow{PB} = (x_1 + x_2 - 8, y_1 + y_2) = (ty_1 + ty_2 - 4, y_1 + y_2)$$

故
$$|\overrightarrow{PA} + \overrightarrow{PB}|^2 = (ty_1 + ty_2 - 4)^2 + (y_1 + y_2)^2$$
$$= \left(\frac{-4t^2}{t^2 + 2} - 4\right)^2 + \left(\frac{-4t}{t^2 + 2}\right)^2 = \frac{(8t^2 + 8)^2 + 16t^2}{(t^2 + 2)^2}$$

令 $m = t^2 + 2$，所以 $m \in \left[2, \dfrac{16}{7}\right]$，$\dfrac{1}{m} \in \left[\dfrac{7}{16}, \dfrac{1}{2}\right]$，所以

$$|\overrightarrow{PA} + \overrightarrow{PB}|^2 = \frac{(8m - 8)^2 + 16(m - 2)}{m^2} = 64 - \frac{112}{m} + \frac{32}{m^2} = 2\left(\frac{4}{m} - 7\right)^2 - 34$$

当 $m = \dfrac{16}{7}$，即 $t = \dfrac{2}{7}$ 时，$|\overrightarrow{PA} + \overrightarrow{PB}|^2$ 的值最大.

此时直线 l 的方程为 $x = \pm\dfrac{\sqrt{14}}{7}y + 2$，即 $7x \pm \sqrt{14}y - 14 = 0$.

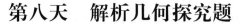

第八天　解析几何探究题

所谓"探究题",一般是条件开放或结论开放,要求考生综合运用学到的基本知识、基本技能和基本方法创造性地解决问题.

这类题的处理方法大都是先假设问题有解,从此出发,探寻使之成立的条件,即所谓"执果索因".到最后,如果发现能够满足条件(方程或不等式有解等),则可以断言问题有解,并注明何时(什么情况下)有解;如果在推导过程中出现了矛盾(不等式不成立、方程无解、所得结论与某个定理相悖等),则问题无解.

1. 已知 M,N 是抛物线 $C:y=x^2$ 上的两个点,点 M 的坐标为 $(1,1)$,直线 MN 的斜率为 k $(k>0)$,设抛物线 C 的焦点在直线 MN 的下方.

(1)求 k 的取值范围;

(2)设 P 为 C 上一点,且 $MN \perp MP$,过 N,P 两点分别作 C 的切线,记两切线的交点为 D,判断四边形 $MNDP$ 是否为梯形,并说明理由.

解:(1)抛物线 $y=x^2$ 的焦点为 $\left(0,\dfrac{1}{4}\right)$.

由题意,直线 MN 的方程为 $y-1=k(x-1)$.

令 $x=0$,得 $y=1-k$.即直线 MN 与 y 轴相交于点 $(0,1-k)$.

因为抛物线 C 的焦点在直线 MN 的下方,所以 $1-k>\dfrac{1}{4}$,解得 $k<\dfrac{3}{4}$.

因为 $k>0$,所以 $0<k<\dfrac{3}{4}$.

所以 k 的取值范围是 $\left(0,\dfrac{3}{4}\right)$.

(2)假设四边形 $MNDP$ 为梯形,由题意,设 $N(x_1,x_1^2)$,$P(x_2,x_2^2)$,$D(x_3,x_3^2)$.

联立方程 $\begin{cases} y-1=k(x-1) \\ y=x^2 \end{cases}$,消去 y,得 $x^2-kx+k-1=0$.

第(2)小题,需要探究四边形 $MNDP$ 有无可能为梯形.

本题做到这里,需要明: $x^2-kx+k-1=0$ 的解即为 M,N 的横坐标,点 N 的横坐标可由韦达定理导出.而随后在写点 P 的横坐标时则用到了字母的"轮换性": MN 与 MP 的共同之处:都经过点 M,N,P,都在抛物线上,唯一区别是斜率.所以只需在 x_1 的表达式里将 MN 的斜率 k 换成 MP 的斜率 $-\dfrac{1}{k}$ 即得 x_2.

由根与系数的关系,得 $x_1=k-1$,同理可得 $x_2=-\dfrac{1}{k}-1$.

对函数 $y=x^2$ 求导,得 $y'=2x$,

所以抛物线 $y=x^2$ 在点 N 处的切线 ND 的斜率为 $2x_1=2k-2$,抛物线 $y=x^2$ 在点 P 处的切线 PD 的斜率为 $2x_2=-\dfrac{2}{k}-2$.

由四边形 $MNDP$ 为梯形,得 $MN\parallel PD$ 或 $MP\parallel ND$.

若 $MN\parallel PD$,则 $k=-\dfrac{2}{k}-2$,即 $k^2+2k+2=0$.

因为方程 $k^2 + 2k + 2 = 0$ 无解,所以 MN 与 PD 不平行.

若 $MP /\!/ ND$,则 $-\dfrac{1}{k} = 2k - 2$,即 $2k^2 - 2k + 1 = 0$.

因为方程 $2k^2 - 2k + 1 = 0$ 无解,所以 MP 与 ND 不平行.

综上,四边形 $MNDP$ 不可能为梯形.

2. 已知椭圆 $C: \dfrac{x^2}{a^2} + \dfrac{y^2}{4} = 1$,$F_1$,$F_2$ 为椭圆左、右焦点,A,B 为椭圆左、右顶点,点 P 为椭圆上异于 A,B 的动点,且直线 PA,PB 的斜率之积为 $-\dfrac{1}{2}$.

(1)求椭圆 C 的方程;

(2)若动直线 l 与椭圆 C 有且仅有一个公共点,试问:在 x 轴上是否存在两个定点,使得这两个定点到直线 l 的距离之积为 4? 若存在,求出两个定点的坐标;若不存在,请说明理由.

解:(1)$A(-a, 0)$,$B(a, 0)$,设 $P(x_0, y_0)$,则 $\dfrac{x_0^2}{a^2} + \dfrac{y_0^2}{4} = 1$.

依题意 $\dfrac{y_0}{x_0 + a} \cdot \dfrac{y_0}{x_0 - a} = -\dfrac{1}{2}$,得 $a^2 = 8$.

所以椭圆 C 的方程为 $\dfrac{x^2}{8} + \dfrac{y^2}{4} = 1$.

(2)①当直线 l 的斜率存在时,设直线 l 的方程为 $y = kx + m$,代入椭圆方程,得
$$(1 + 2k^2)x^2 + 4kmx + 2m^2 - 8 = 0$$
因为直线 l 与椭圆 C 有且仅有一个公共点,所以
$$\Delta = 16k^2m^2 - 4(1 + 2k^2)(2m^2 - 8) = 0$$
整理得 $4 + 8k^2 = m^2$.

设 x 轴上存在两个定点 $(s, 0)$,$(t, 0)$,使得这两个定点到直线 l 的距离之积为 4.

则 $\dfrac{|ks + m|}{\sqrt{k^2 + 1}} = \dfrac{|kt + m|}{\sqrt{k^2 + 1}} = \dfrac{|k^2st + km(s + t) + m^2|}{k^2 + 1} = 4$ 恒成立.

即 $\dfrac{k^2st + km(s + t) + m^2}{k^2 + 1} = 4$ 或 $\dfrac{k^2st + km(s + t) + m^2}{k^2 + 1} = -4$.

将 $4 + 8k^2 = m^2$ 代入,即得
$$(st + 4)k + m(s + t) = 0 \qquad\qquad\qquad (*)$$
或
$$(st + 12)k^2 + (s + t)km + 8 = 0 \qquad\qquad\qquad (**)$$

由 $(*)$ 恒成立,得 $\begin{cases} st + 4 = 0 \\ s + t = 0 \end{cases}$,解得 $\begin{cases} s = 2 \\ t = -2 \end{cases}$ 或 $\begin{cases} s = -2 \\ t = 2 \end{cases}$.

而 $(**)$ 不恒成立.

注意理解:所谓"动直线",即 k 可为任意实数,而 m 则由 $4 + 8k^2 = m^2$ 决定,这样的直线有无数条.

欲使式 $(*)$ 恒成立,则必有 $\begin{cases} st + 4 = 0 \\ s + t = 0 \end{cases}$.(若 $st + 4 \ne 0$,则式 $(*)$ 可视为关于 k 的方程,这样的方程不可能有无数多个解,矛盾. 所以 $st + 4 = 0$,同理可得 $s + t = 0$.)

显然,式 $(**)$ 不可能恒成立.

②当直线 l 的斜率不存在时,即直线 l 的方程为 $x=\pm2\sqrt{2}$ 时,点 $(-2,0),(2,0)$ 到直线 l 的距离之积为 $(2\sqrt{2}-2)(2\sqrt{2}+2)=4$.

综上,存在两个定点 $(-2,0),(2,0)$,使得这两个定点到直线 l 的距离之积为 4.

3. 如图,设椭圆 $\dfrac{x^2}{a^2}+y^2=1(a>1)$.

(1)求直线 $y=kx+1$ 被椭圆截得到的弦长(用 a,k 表示);

(2)若任意以点 $A(0,1)$ 为圆心的圆与椭圆至多有 3 个公共点,求椭圆的离心率的取值范围.

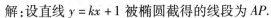

解:设直线 $y=kx+1$ 被椭圆截得的线段为 AP.

由 $\begin{cases} y=kx+1 \\ \dfrac{x^2}{a^2}+y^2=1 \end{cases}$ 得 $(1+a^2k^2)x^2+2a^2kx=0$.

故 $x_1=0,x_2=-\dfrac{2a^2k}{1+a^2k^2}$.

因此 $|AP|=\sqrt{1+k^2}\,|x_1-x_2|=\dfrac{2a^2|k|}{1+a^2k^2}\cdot\sqrt{1+k^2}$.

(2)

解决"至少""至多"的范围问题的根本思路是分类讨论,不厌其烦地具体化. 但当类别较多时,可采用"正难则反"的数学思想,求出"至少""至多"反面的范围,该范围的补集即为所求.

假设圆与椭圆的公共点有 4 个,由对称性可设 y 轴左侧的椭圆上有两个不同的点 P,Q,满足 $|AP|=|AQ|$.

记直线 AP,AQ 的斜率分别为 k_1,k_2,且 $k_1,k_2>0,k_1\neq k_2$.

由(1)知,$|AP|=\dfrac{2a^2|k_1|\sqrt{1+k_1^2}}{1+a^2k_1^2}$,$|AQ|=\dfrac{2a^2|k_2|\sqrt{1+k_2^2}}{1+a^2k_2^2}$,故

$$\dfrac{2a^2|k_1|\sqrt{1+k_1^2}}{1+a^2k_1^2}=\dfrac{2a^2|k_2|\sqrt{1+k_2^2}}{1+a^2k_2^2}$$

所以 $(k_1^2-k_2^2)[1+k_1^2+k_2^2+a^2(2-a^2)k_1^2k_2^2]=0$

由于 $k_1\neq k_2,k_1,k_2>0$ 得

$$1+k_1^2+k_2^2+a^2(2-a^2)k_1^2k_2^2=0$$

因此

$$\left(\dfrac{1}{k_1^2}+1\right)\left(\dfrac{1}{k_2^2}+1\right)=1+a^2(a^2-2) \qquad ①$$

因为式①关于 k_1,k_2 的方程有解的充要条件是 $1+a^2(a^2-2)>1$,所以 $a>\sqrt{2}$.

因此,任意以点 $A(0,1)$ 为圆心的圆与椭圆至多有 3 个公共点的充要条件为 $1<a\leqslant\sqrt{2}$.

由 $e=\dfrac{c}{a}=\dfrac{\sqrt{a^2-1}}{a}$ 得,所求离心率的取值范围为 $0<e\leqslant\dfrac{\sqrt{2}}{2}$.

本题是浙江 2016 年高考题.

本解法体现了"数形结合",从直线的斜率以及弦长来寻找关系式,技巧性较强.

实际上可以做得更朴实一些:回到方程组.

只不过这里是两个圆锥曲线的位置关系,一定要注意其对称性、曲线上点的坐标的范围等,不能简单地代入、消元就扬长而去了.

请看下面的解法:

假设圆与椭圆的公共点有 4 个,设圆方程: $x^2 + (y-1)^2 = r^2$.

联立方程,得 $\begin{cases} \dfrac{x^2}{a^2} + y^2 = 1 \\ x^2 + (y-1)^2 = r^2 \end{cases}$.

"圆与椭圆的公共点有 4 个存在"等价于:存在 $r > 0$,使得上述方程组有 4 组解.

消去 x,得

$$(1-a^2)y^2 - 2y + a^2 + 1 - r^2 = 0 \qquad (*)$$

注意到对称性,问题转变为:

存在 $r > 0$,使得关于 y 的方程 $(*)$ 在 $(-1,1)$ 上有两个相异实根.

考察函数

$$f(y) = (1-a^2)y^2 - 2y + a^2 + 1 - r^2$$

式 $(*)$ 在 $(-1,1)$ 上有两个相异实根 $\Leftrightarrow$ $\begin{cases} \Delta = 4 - 4(1-a^2)(a^2+1-r^2) > 0 \\ -1 < -\dfrac{-2}{2(1-a^2)} < 1 \\ f(-1) < 0 \\ f(1) < 0 \end{cases}$

因为 $a > 1$,由 $-1 < -\dfrac{-2}{2(1-a^2)} < 1$ 可得 $a^2 > 2$,即 $a > \sqrt{2}$.

$f(1) = -r^2 < 0$ 已经成立. 由 $f(-1) = 4 - r^2 < 0$ 得 $r^2 > 4$.

由 $\Delta = 4 - 4(1-a^2)(a^2+1-r^2) > 0$,得 $a^4 > (a^2-1)r^2$,即 $r^2 < \dfrac{a^4}{a^2-1}$.

而 $\dfrac{a^4}{a^2-1} = (a^2-1) + \dfrac{1}{a^2-1} + 2 \geqslant 4$,即当 $r^2 > 4$ 时,$\Delta > 0$ 成立.

综上,假设圆与椭圆的公共点有 4 个,则 a 的取值范围是 $a > \sqrt{2}$.

因此任意以点 $A(0,1)$ 为圆心的圆与椭圆至多有 3 个公共点的充要条件为 $1 < a \leqslant \sqrt{2}$.

4. 如图所示,离心率为 $\dfrac{1}{2}$ 的椭圆 $\Omega: \dfrac{x^2}{a^2} + \dfrac{y^2}{b^2} = 1$

$(a > b > 0)$ 上的点到左焦点的距离的最大值为 3,过椭圆 Ω 内一点 P 的两条直线分别与椭圆交于点 A,C 和 B,D,且满足 $\overrightarrow{AP} = \lambda \overrightarrow{PC}$,$\overrightarrow{BP} = \lambda \overrightarrow{PD}$,其中 λ 为常数,过 P 作 AB 的平行线交椭圆于 M,N 两点.

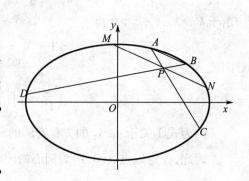

(1)求椭圆 Ω 的方程;

(2)若点 $P(1,1)$,求直线 MN 的方程,并证明点 P 平分线段 MN.

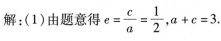

解:(1)由题意得 $e = \dfrac{c}{a} = \dfrac{1}{2}, a + c = 3$.

联立 $a^2 = b^2 + c^2$,解得 $a = 2, b = \sqrt{3}, c = 1$.

所以椭圆方程为 $\dfrac{x^2}{4} + \dfrac{y^2}{3} = 1$.

实际上,椭圆上的动点到焦点的距离(焦半径)的最大值、最小值分别为 $a + c, a - c$.

这可以证明:不妨设椭圆 $\dfrac{x^2}{a^2} + \dfrac{y^2}{b^2} = 1 (a > b > 0)$,焦点为 $F(c, 0)$,动点 $M(x, y)$,则 $|MF| = \sqrt{(x - c)^2 + y^2}$,将 $y^2 = b^2 \left(1 - \dfrac{x^2}{a^2}\right)$ 代入,利用配方法即可求出.

同理可得:双曲线上的动点到焦点的距离的最小值为 $c - a$,最大值不存在(可趋向于无穷大). 抛物线上的动点到焦点的距离的最小值为 $\dfrac{p}{2}$,最大值不存在.

你还可以研究圆锥曲线的焦点弦(过焦点的直线与曲线相交所得的弦)弦长的最值,这里只给出结论(方法是设直线方程,写出弦长并求其最值):

椭圆:最大值为 $2a$(长轴长),最小值为 $\dfrac{2b^2}{a}$(即通径长);双曲线:若焦点在弦上,最大值不存在,最小值为 $\dfrac{2b^2}{a}$(即通径长);若焦点在弦的延长线上,最大值不存在,最小值为 $2a$(实轴长);抛物线:最大值不存在,最小值为 $2p$(即通径长).

---

(2)

第(2)题,关键在于求直线 MN 的斜率. 问题又转变为求直线 AB 的斜率.

有时,我们很难在动笔之前想得那么周全,灵感的火花可能是在计算的过程中迸发出来的——当你写出了几个具体的数学式子(往往体现为条件的翻译、整理),它们在一起交相辉映,就会触发你的联想.

设 $A(x_1, y_1), B(x_2, y_2)$,由 $\overrightarrow{AP} = \lambda \overrightarrow{PC}$ 可得 $C\left(\dfrac{1 - x_1}{\lambda} + 1, \dfrac{1 - y_1}{\lambda} + 1\right)$.

因为点 C 在椭圆上,故

$$\dfrac{(1 + \lambda - x_1)^2}{4\lambda^2} + \dfrac{(1 + \lambda - y_1)^2}{3\lambda^2} = 1$$

整理得

$$\dfrac{7}{12}(1 + \lambda)^2 - \dfrac{1}{6}(1 + \lambda)(3x_1 + 4y_1) + \left(\dfrac{x_1^2}{4} + \dfrac{y_1^2}{3}\right) = \lambda^2$$

又点 A 在椭圆上,可知 $\dfrac{x_1^2}{4} + \dfrac{y_1^2}{3} = 1$,故有

$$\dfrac{7}{12}(1 + \lambda)^2 - \dfrac{1}{6}(1 + \lambda)(3x_1 + 4y_1) = \lambda^2 - 1 \qquad ①$$

由 $\overrightarrow{BP} = \lambda \overrightarrow{PD}$ 同理可得

$$\dfrac{7}{12}(1 + \lambda)^2 - \dfrac{1}{6}(1 + \lambda)(3x_2 + 4y_2) = \lambda^2 - 1 \qquad ②$$

两式相减,得 $3(x_1 - x_2) + 4(y_1 - y_2) = 0$,即 $k_{AB} = -\dfrac{3}{4}$.

又 $AB /\!/ MN$,故 $k_{MN} = -\dfrac{3}{4}$.

所以直线 MN 的方程为 $y - 1 = -\dfrac{3}{4}(x - 1)$,即 $3x + 4y - 7 = 0$.

由 $\begin{cases} \dfrac{x^2}{4} + \dfrac{y^2}{3} = 1 \\ 3x + 4y - 7 = 0 \end{cases}$ 可得 $21x^2 - 42x + 1 = 0 \Rightarrow x_M + x_N = 2 = 2x_P$.

所以点 P 是 MN 的中点,即点 P 平分线段 MN.

5.已知椭圆 C 的中心在原点 O,焦点 F_1,F_2 在 x 轴上,离心率 $e = \dfrac{1}{2}$,且椭圆经过

点 $A\left(1, \dfrac{3}{2}\right)$.

(1)求椭圆 C 的标准方程;

(2)已知 P,Q 是椭圆 C 上的两点.

①若 $OP \perp OQ$,求证:$\dfrac{1}{|OP|^2} + \dfrac{1}{|OQ|^2}$ 为定值;

②当 $\dfrac{1}{|OP|^2} + \dfrac{1}{|OQ|^2}$ 为①中所求定值时,试探究 $OP \perp OQ$ 是否成立,并说明理由.

解:(1)由题意,设椭圆 C 的标准方程为 $\dfrac{x^2}{a^2} + \dfrac{y^2}{b^2} = 1(a > b > 0)$.

将点 $A\left(1, \dfrac{3}{2}\right)$ 代入得 $\dfrac{1}{a^2} + \dfrac{9}{4b^2} = 1$,结合离心率 $e = \dfrac{c}{a} = \dfrac{1}{2}$,$a^2 - b^2 = c^2$.

解得 $a = 2, b = \sqrt{3}$.

故椭圆 C 的标准方程为 $\dfrac{x^2}{4} + \dfrac{y^2}{3} = 1$.

(2)①满足题意的 P,Q 有两种情况:

(i)P,Q 分别为椭圆长轴和短轴的端点,则 $\dfrac{1}{|OP|^2} + \dfrac{1}{|OQ|^2} = \dfrac{7}{12}$;

(ii)P,Q 都不为椭圆长轴和短轴的端点,设 $P(x_P, y_P)$,$Q(x_Q, y_Q)$,$OP: y = kx$,则

$OQ: y = -\dfrac{1}{k}x$.

由 $\begin{cases} \dfrac{x_P^2}{4} + \dfrac{y_P^2}{3} = 1 \\ y_P = kx_P \end{cases}$,解得 $x_P^2 = \dfrac{12}{4k^2 + 3}$,$y_P^2 = \dfrac{12k^2}{4k^2 + 3}$.

同理可解得:$x_Q^2 = \dfrac{12k^2}{3k^2 + 4}$,$y_Q^2 = \dfrac{12}{3k^2 + 4}$.

> 又是字母的"轮换性"!

所以 $\dfrac{1}{|OP|^2} + \dfrac{1}{|OQ|^2} = \dfrac{1}{\dfrac{12}{4k^2 + 3} + \dfrac{12k^2}{4k^2 + 3}} + \dfrac{1}{\dfrac{12k^2}{3k^2 + 4} + \dfrac{12}{3k^2 + 4}} = \dfrac{7k^2 + 7}{12k^2 + 12} = \dfrac{7}{12}$.

结合①②可知,$\dfrac{1}{|OP|^2} + \dfrac{1}{|OQ|^2}$ 为定值 $\dfrac{7}{12}$.

②$OP \perp OQ$ 不一定成立, 理由如下:

对于椭圆 C 上任意两点 P, Q, 当 $\dfrac{1}{|OP|^2} + \dfrac{1}{|OQ|^2} = \dfrac{7}{12}$ 时, 若直线 OP, OQ 的斜率存在, 则可设直线 $OP: y = k_1 x$, 直线 $OQ: y = k_2 x$.

易得 $x_P^2 = \dfrac{12}{4k_1^2 + 3}, y_P^2 = \dfrac{12k_1^2}{4k_1^2 + 3}, x_Q^2 = \dfrac{12}{4k_2^2 + 3}, y_Q^2 = \dfrac{12k_2^2}{4k_2^2 + 3}$.

由 $\dfrac{1}{|OP|^2} + \dfrac{1}{|OQ|^2} = \dfrac{7}{12}$ 得 $\dfrac{4k_1^2 + 3}{12k_1^2 + 12} + \dfrac{4k_2^2 + 3}{12k_2^2 + 12} = \dfrac{7}{12}$.

即 $8k_1^2 k_2^2 + 7k_1^2 + 7k_2^2 + 6 = 7(k_1^2 k_2^2 + k_1^2 + k_2^2 + 1)$, 即 $k_1 k_2 = \pm 1$.

所以当 $\dfrac{1}{|OP|^2} + \dfrac{1}{|OQ|^2} = \dfrac{7}{12}$ 时, $OP \perp OQ$ 不一定成立.

本题第 (2) 题, 如果在极坐标系下研究, 将变得方便快捷, 简记如下:

椭圆 $C: \dfrac{x^2}{4} + \dfrac{y^2}{3} = 1$ 的极坐标方程为 $\dfrac{1}{\rho^2} = \dfrac{\cos^2 \theta}{4} + \dfrac{\sin^2 \theta}{3}$.

若 $OP \perp OQ$, 不妨设 $P(\rho_1, \theta), Q(\rho_2, \theta + \dfrac{\pi}{2})$, 此时

(i) $\dfrac{1}{|OP|^2} + \dfrac{1}{|OQ|^2} = \dfrac{1}{\rho_1^2} + \dfrac{1}{\rho_2^2} = \dfrac{\cos^2 \theta}{4} + \dfrac{\sin^2 \theta}{3} + \dfrac{\cos^2 \left(\theta + \dfrac{\pi}{2} \right)}{4} + \dfrac{\sin^2 \left(\theta + \dfrac{\pi}{2} \right)}{3}$

$= \dfrac{1}{4} + \dfrac{1}{3} = \dfrac{7}{12}$ 为定值 (这里无须讨论)

(ii) 当 $\dfrac{1}{|OP|^2} + \dfrac{1}{|OQ|^2} = \dfrac{7}{12}$ 时, 设 $P(\rho_1, \alpha), Q(\rho_2, \beta)$, 由

$$\dfrac{1}{|OP|^2} + \dfrac{1}{|OQ|^2} = \dfrac{1}{\rho_1^2} + \dfrac{1}{\rho_2^2} = \dfrac{\cos^2 \alpha}{4} + \dfrac{\sin^2 \alpha}{3} + \dfrac{\cos^2 \beta}{4} + \dfrac{\sin^2 \beta}{3} = \dfrac{7}{12}$$

$$\Rightarrow \dfrac{1}{4} \cdot \dfrac{1 + \cos 2\alpha}{2} + \dfrac{1}{3} \cdot \dfrac{1 - \cos 2\alpha}{2} + \dfrac{1}{4} \cdot \dfrac{1 + \cos 2\beta}{2} + \dfrac{1}{3} \cdot \dfrac{1 - \cos 2\beta}{2} = \dfrac{7}{12}$$

$$\Rightarrow \left(\dfrac{1}{8} - \dfrac{1}{6} \right)(\cos 2\alpha + \cos 2\beta) = 0 \Rightarrow \cos 2\alpha + \cos 2\beta = 0$$

$$\Rightarrow \alpha + \beta = k\pi + \dfrac{\pi}{2}(k \in \mathbf{Z}) \ 或 \Rightarrow \alpha = \beta + k\pi - \dfrac{\pi}{2}(k \in \mathbf{Z})$$

所以 $OP \perp OQ$ 不一定成立.

忍不住要发一点感慨.

极坐标系与直角坐标系, 如武术中的斧钺钩叉, 各有千秋, 本可以各显其能, 兵来将挡水来土掩. 现在为了应试, 对极坐标 (还有参数方程) 却只是一知半解, 捉襟见肘, 碰到这样的简直是为极坐标量身定做的题, 也只能徒叹奈何, 这不能不说是一种悲哀.

当然这不是你的责任. 只希望你能从中受到一点启发, 再碰到这样的题目时, 勇敢一试, 必将得心应手、事半功倍.

6.如图,已知椭圆 C_1 与 C_2 的中心在坐标原点 O,长轴均为 MN 且在 x 轴上,短轴长分别为 $2m,2n(m>n)$ 过原点且不与 x 轴重合的直线 l 与 C_1,C_2 的四个交点按纵坐标从大到小依次为 A,B,C,D. 记 $\lambda = \dfrac{m}{n}$,$\triangle BDM$ 和 $\triangle ABN$ 的面积分别为 S_1 和 S_2.

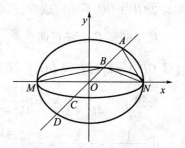

(1)当直线 l 与 y 轴重合时,若 $S_1 = \lambda S_2$,求 λ 的值;

(2)当 λ 变化时,是否存在与坐标轴不重合的直线 l,使得 $S_1 = \lambda S_2$?并说明理由.

解:依题意可设椭圆 $C_1:\dfrac{x^2}{a^2}+\dfrac{y^2}{m^2}=1$,$C_2:\dfrac{x^2}{a^2}+\dfrac{y^2}{n^2}=1$,其中 $a>m>n>0$,$\lambda = \dfrac{m}{n}>1$.

(1)若直线 l 与 y 轴重合,即直线 l 的方程为 $x=0$,则

$$S_1 = \frac{1}{2}\,|BD|\cdot|OM| = \frac{1}{2}a\,|BD|$$

$$S_2 = \frac{1}{2}\,|AB|\cdot|ON| = \frac{1}{2}a\,|AB|$$

所以
$$\frac{S_1}{S_2} = \frac{|BD|}{|AB|}$$

在 C_1 和 C_2 的方程中分别令 $x=0$,可得 $y_A=m,y_B=n,y_D=-m$,于是

$$\frac{|BD|}{|AB|} = \frac{|y_B - y_D|}{|y_A - y_B|} = \frac{m+n}{m-n} = \frac{\lambda+1}{\lambda-1}$$

若 $\dfrac{S_1}{S_2}=\lambda$,则 $\dfrac{\lambda+1}{\lambda-1}=\lambda$,化简得 $\lambda^2-2\lambda-1=0$.

由 $\lambda>1$,可解得 $\lambda=\sqrt{2}+1$.

故当直线 l 与 y 轴重合时,若 $S_1=\lambda S_2$,则 $\lambda=\sqrt{2}+1$.

实际上,若直线 l 与 y 轴重合,则

$$|BD| = |OB|+|OD| = m+n$$

$$|AB| = |OA|-|OB| = m-n,\; S_1 = \frac{1}{2}a\,|BD|,\; S_2 = \frac{1}{2}a\,|AB|$$

所以
$$\frac{S_1}{S_2} = \frac{|BD|}{|AB|} = \frac{m+n}{m-n} = \frac{\lambda+1}{\lambda-1}\,(以下略)$$

---

(2)

本小题的"重头戏"是要将 $S_1=\lambda S_2$ 具体化.这就需要将面积比转化成线段比,再通过常规计算构造方程或不等式来求值或求范围.

可以想象,本题对计算能力、转化能力要求很高,让我们边做边思考,且行且体会.

解法一:若存在与坐标轴不重合的直线 l,使得 $S_1=\lambda S_2$.

根据对称性,不妨设直线 $y=kx(k>0)$.

点 $M(-a,0)$,$N(a,0)$ 到直线 l 的距离分别为 d_1,d_2.

则 $d_1 = \dfrac{|-ak-0|}{\sqrt{1+k^2}}$,$d_2 = \dfrac{|ak-0|}{\sqrt{1+k^2}}$,所以 $d_1=d_2$.

又 $S_1 = \dfrac{1}{2}|BD|d_1$，$S_2 = \dfrac{1}{2}|AB|d_2$，所以 $\dfrac{S_1}{S_2} = \dfrac{|BD|}{|AB|} = \lambda$，即 $|BD| = \lambda|AB|$．

由对称性可知 $|AB| = |CD|$，所以

$$|BC| = |BD| - |AB| = (\lambda - 1)|AB|$$
$$|AD| = |BD| + |AB| = (\lambda + 1)|AB|$$

于是
$$\dfrac{|AD|}{|BC|} = \dfrac{\lambda + 1}{\lambda - 1} \qquad ①$$

将 l 的方程分别与 C_1，C_2 的方程联立，可求得

$$x_A = \dfrac{am}{\sqrt{a^2k^2 + m^2}}, \quad x_B = \dfrac{an}{\sqrt{a^2k^2 + n^2}}$$

根据对称性可知 $x_C = -x_B$，$x_D = -x_A$，于是

$$\dfrac{|AD|}{|BC|} = \dfrac{\sqrt{1+k^2}\,|x_A - x_D|}{\sqrt{1+k^2}\,|x_B - x_C|} = \dfrac{2x_A}{2x_B} = \dfrac{m}{n}\sqrt{\dfrac{a^2k^2 + n^2}{a^2k^2 + m^2}} \qquad ②$$

从而由①和②式可得

$$\sqrt{\dfrac{a^2k^2 + n^2}{a^2k^2 + m^2}} = \dfrac{\lambda + 1}{\lambda(\lambda - 1)} \qquad ③$$

令 $t = \dfrac{\lambda + 1}{\lambda(\lambda - 1)}$，则由 $m > n$，可得 $t \neq 1$，于是由③可解得 $k^2 = \dfrac{n^2(\lambda^2 t^2 - 1)}{a^2(1 - t^2)}$．

因为 $k \neq 0$，所以 $k^2 > 0$．

于是式③关于 k 有解，当且仅当 $\dfrac{n^2(\lambda^2 t^2 - 1)}{a^2(1 - t^2)} > 0$．

等价于 $(t^2 - 1)\left(t^2 - \dfrac{1}{\lambda^2}\right) < 0$．由 $\lambda > 1$，可解得 $\dfrac{1}{\lambda} < t < 1$．

即 $\dfrac{1}{\lambda} < \dfrac{\lambda + 1}{\lambda(\lambda - 1)} < 1$，由 $\lambda > 1$，解得 $\lambda > 1 + \sqrt{2}$．

所以当 $1 < \lambda \leqslant 1 + \sqrt{2}$ 时，不存在与坐标轴不重合的直线 l，使得 $S_1 = \lambda S_2$；

当 $\lambda > 1 + \sqrt{2}$ 时，存在与坐标轴不重合的直线 l，使得 $S_1 = \lambda S_2$．

解法二：若存在与坐标轴不重合的直线 l，使得 $S_1 = \lambda S_2$．

根据对称性，不妨设直线 $y = kx$（$k > 0$），点 $M(-a, 0)$，$N(a, 0)$ 到直线 l 的距离分别为 d_1，d_2．

则 $d_1 = \dfrac{|-ak - 0|}{\sqrt{1+k^2}}$，$d_2 = \dfrac{|ak - 0|}{\sqrt{1+k^2}}$，所以 $d_1 = d_2$．

又 $S_1 = \dfrac{1}{2}|BD|d_1$，$S_2 = \dfrac{1}{2}|AB|d_2$，所以 $\dfrac{S_1}{S_2} = \dfrac{|BD|}{|AB|} = \lambda$．

因为 $\dfrac{|BD|}{|AB|} = \dfrac{\sqrt{1+k^2}\,|x_B - x_D|}{\sqrt{1+k^2}\,|x_A - x_B|} = \dfrac{x_A + x_B}{x_A - x_B} = \lambda$，所以 $\dfrac{x_A}{x_B} = \dfrac{\lambda + 1}{\lambda - 1}$．

由点 $A(x_A, kx_A)$，$B(x_B, kx_B)$ 分别在 C_1，C_2 上，可得

$$\dfrac{x_A^2}{a^2} + \dfrac{k^2 x_A^2}{m^2} = 1, \quad \dfrac{x_B^2}{a^2} + \dfrac{k^2 x_B^2}{n^2} = 1$$

两式相减可得
$$\dfrac{x_A^2 - x_B^2}{a^2} + \dfrac{k^2(x_A^2 - \lambda^2 x_B^2)}{m^2} = 0$$

依题意 $x_A > x_B > 0$，所以 $x_A^2 > x_B^2$．

所以由上式解得 $k^2 = \dfrac{m^2(x_A^2 - x_B^2)}{a^2(\lambda^2 x_B^2 - x_A^2)}$．

因为 $k^2 > 0$，所以由 $\dfrac{m^2(x_A^2 - x_B^2)}{a^2(\lambda^2 x_B^2 - x_A^2)} > 0$，可解得 $1 < \dfrac{x_A}{x_B} < \lambda$.

从而 $1 < \dfrac{\lambda + 1}{\lambda - 1} < \lambda$，解得 $\lambda > 1 + \sqrt{2}$.

所以当 $1 < \lambda \le 1 + \sqrt{2}$ 时，不存在与坐标轴不重合的直线 l，使得 $S_1 = \lambda S_2$；

当 $\lambda > 1 + \sqrt{2}$ 时，存在与坐标轴不重合的直线 l，使得 $S_1 = \lambda S_2$.

第九天　利用导数研究不等式

从这一讲起,我们进入"函数与导数".

高考一般将对函数与导数的考查作为压轴题,难度较大,在考查函数与导数的基础时,注重考查函数与方程、化归与转化、分类与整合等数学思想方法,还综合考查运算能力、抽象概括能力等.考查的角度也在不断变化、逐步扩展:从直接利用导数符号的正负讨论函数单调区间,或利用函数单调性求函数的极值、最值问题,逐渐转变成利用求导的方法证明不等式、探求参数的取值范围、讨论函数的零点个数等.

以下分七个专题细细分解:利用导数研究不等式,参数的取值范围,最值问题,存在性问题,非对称函数,与绝对值有关,转化与化归.

有些不等式,我们并不能直接证明它,需要借助于函数.

比如,欲证不等式 $f(x) > g(x)$,改证 $f(x) - g(x) > 0$.

这时可以研究函数 $F(x) = f(x) - g(x)$.

通过研究函数 $F(x) = f(x) - g(x)$ 的性质(单调性、最值、函数值的符号等)来达到证明的目的.这是导数的一个重要应用.

有些不等式,简单又典型,"出镜率"很高.如果你在做题时(形成思路时)把它作为一个已知的结论,常常可以使过程变得简洁.

如果你想用到,则需要先作证明.当然这很容易办到.

至少下列不等式你要烂熟于心:

① $x > 0$ 时,$\sin x < x$;② $0 < x < \dfrac{\pi}{2}$ 时,$\sin x < x < \tan x$;

③ $e^x \geq x + 1$(当且仅当 $x = 0$ 时取等号);

④ $x > -1$ 时,$\ln(x+1) \leq x$(当且仅当 $x = 0$ 时取等号);

⑤ $x > 0$ 时,$1 - \dfrac{1}{x} \leq \ln x \leq x - 1$(当且仅当 $x = 1$ 时取等号).

实际上,当 $x > -1$ 时,在③两边取自然对数,就可以得到④,由④又很容易得到⑤ $x \in \mathbf{R}$.

接着说不等式.

由前面的"基本不等式"我们可以得到很多变形形式:

从③出发,可得 $e^{x-1} \geq x$,从而 $e^x \geq ex$;

又 $e^x \geq x + 1 > x$,于是 $e^x = e^{\frac{x}{2}} \cdot e^{\frac{x}{2}} > \dfrac{x}{2} \cdot \dfrac{x}{2} = \dfrac{x^2}{4}$.

同理可得:$e^x > \dfrac{x^3}{27}$,$e^x > \dfrac{x^4}{256}$,$\cdots$,如果有空,我们可以一直写下去.

你发现没有?有一个有趣的现象,上述不等式,右边 x 的次数在逐渐升高,这可以用来应对不同问题.同样,我们也可以从⑤的右边出发,作一些变形,得到一系列"新不等式"(其实是新瓶装旧酒).

又由 $\ln x \leq x - 1$ 可得 $\ln \sqrt{x} \leq \sqrt{x} - 1$,此即 $\ln x \leq 2(\sqrt{x} - 1)$.

于是又有 $\ln x \leq 3(\sqrt[3]{x} - 1)$,$\ln x \leq 4(\sqrt[4]{x} - 1)$,$\cdots$.右边 x 的次数在逐渐降低!

把这些作为"题根",深刻理解其蕴含的思想,在做题时有意识地加以应用,你就胸有成竹,可以出奇制胜.

这些不等式所蕴含的数学思想是:以直代曲,以有理函数(简单的、容易的)逼近无理、超越函数(复杂的、困难的).

(书中暗表,利用"数学分析"里的泰勒级数展开式,稍加放缩就可以得到很多不等式,这成了命题人取之不尽用之不竭的矿藏.

比如:$e^x = 1 + x + \dfrac{1}{2!}x^2 + \cdots + \dfrac{1}{n!}x^n + \cdots$,

当 $x \in [-1, 1]$ 时,$\ln(1+x) = x - \dfrac{x^2}{2} + \dfrac{x^3}{3} - \cdots + (-1)^{n-1}\dfrac{x^n}{n} + \cdots$)

1. 函数 $f(x) = \ln x + \dfrac{1}{2}x^2 + ax(a \in \mathbf{R})$,$g(x) = e^x + \dfrac{3}{2}x^2$.

(1)讨论 $f(x)$ 的极值点的个数;

(2)若对于 $\forall x > 0$,总有 $f(x) \leqslant g(x)$.

①求实数 a 的取值范围;

②求证:对于 $\forall x > 0$,不等式 $e^x + x^2 - (e+1)x + \dfrac{e}{x} > 2$ 成立.

解:(1)由题意得

$$f'(x) = x + \frac{1}{x} + a = \frac{x^2 + ax + 1}{x}(x > 0)$$

令 $\Delta = a^2 - 4$,当 $\Delta = a^2 - 4 \leqslant 0$,即 $-2 \leqslant a \leqslant 2$ 时,$x^2 + ax + 1 \geqslant 0$ 对 $x > 0$ 恒成立.

即 $f'(x) = \dfrac{x^2 + ax + 1}{x} \geqslant 0$ 对 $x > 0$ 恒成立,此时 $\theta(x) = \ln x + \dfrac{e}{x}$ 没有极值点;

当 $\Delta = a^2 - 4 > 0$,即 $a < -2$ 或 $a > 2$.

(i)$a < -2$ 时,设方程 $x^2 + ax + 1 = 0$ 两个不同实根为 x_1, x_2,不妨设 $x_1 < x_2$,则

$$x_1 + x_2 = -a > 0,\ x_1 x_2 = 1 > 0$$

故 $x_2 > x_1 > 0$. 所以 $x < x_1$ 或 $x > x_2$ 时 $f(x) > 0$;$x_1 < x < x_2$ 时 $f(x) < 0$.

故 x_1, x_2 是函数 $\theta(x) = \ln x + \dfrac{e}{x}$ 的两个极值点.

(ii)$a > 2$ 时,设方程 $x^2 + ax + 1 = 0$ 两个不同实根为 x_1, x_2,则

$$x_1 + x_2 = -a < 0,\ x_1 x_2 = 1 > 0$$

故 $x_2 < 0,\ x_1 < 0$. 所以 $x > 0$ 时,$f(x) > 0$;故函数 $\theta(x) = \ln x + \dfrac{e}{x}$ 没有极值点.

综上,当 $a < -2$ 时,函数 $\theta(x) = \ln x + \dfrac{e}{x}$ 有两个极值点;当 $a \geqslant -2$ 时,函数 $\theta(x) = \ln x + \dfrac{e}{x}$ 没有极值点.

(2)① $f(x) \leqslant g(x) \Leftrightarrow e^x - \ln x + x^2 \geqslant ax$

由 $x > 0$,即 $\dfrac{e^x + x^2 - \ln x}{x} \geqslant a$ 对于 $\forall x > 0$ 恒成立,设

$$\varphi(x) = \frac{e^x + x^2 - \ln x}{x}(x > 0)$$

$$\varphi'(x) = \frac{(e^x + 2x - \frac{1}{x})x - (e^x + x^2 - \ln x)}{x^2} = \frac{e^x(x-1) + \ln x + (x+1)(x-1)}{x^2}$$

因为 $x > 0$,所以 $x \in (0, 1)$ 时,$\varphi'(x) < 0$,$\varphi(x)$ 减,$x \in (1, +\infty)$ 时,$\varphi'(x) > 0$,$\varphi(x)$ 增.

所以 $\varphi(x) \geqslant \varphi(1) = e + 1$,所以 $a \leqslant e + 1$. 实数 a 的取值范围是 $(-\infty, e+1]$.

实际上,本小题可以转变成求 $\varphi(x)=\dfrac{e^x+x^2-\ln x}{x}(x>0)$ 的最小值.可以利用不等式大胆地放缩.

因为 $e^x\geqslant ex,\ln x\leqslant x-1$,所以
$$e^x+x^2-\ln x\geqslant ex+x^2-(x-1)$$

于是
$$\frac{e^x+x^2-\ln x}{x}\geqslant\frac{ex+x^2-(x-1)}{x}=e-1+\left(x+\frac{1}{x}\right)\geqslant e+1$$

上面 3 次用到了不等式放缩,它们都在 $x=1$ 时同时取得等号,所以 $\dfrac{e^x+x^2-\ln x}{x}$ 的最小值为 $e+1$,即 a 的取值范围是 $(-\infty,e+1]$.

这样做是不是很简洁、很漂亮?

②由①知,当 $a=e+1$ 时有 $f(x)\leqslant g(x)$,即
$$e^x+\frac{3}{2}x^2\geqslant\ln x+\frac{1}{2}x^2+(e+1)x\Leftrightarrow e^x+x^2-(e+1)x\geqslant\ln x \tag{①}$$

当且仅当 $x=1$ 时取等号.

以下证明:$\ln x+\dfrac{e}{x}\geqslant2$,设
$$\theta(x)=\ln x+\frac{e}{x},\theta'(x)=\frac{1}{x}-\frac{e}{x^2}=\frac{x-e}{x^2}$$

所以当 $x\in(0,e)$ 时 $\theta'(x)<0,\theta(x)$ 减,$x\in(e,+\infty)$ 时 $\theta'(x)>0,\theta(x)$ 增.所以 $\theta(x)\geqslant\theta(e)=2$,所以
$$\ln x+\frac{e}{x}\geqslant2 \tag{②}$$

当且仅当 $x=e$ 时取等号.

由于①②等号不同时成立,故有 $e^x+x^2-(e+1)x+\dfrac{e}{x}>2$.

注意:前面问题的解决,为后面设置了台阶,起了一个很好的铺垫.

如果你视而不见,另起炉灶,白手起家,很可能无功而返,浪费了时间.

命题人用心良苦,你要领情.

再说说这个题.

欲证原不等式 $e^x+x^2-(e+1)x+\dfrac{e}{x}>2$,依然可以想到那些"基本不等式".

你可以大胆地放缩,至少可以试一下.
$$e^x+x^2-(e+1)x+\frac{e}{x}>2\Leftrightarrow e^x+x^2-(e+1)x+\frac{e}{x}-2>0$$

而
$$e^x+x^2-(e+1)x+\frac{e}{x}-2=(e^x-ex)+x^2-x+\frac{e}{x}-2$$
$$\geqslant0+(x^2-2x+1)+\left(x+\frac{e}{x}-3\right)\geqslant0+2\sqrt{e}-3>0$$

得证.

原来,一些不等式左右两端并没有靠得那么近,并非那么"亲密无间",相反,他们之间可能存在相当大的"缝隙""裂痕",这才使得"其他人"有机可乘.

2. 已知 $f(x) = \sin x + \dfrac{x^3}{6} - mx \ (x \geqslant 0)$.

(1) 若 $f(x)$ 在 $[0, +\infty)$ 上单调递增，求实数 m 的取值范围；

(2) 当 $a \geqslant 1$ 时，$\forall x \in [0, +\infty)$，不等式 $\sin x - \cos x \leqslant e^{ax} - 2$ 是否恒成立？并说明理由.

解：(1) $f'(x) = \cos x + \dfrac{x^2}{2} - m$，设 $g(x) = \cos x + \dfrac{x^2}{2} - m$，则 $g'(x) = -\sin x + x$.

令 $h(x) = -\sin x + x$，则 $h'(x) = -\cos x + 1 \geqslant 0$.

所以 $h(x)$ 在 $[0, +\infty)$ 上递增，所以 $g'(x) = -\sin x + x \geqslant g'(0) = 0$.

所以 $g(x) = \cos x + \dfrac{x^2}{2} - m$ 在 $[0, +\infty)$ 上递增，所以

$$g(x) = \cos x + \frac{x^2}{2} - m \geqslant g(0) = 1 - m$$

所以要使 $f(x)$ 在 $[0, +\infty)$ 上单调递增，则 $1 - m \geqslant 0$，即 $m \leqslant 1$.

故实数 m 的取值范围为 $(-\infty, 1]$.

(2)

> 要证的不等式比较繁，要尽量化简.
>
> 因为 $a \geqslant 1$，所以当 $x \geqslant 0$ 时，$e^{ax} \geqslant e^x$，所以改证不等式 $\sin x - \cos x \leqslant e^x - 2$.
>
> （这既是必要的，也是充分的.）
>
> 另一方面，左右两端差异较大，要争取消除（缩小）差异.
>
> 这时，就要联想到那些不等式，大家一起向中间地带靠拢.

下面先证明 $x \geqslant 0$ 时，$\sin x \leqslant x$（此处略，你答题时要写），于是

$$\sin^2 \frac{x}{2} \leqslant \left(\frac{x}{2} \right)^2 = \frac{x^2}{4}$$

所以 $\quad \sin x - \cos x = \sin x - \left(1 - 2\sin^2 \dfrac{x}{2} \right) = \sin x + 2\sin^2 \dfrac{x}{2} - 1 \leqslant x + \dfrac{x^2}{2} - 1$

所以，欲证原不等式，只需证 $x + \dfrac{x^2}{2} - 1 \leqslant e^x - 2$.

> **注意：**当 $x + \dfrac{x^2}{2} - 1 \leqslant e^x - 2$ 时，就能保证原不等式成立（这只是一个充分条件！），而万一它很难证明或者根本不成立，那并不意味着原不等式不成立. 真到了那个时候，你也不用难过，无须柔肠寸断，乖乖地退回原处再作打算就是了.
>
> 利用"放缩法"证明不等式，一定要先弄清楚这个关系，深明大义.

即只需证 $e^x - x - \dfrac{x^2}{2} - 1 \geqslant 0$.

设 $\varphi(x) = e^x - x - \dfrac{x^2}{2} - 1$，则 $\varphi'(x) = e^x - 1 - x \geqslant 0$，所以 $\varphi(x)$ 在 $[0, +\infty)$ 上递增.

$x \geqslant 0$ 时，$\varphi(x) = e^x - x - \dfrac{x^2}{2} - 1 \geqslant 0$，所以原不等式成立.

3. 已知函数 $f(x) = \ln x - kx + 1$（k 为常数），函数 $g(x) = xe^x - \ln\left(\dfrac{4}{a}x + 1 \right)$（$a$ 为常数，

且 $a>0$).

(1)若函数 $f(x)$ 有且只有 1 个零点,求 k 的取值集合;

(2)当(1)中的 k 取最大值时,求证: $ag(x)-2f(x)>2(\ln a-\ln 2)$.

解:(1)
$$f'(x)=\frac{1-kx}{x}$$

① $k\le 0$ 时, $f'(x)>0$,则 $f(x)$ 在 $(0,+\infty)$ 上单调递增. 而
$$f(e^{k-2})=k-2-ke^{k-2}+1=k(1-e^{k-2})-1\le -1<0,f(1)=1-k>0$$
故 $f(x)$ 在 $(e^{k-2},1)$ 上存在唯一零点,满足题意.

② $k>0$ 时,可得 $f(x)$ 在 $\left(0,\dfrac{1}{k}\right)$ 上递增,在 $\left(0,\dfrac{1}{k}\right)$ 上递减

$$f(x)_{\max}=f\left(\frac{1}{k}\right)$$

若 $f\left(\dfrac{1}{k}\right)=0$,得 $k=1$,显然满足题意;

若 $f\left(\dfrac{1}{k}\right)<0$,得 $k>1$,显然不满足题意;

若 $f\left(\dfrac{1}{k}\right)>0$,则 $0<k<1$,而 $f\left(\dfrac{1}{e}\right)=\dfrac{-k}{e}<0$,又

$$f\left(\frac{4}{k^2}\right)=2\ln\frac{2}{k}-\frac{4}{k}+1=2\left(\ln\frac{2}{k}-\frac{2}{k}\right)+1$$

令 $h(x)=\ln x-x+1$,则 $h'(x)=\dfrac{1-x}{x}$;

令 $h'(x)>0$,得 $x<1$,故 $h(x)$ 在 $(0,1)$ 上单调递增;

令 $h'(x)<0$,得 $x>1$,故 $h(x)$ 在 $(1,+\infty)$ 上单调递减;

故 $h(x)\le h(1)=0$,则 $h\left(\dfrac{2}{k}\right)=\ln\dfrac{2}{k}-\dfrac{2}{k}+1<0$,即 $\ln\dfrac{2}{k}-\dfrac{2}{k}<-1$.

则 $f\left(\dfrac{4}{k^2}\right)=2\left(\ln\dfrac{2}{k}-\dfrac{2}{k}\right)+1<-1<0$.

故 $f(x)$ 在 $\left(\dfrac{1}{e},\dfrac{1}{k}\right)$ 上有唯一零点,在 $\left(\dfrac{1}{k},\dfrac{4}{k^2}\right)$ 上有唯一零点,不符合题意.

综上, k 的取值集合为 $\{k\mid k\le 0$ 或 $k=1\}$.

上文中, $0<k<1$ 时, $\dfrac{4}{k^2}$ 是这样找到的:

因为 $f\left(\dfrac{1}{k}\right)>0$,当 $x>0$, $x\to 0$ 时, $f(x)\to -\infty$,所以 $f(x)$ 在 $\left(0,\dfrac{1}{k}\right)$ 上有零点.

现要说明在 $\left(\dfrac{1}{k},+\infty\right)$ 上, $f(x)$ 还有零点:

即需要找一个 $x_1\in\left(\dfrac{1}{k},+\infty\right)$,使得 $f(x_1)<0$.

因为 $\ln x\le x-1$,可得 $\ln\sqrt{x}\le\sqrt{x}-1$,即 $\ln x\le 2(\sqrt{x}-1)$,所以

$$\ln x-kx+1\le 2\sqrt{x}-2-kx+1=x\left(\frac{2}{\sqrt{x}}-k\right)-1$$

令 $\dfrac{2}{\sqrt{x}}-k\le 0$,则 $x\ge\dfrac{4}{k^2}$.

---

(2)由(1)知, $\ln x\le x-1$,当且仅当 $x=1$ 时取" $=$ ",而 $\dfrac{4}{a}x+1>1$,故

$$\ln\left(\frac{4}{a}x+1\right)<\frac{4}{a}x+1-1=\frac{4}{a}x$$

则 $k=1$ 时

$$ag(x)-2f(x)=axe^x-a\ln\left(\frac{4}{a}x+1\right)-2\ln x+2x-2>$$

$$axe^x-a\cdot\frac{4}{a}x-2\ln x+2x-2=axe^x-2\ln x-2x-2$$

现在,欲证原不等式,只需证

$$axe^x-2\ln x-2x-2\geqslant2(\ln a-\ln2)$$

> 又在寻找一个解决问题的充分条件.
>
> 原答案到这里研究函数 $F(x)=axe^x-2\ln x-2x-2$,求导等等,这当然可以. 依然很繁.
>
> 不如继续分析,把握其结构.

注意到: $axe^x-2\ln x-2x-2=axe^x-2\ln(x\,e^x)-2$.

可换元,令 $t=xe^x,t>0$,可改证不等式: $at-2\ln t-2\geqslant2(\ln a-\ln2)$.

> 这个不等式多么简单,多么赏心悦目! 换元的重要性由此可见一斑.

设

$$h(t)=at-2\ln t-2,h'(t)=a-\frac{2}{t}=\frac{a\left(t-\frac{2}{a}\right)}{t}$$

$h(t)$ 在 $\left(0,\frac{2}{a}\right)$ 上递减,在 $\left(\frac{2}{a},+\infty\right)$ 上递增, $h(t)_{\min}=h\left(\frac{2}{a}\right)=2(\ln a-\ln2)$. 不等式成立.

所以 $ag(x)-2f(x)>2(\ln a-\ln2)$.

4. 已知函数 $f(x)=1+a\ln x(a>0)$.

(1)当 $x>0$ 时,求证: $f(x)-1\geqslant a\left(1-\frac{1}{x}\right)$;

(2)若在区间 $(1,e)$ 内 $f(x)>x$ 恒成立,求实数 a 的取值范围;

(3)当 $a=\frac{1}{2}$ 时,求证: $f(2)+f(3)+\cdots+f(n+1)>2(n+1-\sqrt{n+1})(n\in\mathbf{N}^*)$

解:(1)

> 第(1)小题,稍加整理就是我们熟悉的基本不等式,所以略去.

(2) $\qquad f(x)>x\Leftrightarrow1+a\ln x-x>0$

考察函数 $g(x) = 1 + a\ln x - x, x \in (1, e)$.

研究它的性质(比如求其最小值并希望它大于零),还是可以试一下端点的函数值,果然,$g(1) = 0$! 我们对它的单调性有了"预期":它最好是递增的,起码在 1 的右边一个小区间内递增. 这是不是已经形成了套路?

$$g'(x) = \frac{a}{x} - 1 = \frac{a - x}{x}$$

①当 $a \geq e$ 时,$g'(x) > 0$,$g(x)$ 在 $(1, e)$ 上递增,$x > 1$ 时,$g(x) > g(1) = 0$,符合题意.

②当 $a \leq 1$ 时,$g'(x) < 0$,$g(x)$ 在 $(1, e)$ 上递减,$x > 1$ 时,$g(x) < g(1) = 0$,不合题意.

③当 $1 < a < e$ 时,$g(x)$ 在 $(1, a)$ 上递增,在 (a, e) 上递减.

因为 $g(1) = 0$,所以只需 $g(e) \geq 0$ 即可. 即 $a - e + 1 \geq 0, a \geq e - 1$.

综上,实数 a 的取值范围为 $[e - 1, +\infty)$.

本小题,也可以先实现参、变量分离:$a > \dfrac{x - 1}{\ln x}$,转而研究右边函数的最大值. 此处略.

参、变量分离的目的是使得一端变为具体的函数(没有参数需要讨论),就会比较单纯,但常常又要付出因此函数比较复杂的代价. 这真是个双刃剑.

"分离",还是不"分离"? 这是个问题. 不能千篇一律,需要斟酌.

(3)在 $\ln x \geq 1 - \dfrac{1}{x}$ 中,令 $x = \sqrt{n}$,则 $\ln \sqrt{n} \geq 1 - \dfrac{1}{\sqrt{n}}$,所以

$$f(2) + f(3) + \cdots + f(n+1) = n + \frac{1}{2}\left[\ln 2 + \ln 3 + \cdots + \ln(n+1)\right]$$

$$= n + \ln\sqrt{2} + \ln\sqrt{3} + \cdots + \ln\sqrt{n+1} \geq n + 1 - \frac{1}{\sqrt{2}} + 1 - \frac{1}{\sqrt{3}} + \cdots + 1 - \frac{1}{\sqrt{n+1}}$$

$$= 2n - 2\left(\frac{1}{2\sqrt{2}} + \frac{1}{2\sqrt{3}} + \cdots + \frac{1}{2\sqrt{n+1}}\right) > 2n - 2\left(\frac{1}{1+\sqrt{2}} + \frac{1}{\sqrt{2}+\sqrt{3}} + \cdots + \frac{1}{\sqrt{n}+\sqrt{n+1}}\right)$$

$$= 2(n + 1 - \sqrt{n+1}), n \in \mathbf{N}^*$$

本题的难度在于不等式左边不能求和.

为了"迎合"它,可以将右边拆成某个数列 $\{a_n\}$ 前 n 项和的形式.

可以求得:$a_n = 2(1 + \sqrt{n} - \sqrt{n+1})$.

(小小的问题:这个通项是怎么求出来的? 不要跟我说你不知道哦!)

现在的问题已转变为两边的单项相比较了.

即,为了证明原不等式,只须证 $f(k+1) > 2(\sqrt{k} + 1 - \sqrt{k+1})$ 就可以了.

$$f(k+1) > 2(\sqrt{k} + 1 - \sqrt{k+1}) \Leftrightarrow 1 + \frac{1}{2}\ln(k+1) > 2(\sqrt{k} + 1 - \sqrt{k+1})$$

即 $\quad \dfrac{1}{2}\ln(k+1) > 1 + 2(\sqrt{k} - \sqrt{k+1}) \Leftrightarrow \ln\sqrt{k+1} > 1 - 2(\sqrt{k+1} - \sqrt{k})$

联想不等式 $\quad\quad\quad\quad\quad\quad \ln\sqrt{k+1} \geq 1 - \dfrac{1}{\sqrt{k+1}}$

(你不要以为"联想"只与文学有关,学数学同样需要联想!)

现在又只需证:$\dfrac{1}{\sqrt{k+1}} < 2(\sqrt{k+1} - \sqrt{k})$ 了,这已经昭然若揭.

5.已知函数 $f(x)=nx-x^n$, $x\in \mathbf{R}$,其中 $n\in \mathbf{N}^*$, $n\geq 2$.

(1)讨论 $f(x)$ 的单调性;

(2)设曲线 $y=f(x)$ 与 x 轴正半轴的交点为 P ,曲线在点 P 处的切线方程为 $y=g(x)$,求证:对于任意的正实数 x ,都有 $f(x)\leq g(x)$;

(3)若关于 x 的方程 $f(x)=a$ (a 为实数)有两个正实根 x_1 , x_2 ,求证: $|x_2-x_1|<\dfrac{a}{1-n}+2$.

解:(1)由 $f(x)=nx-x^n$, $x\in \mathbf{R}$,可得 $f'(x)=n-nx^{n-1}$.

当 n 为奇数时,令 $f'(x)=0$,解得 $x=1$ 或 $x=-1$.

此时 $f(x)$ 在 $(-\infty,-1)$ 上递减,在 $(-1,1)$ 上递增,在 $(1,+\infty)$ 上递减.

而当 n 为偶数时, $f(x)$ 在 $(-\infty,1)$ 上递增,在 $(1,+\infty)$ 上递减.

(2)设点 $P(x_0,0)$,则 $x_0=n^{\frac{1}{n-1}}$, $f'(x_0)=n-n^2$.

曲线 $y=f(x)$ 在点 P 处的切线方程为 $y=f'(x_0)(x-x_0)$,即 $g(x)=f'(x_0)(x-x_0)$.

令 $F(x)=f(x)-g(x)$,即 $F(x)=f(x)-f'(x_0)(x-x_0)$,则 $F'(x)=f'(x)-f'(x_0)$.

由于 $f'(x)=-nx^{n-1}+n$ 在 $(0,+\infty)$ 上单调递减,故 $f'(x)$ 在 $(0,+\infty)$ 上单调递减,又因为 $f'(x_0)=0$,所以当 $x\in(0,x_0)$ 时, $f'(x_0)>0$,当 $x\in(x_0,+\infty)$ 时, $f'(x_0)<0$,所以 $F(x)$ 在 $x\in(1,+\infty)$ 内单调递增,在 $(x_0,+\infty)$ 内单调递减,所以对任意的正实数 x 都有 $F(x)\leq F(x_0)=0$,即对任意的正实数 x ,都有 $f(x)\leq g(x)$.

(3)不妨设 $x_1\leq x_2$,由(2)知 $g(x)=(n-n^2)(x-x_0)$,设方程 $g(x)=a$ 的根为 x_2' ,可得 $x_2'=\dfrac{a}{n-n^2}+x_0$.当 $n\geq 2$ 时, $g(x)$ 在 $(-\infty,+\infty)$ 上单调递减.

又由(2)知 $g(x_2)\geq f(x_2)=a=g(x_2')$,可得 $x_2\leq x_2'$.

类似的,设曲线 $x\in(0,1)$ 在原点处的切线方程为 $y=h(x)$,可得 $h(x)=nx$,当 $x\in(0,+\infty)$, $f(x)-h(x)=-x^n<0$,即对任意 $x\in(0,+\infty)$, $f(x)<h(x)$.

设方程 $h(x)=a$ 的根为 x_1' ,可得 $x_1'=\dfrac{a}{n}$,因为 $h(x)=nx$ 在 $(-\infty,+\infty)$ 上单调递增,且 $h(x_1')=a=f(x_1)<h(x_1)$,因此 $x_1'<x_1$.

由此可得 $x_2-x_1<x_2'-x_1'=\dfrac{a}{1-n}+x_0$.

因为 $n\geq 2$,所以 $2^{n-1}=(1+1)^{n-1}\geq 1+C_{n-1}^1=1+n-1=n$,故 $2\geq n^{\frac{1}{n-1}}=x_0$.

所以 $|x_2-x_1|<\dfrac{a}{1-n}+2$.

这个题,"替代"和"逼近"体现得淋漓尽致.

你当然求不出 x_1,x_2,要想证明不等式,似乎只有放缩一条路.

往"哪里"放? 去寻找简单的曲线,可以求出交点横坐标的曲线.

这样"好"的曲线在哪里?

第(2)小题有了铺垫和暗示:"远亲不如近邻."它就在我们的身边(如图).

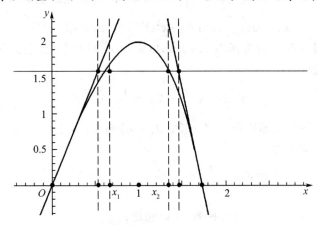

本篇 5 个题,各有侧重. 第 1 题属于比较常规的不等式证明. 既是证明不等式,就不必拘泥于函数,大可把不等式的证明方法和技巧(如放缩)糅合进来,使之灵动.

第 2 题含有参数. 不仅如此,函数式之间的差异较大是一个难点,本题的处理策略是致力于消除差异(至少是缩小差异,求同存异),这就需要彼此相向而行,互相靠拢.

第 3 题既涉及函数零点,又有更难处理的参数需要化简(放缩).

第(2)小题的不等式比较难看,要证明它首先对它作一次"微整形",利用传递性去证明一个"美观"一点的不等式. 更为重要的是在后半截的换元 $t=xe^x$,使不等式由 $axe^x-2\ln x-2x-2\geqslant2(\ln a-\ln 2)$ 变成了 $at-2\ln t-2\geqslant2(\ln a-\ln 2)$.

这种换元,有如冬去春来,脱下羽绒服,换上新衬衫,你顿时感到身轻如燕.

第 4 题重点是与数列求和有关的不等式. 希望能掌握一种"通法",即如果不等式的两端都与 n 有关,其中一端难以求和(或者根本不能求和),则可以考虑将另一端拆开,将它写成某个数列前 n 项和的形式,这样就可以化整为零,将整体比较变成单项比较,将"团体比赛"变成"单打". 这是一种充分条件,和数学归纳法实质上是相通的.

第 5 题需要在领会不等式所蕴含的数学思想的基础上加以应用,主动"化曲为直".

需要进一步体会的是,它的第(2)小题的铺垫,使你一步步走来感到平稳,水到渠成.

第十天　参数的取值范围

1.已知函数 $f(x) = \ln x - ax$.

(1)函数 $t(x) = xf(x)$ 有两个极值点,求实数 a 的取值范围;

(2)当 $a = 1$ 时,函数 $g(x) = f(x) + x + \dfrac{1}{2x} - m$ 有两个零点 x_1, x_2 且 $x_1 < x_2$,求证:$x_1 + x_2 > 1$.

解:(1)　　　　$t(x) = xf(x) = x\ln x - ax^2$,$t'(x) = \ln x + 1 - 2ax$

令 $h(x) = \ln x + 1 - 2ax$,因为函数 $t(x) = x\ln x - ax^2$ 有两个极值点,则 $h(x) = 0$ 在区间 $(0, +\infty)$ 上有两个实数根.

$$h'(x) = \frac{1}{x} - 2a = \frac{1 - 2ax}{x}$$

当 $a \leq 0$ 时,$h'(x) > 0$,则函数 $h(x)$ 在区间 $(0, +\infty)$ 递增,因此 $h(x) = 0$ 在区间 $(0, +\infty)$ 上不可能有两个实数根,应舍去.

当 $a > 0$ 时,令 $h'(x) = 0$,解得 $x = \dfrac{1}{2a}$.

令 $h'(x) > 0$,解得 $0 < x < \dfrac{1}{2a}$,此时函数 $h(x)$ 递增;

令 $h'(x) < 0$,解得 $x > \dfrac{1}{2a}$,此时函数 $h(x)$ 递减.

所以当 $x = \dfrac{1}{2a}$ 时,函数 $h(x)$ 取得极大值,$h\left(\dfrac{1}{2a}\right) = \ln \dfrac{1}{2a}$.

令 $h\left(\dfrac{1}{2a}\right) = \ln \dfrac{1}{2a} > 0$,解得 $0 < a < \dfrac{1}{2}$.

> 做完了吗?没有.根据函数零点存在定理,还需说明当 $0 < x < \dfrac{1}{2a}$ 和 $x > \dfrac{1}{2a}$ 时,皆有函数值小于0.
>
> 当 $0 < x < \dfrac{1}{2a}$ 时比较好办,当 $x > \dfrac{1}{2a}$ 时,就要用一些不等式了.

当 $x > 0$,$x \to 0$ 时,显然 $h(x) \to -\infty$,所以 $h(x)$ 在 $\left(0, \dfrac{1}{2a}\right)$ 上有且只有一个零点.

又 $\ln x \leq x - 1$,所以 $\ln \sqrt{x} \leq \sqrt{x} - 1$,即 $\ln x \leq 2\sqrt{x} - 2$.

> 先要证明 $\ln x \leq x - 1$,参见"第九天　利用导数研究不等式",这里从略.

所以 $h(x) = \ln x + 1 - 2ax \leq 2\sqrt{x} - 2 + 1 - 2ax = -2ax + 2\sqrt{x} - 1 = -2a\sqrt{x}\left(\sqrt{x} - \dfrac{1}{a}\right) - 1$.

显然,当 $x > \dfrac{1}{2a}$ 且 $x > \dfrac{1}{a^2}$ 时,$h(x) < 0$.所以 $h(x)$ 在 $\left(\dfrac{1}{2a}, +\infty\right)$ 上有且只有一个零点.

所以实数 a 的取值范围是 $\left(0, \dfrac{1}{2}\right)$.

(2)根据题意,$g(x) = f(x) + x + \dfrac{1}{2x} - m (x > 0)$.

因为 x_1, x_2 是函数 $g(x) = f(x) + x + \dfrac{1}{2x} - m (x > 0)$ 的两个零点,所以

$$\ln x_1 + \frac{1}{2x_1} - m = 0, \ln x_2 + \frac{1}{2x_2} - m = 0$$

裹足不前的时候就扪心自问:我想做什么?

欲证 $x_1 + x_2 > 1$,就要寻找 x_1, x_2 的关系,而且要消掉参数 m——寻找一个只含 x_1, x_2 的等式. 有了这个明确的目标,你的变形就可以很大胆了.

两式相减,可得 $\ln \dfrac{x_1}{x_2} = \dfrac{1}{2x_2} - \dfrac{1}{2x_1}$,即 $\ln \dfrac{x_1}{x_2} = \dfrac{x_1 - x_2}{2x_1 x_2}$.

最初的目标已经实现,所得到的式子与 $x_1 + x_2$ 相去甚远,下面怎么办?

除了大小是事先设定的之外,x_1, x_2 的地位是完全平等的.

紧扣这一点,变形才不会导致扭曲、"变形".

故 $x_1 x_2 = \dfrac{x_1 - x_2}{2\ln \frac{x_1}{x_2}}$,于是 $x_1 = \dfrac{\frac{x_1}{x_2} - 1}{2\ln \frac{x_1}{x_2}}, x_2 = \dfrac{1 - \frac{x_2}{x_1}}{2\ln \frac{x_1}{x_2}}$.

令 $t = \dfrac{x_1}{x_2}$,其中 $0 < t < 1$,则

$$x_1 + x_2 = \frac{t-1}{2\ln t} + \frac{1 - \frac{1}{t}}{2\ln t} = \frac{t - \frac{1}{t}}{2\ln t}$$

构造函数 $h(t) = t - \dfrac{1}{t} - 2\ln t (0 < t < 1)$,则 $h'(t) = \dfrac{(t-1)^2}{t^2} > 0$,所以 $h(t)$ 在 $(0,1)$ 上递增.

故 $h(t) < h(1) = 0$,即 $t - \dfrac{1}{t} - 2\ln t < 0$,于是 $\dfrac{t - \frac{1}{t}}{2\ln t} > 1$,故 $x_1 + x_2 > 1$.

虽有较强的技巧,但并非踏雪无痕,更不是无理取闹.

它始终围绕着(体现了)x_1, x_2 两个量的对称关系.

值得注意的是:换元 $t = \dfrac{x_1}{x_2}$,从而研究一个新的函数.

又,本题的证明还有一个固定的方法(套路)——"非对称".

参看"第十三天　非对称函数",这里先按下不表.

2. 设函数 $f(x) = ax^2 - a - \ln x$,其中 $a \in \mathbf{R}$.

(1)讨论 $f(x)$ 的单调性;

(2)确定 a 的所有可能取值,使得 $f(x) > \dfrac{1}{x} - e^{1-x}$ 在区间 $(1, +\infty)$ 内恒成立 $(e = 2.718\cdots$ 为自然对数的底数).

解:(1)由题意

$$f'(x) = 2ax - \frac{1}{x} = \frac{2ax^2 - 1}{x}, x > 0$$

①当 $a \leqslant 0$ 时, $2ax^2 - 1 \leqslant 0$, $f'(x) \leqslant 0$, $f(x)$ 在 $(0, +\infty)$ 上单调递减.

> 需要养成一个习惯——答题时,把简单的部分先写出来;如果需要讨论,先讨论容易考察的情况,把复杂的、困难的、可能耗费时间比较久的放到最后,这样你可以赢得时间.
>
> 时间就是分数,你一定要有时间意识.更何况函数题一般压轴,你要时刻提防考试终了的铃声响起.

②当 $a > 0$ 时, $f'(x) = \dfrac{2a\left(x + \sqrt{\frac{1}{2a}}\right)\left(x - \sqrt{\frac{1}{2a}}\right)}{x}$, 当 $x \in \left(0, \sqrt{\frac{1}{2a}}\right)$ 时, $f'(x) < 0$;

当 $x \in \left(\sqrt{\frac{1}{2a}}, +\infty\right)$ 时, $f'(x) > 0$.

故 $f(x)$ 在 $\left(0, \sqrt{\frac{1}{2a}}\right)$ 上单调递减,在 $\left(\sqrt{\frac{1}{2a}}, +\infty\right)$ 上单调递增.

> 第(2)小题,一时半会儿没有头绪.
>
> 率尔操觚地去研究函数 $g(x) = f(x) - \dfrac{1}{x} + e^{1-x} = ax^2 - \ln x - \dfrac{1}{x} + e^{1-x} - a$ 是不太明智的(式子之间差异较大,直接研究它的性质会很困难).
>
> 当然也不要无所事事,你可以先作一些探讨.
>
> 比如赋值,看看能否先排除一些情况,进而缩小 a 的取值范围.

(2)对于不等式 $f(x) > \dfrac{1}{x} - e^{1-x}$, 即

$$ax^2 - a - \ln x > \dfrac{1}{x} - e^{1-x}, x \in (1, +\infty)$$

若 $a \leqslant 0$, 显然左边小于等于 0, 而右边, 当 $x = 2$ 时, $\dfrac{1}{2} - \dfrac{1}{e} > 0$, 不等式不成立.

所以 $a > 0$.

> 这就缩小了范围,问题变容易了.

由(1),此时, $f(x)$ 在 $\left(0, \sqrt{\frac{1}{2a}}\right)$ 上单调递减,在 $\left(\sqrt{\frac{1}{2a}}, +\infty\right)$ 上单调递增.

又注意到 $f(1) = 0$, 若 $\sqrt{\dfrac{1}{2a}} > 1$, 即 $0 < a < \dfrac{1}{2}$, 则 $f\left(\sqrt{\dfrac{1}{2a}}\right) < f(1) = 0$.

而右边 $\dfrac{1}{x} - e^{1-x} \geqslant 0$ 恒成立.

> 这里,要补证一个不等式: $e^x \geqslant x + 1$ 当且仅当 $x = 0$ 时取等号. (此处略)
>
> 于是 $e^{x-1} \geqslant x$, 当 $x > 0$ 时 $\dfrac{1}{x} - e^{1-x} \geqslant 0$.

此时原不等式不成立,所以 $a \geqslant \dfrac{1}{2}$.

这还是必要条件！需要证明它是充分的.

现证明 $a \geqslant \dfrac{1}{2}$ 时,不等式 $f(x) > \dfrac{1}{x} - \mathrm{e}^{1-x}$ 在区间 $(1, +\infty)$ 内恒成立.

即证 $a(x^2 - 1) - \ln x > \dfrac{1}{x} - \mathrm{e}^{1-x}$ 在区间 $(1, +\infty)$ 内恒成立.

只需证 $\dfrac{1}{2}(x^2 - 1) - \ln x > \dfrac{1}{x} - \mathrm{e}^{1-x}$（＊）在区间 $(1, +\infty)$ 内恒成立.

注意这里的处理,如果可能的话,尽量将要证的不等式具体化. 本题中,证明 $a = \dfrac{1}{2}$ 时不等式成立,这就够了（它既是必要的,也是充分的）.

设 $h(x) = \dfrac{1}{2}(x^2 - 1) - \ln x - \dfrac{1}{x} + \mathrm{e}^{1-x}$.

你可以在草稿纸上算一下：$h(1) = 0$.

为什么要这样？

因为 $h(1) = 0$,欲证 $h(x) > 0$ 恒成立,我们对它的单调性有一个预期:希望 $h(x)$ 在 $(1, +\infty)$ 上递增……

如果觉得这个要求太高了它根本达不到,那么,起码存在一个小区间,形如 $(1, x_0)$,在这个区间上递增. 如果连这个小小的要求都不能满足,那么原不等式不可能成立.

看到了吧！"试值"使我们对未来有了期待,也决定了我们努力的方向.

$$h'(x) = x - \dfrac{1}{x} + \dfrac{1}{x^2} - \mathrm{e}^{1-x} \geqslant x - \dfrac{1}{x} + \dfrac{1}{x^2} - \dfrac{1}{x} = \dfrac{(x-1)(x^2 + x - 1)}{x^2} \geqslant 0$$

又用到了那个重要的不等式:$\mathrm{e}^x \geqslant x + 1$.

于是 $\mathrm{e}^{x-1} \geqslant x$,当 $x > 0$ 时,$\dfrac{1}{x} - \mathrm{e}^{1-x} \geqslant 0$,从而 $-\mathrm{e}^{1-x} \geqslant -\dfrac{1}{x}$.

所以 $h(x)$ 在 $(1, +\infty)$ 在上递增,$x > 1$ 时,$h(x) > h(1) = 0$.

故不等式（＊）成立.

综上,a 的取值范围是 $\left[\dfrac{1}{2}, +\infty\right)$.

3. 已知函数 $f(x) = x\ln x + ax（a \in \mathbf{R}）$.

(1) 若函数 $f(x)$ 在区间 $[\mathrm{e}^2, +\infty)$ 上为增函数,求 a 的取值范围;

(2) 若对任意 $x \in (1, +\infty)$,$f(x) > k(x-1) + ax - x$ 恒成立,求正整数 k 的值.

解:(1) 由 $f(x) = x\ln x + ax$,得 $f'(x) = 1 + \ln x + a$.

因为函数 $f(x)$ 在区间 $[\mathrm{e}^2, +\infty)$ 上为增函数,所以当 $x \in [\mathrm{e}^2, +\infty)$ 时,$f'(x) \geqslant 0$.

即 $1+\ln x+a\geqslant 0$ 在区间 $[e^2,+\infty)$ 上恒成立，所以 $a\geqslant -1-\ln x$.

又当 $x\in[e^2,+\infty)$ 时，$\ln x\in[2,+\infty)$，所以 $-1-\ln x\in(-\infty,-3]$，所以 $a\geqslant -3$.

(2)若对任意 $x\in(1,+\infty)$，$f(x)>k(x-1)+ax-x$ 恒成立.

即 $x\ln x+ax>k(x-1)+ax-x$ 恒成立，即 $k(x-1)<x\ln x+x$ 恒成立.

因为 $x\in(1,+\infty)$，所以 $x-1>0$.

则问题转化为 $k<\dfrac{x\ln x+x}{x-1}$ 对任意 $x\in(1,+\infty)$ 恒成立.

设函数 $h(x)=\dfrac{x\ln x+x}{x-1}$，则 $h'(x)=\dfrac{x-\ln x-2}{(x-1)^2}$.

再设 $m(x)=x-\ln x-2$，则 $m'(x)=1-\dfrac{1}{x}$.

因为 $x\in(1,+\infty)$，所以 $m'(x)>0$，则 $m(x)=x-\ln x-2$ 在 $(1,+\infty)$ 上为增函数.

因为 $m(3)=3-\ln 3-2=1-\ln 3<0,m(4)=4-\ln 4-2=2-2\ln 2>0$.

所以 $\exists x_0\in(3,4)$，使 $m(x_0)=x_0-\ln x_0-2=0$.

所以当 $x\in(1,x_0)$ 时，$m(x)<0,h'(x)<0$，所以 $h(x)=\dfrac{x\ln x+x}{x-1}$ 在 $(1,x_0)$ 上递减.

$x\in(x_0,+\infty)$ 时，$m(x)>0,h'(x)>0$.

所以 $h(x)=\dfrac{x\ln x+x}{x-1}$ 在 $(x_0,+\infty)$ 上递增，所以 $h(x)$ 的最小值为

$$h(x_0)=\dfrac{x_0\ln x_0+x_0}{x_0-1}$$

因为 $m(x_0)=x_0-\ln x_0-2=0$，所以 $\ln x_0=x_0-2$，代入 $h(x_0)=\dfrac{x_0\ln x_0+x_0}{x_0-1}$，得 $h(x_0)=x_0$.

因为 $x_0\in(3,4)$，且 $k<h(x)$ 对任意 $x\in(1,+\infty)$ 恒成立，所以 $k<h(x)_{\min}=x_0$，又为整数，所以 $k\leqslant 3$，所以 k 的值为 $1,2,3$.

以上的做法中规中矩，没有问题.

问题在于还可以进一步优化：注意到 k 为正整数，可以很好地利用这一点.

既然不等式 $k<\dfrac{x\ln x+x}{x-1}$ 对任意 $x\in(1,+\infty)$ 恒成立，可以赋值：

令 $x=e$，则 $k<\dfrac{2e}{e-1}=2+\dfrac{2}{e-1}$（这是个必要条件！），又 $1<\dfrac{2}{e-1}<2$，且 k 为正整数，所以 $k\leqslant 3$（这是个必要条件！）.

以下只需证明 $k=3$ 时不等式 $3<\dfrac{x\ln x+x}{x-1}$ 成立即可.

即只需证 $3(x-1)<x\ln x+x$，即当 $x\in(1,+\infty)$ 时，$x\ln x-2x+3>0$.

这很简单，此处略.

4. 已知 $f(x)=(x^3-mx)\ln(x^2+1-m)(m\in\mathbf{R})$，方程 $f(x)=0$ 有 3 个不同的根.

(1)求实数 m 的取值范围；

(2)是否存在实数 m，使得 $f(x)$ 在 $(0,1)$ 上恰有两个极值点 x_1,x_2 且满足 $x_2=2x_1$，若存在，求实数 m 的值；若不存在，说明理由.

解：(1)由 $f(x)=0$ 得 $\begin{cases}x^3-mx=0,\\x^2+1-m>0\end{cases}$ 或 $\ln(x^2+1-m)=0$.

可得 $\begin{cases} x=0 \\ 1-m>0 \end{cases}$ 或 $\begin{cases} x^2=m \\ m>0 \end{cases}$，方程 $f(x)=0$ 有 3 个不同的根，从而 $0<m<1$.

（2）因为

$$f'(x) = (3x^2-m)\ln(x^2+1-m) + \frac{2x^2(x^2-m)}{x^2+1-m}$$

日暮乡关何处是？烟波江上使人愁.

问：从哪里寻找突破口？

答：从特殊的地方（零点、最值点、区间端点等）、条件比较集中的地方.

对于可导函数而言，x_0 是 $f(x)$ 的一个极值点的一个必要条件是 $f'(x_0)=0$.

容易发现：$f'(\sqrt{m})=0$，好，就从这里出发！

注意到 $f'(\sqrt{m})=0$，当 $x\in(\sqrt{m},+\infty)$ 时，$f'(x)>0$，$f(x)$ 递增；

而当 $x\in\left(\sqrt{\dfrac{m}{3}},\sqrt{m}\right)$ 时，$f'(x)<0$，$f(x)$ 递减，所以 $\sqrt{m}$ 是 $f(x)$ 的一个极值点.

问题还没有解决. 不过比较明确了，优先考虑两个数：$\dfrac{\sqrt{m}}{2}$ 和 $2\sqrt{m}$.

由上面的推导可知 $f(x)$ 在 $(\sqrt{m},+\infty)$ 上递增，所以 $2\sqrt{m}$ 不是 $f(x)$ 的极值点.

这就排除了一种可能.

也可以计算：$f'(2\sqrt{m})=11m\ln(3m+1)+\dfrac{24m^2}{3m+1}\neq 0$，所以 $2\sqrt{m}$ 不是 $f(x)$ 的极值点.

以下只须考察 $f'\left(\dfrac{\sqrt{m}}{2}\right)$ 了，如果推得 $f'\left(\dfrac{\sqrt{m}}{2}\right)\neq 0$，则本题完成.

注意到

$$f'\left(\frac{\sqrt{m}}{2}\right) = -\frac{m}{4}\ln\left(1-\frac{3}{4}m\right) + \frac{-\frac{3}{8}m^2}{1-\frac{3}{4}m} = -\frac{m}{4}\left[\ln\left(1-\frac{3}{4}m\right) + \frac{\frac{3}{2}m}{1-\frac{3}{4}m}\right]$$

现证明 $$\ln\left(1-\frac{3}{4}m\right) + \frac{\frac{3}{2}m}{1-\frac{3}{4}m}\neq 0$$

令 $1-\dfrac{3}{4}m=t$，则 $t\in\left(\dfrac{1}{4},1\right)$，此时

$$\ln\left(1-\frac{3}{4}m\right) + \frac{\frac{3}{2}m}{1-\frac{3}{4}m} = \ln t + \frac{2(1-t)}{t} = \ln t + \frac{2}{t} - 2$$

设 $g(t)=\ln t+\dfrac{2}{t}-2$，$g'(t)=\dfrac{1}{t}-\dfrac{2}{t^2}=\dfrac{t-2}{t^2}<0$，所以 $g(t)$ 在 $\left(\dfrac{1}{4},1\right)$ 上递减.

而 $g(1)=0$，所以当 $t\in\left(\dfrac{1}{4},1\right)$ 时，$g(t)>0$.

即 $f'\left(\dfrac{\sqrt{m}}{2}\right)\neq 0$，所以 $\dfrac{\sqrt{m}}{2}$ 不是 $f(x)$ 的极值点.

综上，不存在实数 m，使得 $f(x)$ 在 $(0,1)$ 上恰有两个极值点 x_1,x_2，且满足 $x_2=2x_1$.

5. 已知函数 $f(x)=\dfrac{ax}{e^x+1}+\dfrac{1}{e^x}$，若曲线 $y=f(x)$ 在点 $(0,f(0))$ 处的切线与直线 $x+2y-3=0$ 平行.

(1) 求实数 a 的值；

(2) 若对任意的 $x\in(-\infty,0)\cup(0,+\infty)$，$f(x)>\dfrac{x}{e^x-1}+\dfrac{k}{e^x}$ 恒成立，求实数 k 的取值范围.

解：(1) 略. $a=1$.

(2) 由 (1) 可知，$f(x)=\dfrac{x}{e^x+1}+\dfrac{1}{e^x}$.

由 $f(x)>\dfrac{x}{e^x-1}+\dfrac{k}{e^x}$ 可得 $\dfrac{x}{e^x+1}+\dfrac{1}{e^x}>\dfrac{x}{e^x-1}+\dfrac{k}{e^x}$.

整理，得

$$1-k>\dfrac{2x}{e^x-e^{-x}} \qquad\qquad (*)$$

> 对欲证的结论或式子整理、化简，可以使问题清晰、范围变小等，必要而且重要.

注意到右边 x 的函数是一个偶函数，所以欲证原不等式对任意的 $x\in(-\infty,0)\cup(0,+\infty)$ 恒成立，只需证 $(*)$ 对 $x\in(0,+\infty)$ 恒成立即可.

显然，当 $x>0$ 时，$(*)$ 右边大于零，所以 $1-k>0$，所以

$$(*)\Leftrightarrow \dfrac{2}{1-k}<\dfrac{e^x-e^{-x}}{x}\quad(x>0)$$

令 $t=\dfrac{2}{1-k}$，所以 $t>0$.

> 有同学会说：这个题如果让我做，我说不定早早地就"参变量分离"了，不会整理到这个样子. 我想说：换元的目的是化简，换元可以使式子简洁，更容易抵达问题的核心. 既然如此，那就要做到极致，尽可能将参数和常数一起"打包"，尽可能减轻含有变量的式子的负担. 你尽力就好.

现在问题归结为：不等式 $e^x-e^{-x}-tx>0$ 当 $x\in(0,+\infty)$ 时恒成立，求 t 的取值范围.

设

$$g(x)=e^x-e^{-x}-tx\quad(x>0)$$

为了证明或解不等式，我们常常将它转化为对某个函数性质的研究.

比如这里，会想到研究 $g(x)$ 的最小值、符号等.

需要试值.

前面已经说过，计算一些特殊点(比如区间端点)的函数值，会使我们对函数的性质有一些预期，使目标更加明确.

比如这里，因为 $g(0)=0$，欲使当 $x>0$ 时，$g(x)>0$ 恒成立，我们的"心理活动"是：要是 $g(x)$ 在 $(0,+\infty)$ 上递增就好了！至少要在紧邻 0 的右侧存在一个小区间 $(0,x_0)$，使 $g(x)$ 在此区间上递增. 否则原结论不可能成立.

这个想法是合情合理的，而且是重要的，它避免了盲目性，决定了以下研究的走向.

$$g'(x)=\mathrm{e}^x+\mathrm{e}^{-x}-t$$

①当 $0<t\le 2$ 时，$g'(x)=\mathrm{e}^x+\mathrm{e}^{-x}-t\ge 2-t\ge 0$ 恒成立.

所以 $g(x)$ 在 $(0,+\infty)$ 上递增，当 $x>0$ 时，$g(x)>g(0)=0$，符合题意.

②当 $t>2$ 时

$$\mathrm{e}^x+\mathrm{e}^{-x}-t=0,\quad \mathrm{e}^{2x}-t\mathrm{e}^x+1=0$$

可解得 $x_1=\ln\dfrac{t-\sqrt{t^2-4}}{2},\ x_2=\ln\dfrac{t+\sqrt{t^2-4}}{2}$.

因为 $t>0$，所以 $x_2>0$，$x_1=-x_2<0$，当 $x\in(0,x_2)$ 时，$g'(x)<0$.

所以 $g(x)$ 在 $(0,x_2)$ 内递减，所以 $g(x)<g(0)=0$，所以不符合题意.

综上，t 的取值范围是 $0<t\le 2$.

所以，k 的取值范围是 $k\le 0$.

注意到没有？行文至此，问题"摇身一变"，成了一个证明题.

而对于证明题，因为我们已经提前获取了信息(结论)，因而又有了前进的方向，从而降低了难度.

(比如这里，你只要证明当 $0<t\le 2$ 时不等式恒成立，当 $t>2$ 时不等式不恒成立就可以了.)

本题的另一条思路是：

在推出 $\dfrac{2}{1-k}<\dfrac{\mathrm{e}^x-\mathrm{e}^{-x}}{x}\ (x>0)$ 之后，研究函数 $h(x)=\dfrac{\mathrm{e}^x-\mathrm{e}^{-x}}{x}\ (x>0)$.

(欲求它的最小值)

$$h'(x)=\frac{(\mathrm{e}^x+\mathrm{e}^{-x})x-(\mathrm{e}^x-\mathrm{e}^{-x})}{x^2}=\frac{\mathrm{e}^x+\mathrm{e}^{-x}}{x^2}\left(x-\frac{\mathrm{e}^x-\mathrm{e}^{-x}}{\mathrm{e}^x+\mathrm{e}^{-x}}\right)=\frac{\mathrm{e}^x+\mathrm{e}^{-x}}{x^2}\left(x-1+\frac{2}{\mathrm{e}^{2x}+1}\right)$$

对于 $u(x)=x-1+\dfrac{2}{\mathrm{e}^{2x}+1}$，$u'(x)=1-\dfrac{4\mathrm{e}^{2x}}{(\mathrm{e}^{2x}+1)^2}>0$，所以 $u(x)$ 在 $(0,+\infty)$ 递增，$x>0$，$u(x)>u(0)=0$，所以 $h'(x)>0$，所以 $h(x)$ 在 $(0,+\infty)$ 上递增.

欲求 $h(x)$ 的最小值，需要求极限，则要用到洛必达法则：

$$\lim_{x\to 0}h(x)=\lim_{x\to 0}\frac{\mathrm{e}^x-\mathrm{e}^{-x}}{x}=\lim_{x\to 0}\frac{\mathrm{e}^x+\mathrm{e}^{-x}}{1}=2$$

所以 $\dfrac{2}{1-k}\le 2$，即 $k\le 0$.

可这又有点超纲了. 如果你做好了被阅卷人扣掉 $1\sim 2$ 分的思想准备，你可以这样做. (你要权衡得失，虽然可能会扣掉一点分，但你赢得了时间.)

本题的前世今生:本题脱胎于 2011 年高考题(新课标卷):

已知函数 $f(x) = \dfrac{a\ln x}{x+1} + \dfrac{b}{x}$,曲线 $y=f(x)$ 在点 $(1, f(1))$ 处的切线方程为 $x+2y-3=0$.

(1)求 a, b 的值;

(2)如果当 $x>0$,且 $x \neq 1$ 时,$f(x) > \dfrac{\ln x}{x-1} + \dfrac{k}{x}$,求 k 的取值范围.

如果你有空,不妨做一遍.

实际上,在高考题中,将 x 换成 e^x,即为本题.

窃以为改编后的题更好,一是 x 的范围(函数的定义域)变大了,结构更漂亮,考察的内容也多了,同时入口也拓宽了. 当然它站在了高考题的肩膀上.

此为题外话.

第十一天　最值问题

1. 已知函数 $g(x)=f(x)+\dfrac{1}{2}x^2-bx$，函数 $f(x)=x+a\ln x$ 在 $x=1$ 处的切线与直线 $x+2y=0$ 垂直.

(1) 求实数 a 的值；

(2) 若函数 $g(x)$ 存在单调递减区间，求实数 b 的取值范围；

(3) 设 $x_1,x_2(x_1<x_2)$ 是函数 $g(x)$ 的两个极值点，若 $b\geqslant\dfrac{7}{2}$，求 $g(x_1)-g(x_2)$ 的最小值.

解：(1) 因为 $f(x)=x+a\ln x$，所以 $f'(x)=1+\dfrac{a}{x}$.

因为切线与直线 $x+2y=0$ 垂直，所以 $k=y'|_{x=1}=1+a=2$，所以 $a=1$.

(2) 因为 $g(x)=\ln x+\dfrac{1}{2}x^2-(b-1)x$，所以

$$g'(x)=\frac{1}{x}+x-(b-1)=\frac{x^2-(b-1)x+1}{x}$$

由 $g(x)$ 存在单调递减区间知 $g'(x)<0$ 在 $(0,+\infty)$ 上有解，因为 $x>0$，设 $u(x)=x^2-(b-1)x+1$，则 $u(0)=1>0$，所以只需

$$\begin{cases}\dfrac{b-1}{2}>0\\[2mm]\Delta=(b-1)^2-4>0\end{cases}$$

解得 $b>3$. 故 b 的取值范围是 $(3,+\infty)$.

> 实际上，$g'(x)<0$ 在 $(0,+\infty)$ 上有解 $\Leftrightarrow\dfrac{x^2-(b-1)x+1}{x}<0$ 在 $(0,+\infty)$ 上有解 $\Leftrightarrow x+\dfrac{1}{x}<b-1$ 在 $(0,+\infty)$ 上有解，所以 $b-1>2$ 即 $b>3$.

(3) 因为

$$g'(x)=\frac{1}{x}+x-(b-1)=\frac{x^2-(b-1)x+1}{x}$$

令 $g'(x)=0$ 得

$$x^2-(b-1)x+1=0$$

由题意得

$$x_1+x_2=b-1,\quad x_1x_2=1$$

$$g(x_1)-g(x_1)=\left[\ln x_1+\frac{1}{2}x_1^2-(b-1)x_1\right]-\left[\ln x_2+\frac{1}{2}x_2^2-(b-1)x_2\right]$$

$$=\ln\frac{x_1}{x_2}+\frac{1}{2}(x_1^2-x_2^2)-(b-1)(x_1-x_2)$$

> 一定注意：不能把 b 只看成一个普通的参数，它没那么"单纯"，它与 x_1,x_2 有关.
>
> 最好尽快将这种关系凸显出来，否则容易被忽视.

因为 $x_1+x_2=b-1$，所以

$$g(x_1)-g(x_1)=\ln\frac{x_1}{x_2}+\frac{1}{2}(x_1^2-x_2^2)-(x_1+x_2)(x_1-x_2)$$

两个变量,完全平等,谁主沉浮? 拭目以待.

$$g(x_1) - g(x_1) = \ln \frac{x_1}{x_2} - \frac{1}{2} \frac{x_1^2 - x_2^2}{x_1 x_2} = \ln \frac{x_1}{x_2} - \frac{1}{2} \left(\frac{x_1}{x_2} - \frac{x_2}{x_1} \right)$$

令 $t = \dfrac{x_1}{x_2}$,因为 $0 < x_1 < x_2$,$t = \dfrac{x_1}{x_2} \in (0, 1)$,则

$$g(x_1) - g(x_1) = h(t) = \ln t - \frac{1}{2} \left(t - \frac{1}{t} \right)$$

好酷的变形! 把 $\dfrac{x_1}{x_2}$ 看成一个变量,代换 $t = \dfrac{x_1}{x_2}$,这样,原式就可以看作是以 t 为自变量的函数了. 这样整个式子就变得十分简洁.

(每每此刻,我总想起郑板桥的自题书斋联:"删繁就简三秋树,领异标新二月花." 他一直主张用以最简练的笔墨表现最丰富的内容,以少许胜多许.)

还需要好好探讨一下 t 的范围,即函数的定义域.

这种策略太值得玩味、借鉴了.

当然换元需慎重. 因为是求 $g(x_1) - g(x_2)$ 的最小值,所以可以这样做. 如果是求某个函数的单调区间,随便换元,就牵涉到复合函数的单调性,容易出错.

又 $b \geq \dfrac{7}{2}$,所以 $b - 1 \geq \dfrac{5}{2}$,所以

$$(b-1)^2 = (x_1 + x_2)^2 = \frac{(x_1 + x_2)^2}{x_1 x_2} = t + \frac{1}{t} + 2 \geq \frac{25}{4}$$

整理有 $4t^2 - 17t + 4 \geq 0$,解得 $t \leq \dfrac{1}{4}$ 或 $t \geq 4$,所以 $t \in \left(0, \dfrac{1}{4} \right]$.

$h'(t) = \dfrac{1}{t} - \dfrac{1}{2} \left(1 + \dfrac{1}{t^2} \right) = -\dfrac{(t-1)^2}{2t^2} < 0$,所以 $h(t)$ 在 $\left(0, \dfrac{1}{4} \right]$ 单调递减.

$h(t) \geq h \left(\dfrac{1}{4} \right) = \dfrac{15}{8} - 2\ln 2$,故 $g(x_1) - g(x_1)$ 的最小值是 $\dfrac{15}{8} - 2\ln 2$.

再说这个第(3)小题.

从这里讲起:

$$g(x_1) - g(x_1) = \ln \frac{x_1}{x_2} - \frac{1}{2} \frac{x_1^2 - x_2^2}{x_1 x_2} = \ln \frac{x_1}{x_2} - \frac{1}{2} \left(\frac{x_1}{x_2} - \frac{x_2}{x_1} \right) \qquad \text{(见上)}$$

既然是为了减少变量,可以做得更直接(特殊)一些.

因为 $x_1 x_2 = 1$,就可以立即将 x_2 代换掉,使之变为只含 x_1 的函数,即

$$\ln \frac{x_1}{x_2} - \frac{1}{2} \left(\frac{x_1}{x_2} - \frac{x_2}{x_1} \right) = \ln x_1^2 - \frac{1}{2} x_1^2 + \frac{1}{2x_1^2}$$

还可以再换元:令 $t = x_1^2$,于是

$$\ln x_1^2 - \frac{1}{2} x_1^2 + \frac{1}{2x_1^2} = \ln t - \frac{1}{2} t + \frac{1}{2t}$$

现在只需求一个关于 t 的函数 $p(t) = \ln t - \dfrac{1}{2} t + \dfrac{1}{2t}$ 的最小值了.

赶紧补一下 t 的范围(函数的定义域):由前面可知

$$x_1 < x_2, x_1 + x_2 = b - 1, x_1 x_2 = 1, b \geqslant \frac{7}{2}$$

于是 $x_1 + \dfrac{1}{x_1} = b - 1 \geqslant \dfrac{5}{2}$,所以 $0 < x_1 \leqslant \dfrac{1}{2}$,即 $0 < t \leqslant \dfrac{1}{4}$. (以下略)

2. 设函数 $f(x) = (x + a)\ln x, g(x) = \dfrac{x^2}{\mathrm{e}^x}$,已知曲线 $y = f(x)$ 在点 $(1, f(1))$ 处的切线与直线 $2x - y = 0$ 平行.

(1)求 a 的值;

(2)是否存在自然数 k,使得方程 $f(x) = g(x)$ 在 $(k, k+1)$ 内存在唯一的根? 如果存在,求出 k;如果不存在,请说明理由;

(3)设函数 $m(x) = \min\{f(x), g(x)\}$($\min\{p, q\}$ 表示 p, q 中的较小值),求 $m(x)$ 的最大值.

解:(1)由题意知,曲线 $y = f(x)$ 在点 $(1, f(1))$ 处的切线斜率为 2,所以 $f'(1) = 2$.

又 $f'(x) = \ln x + \dfrac{a}{x} + 1$,所以 $a = 1$.

(2)$k = 1$ 时,方程 $f(x) = g(x)$ 在 $(1, 2)$ 内存在唯一的根. 设

$$h(x) = f(x) - g(x) = (x + 1)\ln x - \frac{x^2}{\mathrm{e}^x}$$

当 $x \in (0, 1]$ 时,$h(x) < 0$. 又

$$h(2) = 3\ln 2 - \frac{4}{\mathrm{e}^2} = \ln 8 - \frac{4}{\mathrm{e}^2} > 1 - 1 = 0$$

所以存在 $x_0 \in (1, 2)$,使 $h(x_0) = 0$.

> 紧扣函数零点存在定理. 下面还需要说明"唯一".
>
> 证明"唯一性",如果是间接证明,常常用到"反证法";如果直接证明,常常与函数的单调性有关. 这就使我们对 $h(x)$ 有一个期待——它在 $(1, 2)$ 上最好是单调的. 而这种期待(或者说"预设",又使得我们接下来的变形(放缩)更加大胆、洒脱.

因为 $h'(x) = \ln x + \dfrac{1}{x} + 1 + \dfrac{x(x-2)}{\mathrm{e}^x}$,注意到,$x^2 - 2x \geqslant -1$,所以

$$h'(x) = \ln x + \frac{1}{x} + 1 + \frac{x(x-2)}{\mathrm{e}^x} \geqslant \ln x + \frac{1}{x} + 1 + \frac{-1}{\mathrm{e}^x} > 1 - \frac{1}{\mathrm{e}^x} > 1 - \frac{1}{\mathrm{e}} > 0$$

所以当 $x \in (1, +\infty)$ 时,$h(x)$ 单调递增.

所以 $k = 1$ 时,方程 $f(x) = g(x)$ 在 $(1, 2)$ 内存在唯一的根.

> 第(3)小题也让人颇费踌躇,因为求不出 $m(x)$ 的表达式(它显然是个分段函数,苦于求不出那个分界点 x_0). 难道它的条件不够?
>
> 不要轻言放弃,不要过早地给自己的人生下结论. 先做下去,边走边看.
>
> 现在只要你求出 $m(x)$ 的最大值,万一无须用到那个 x_0 呢? 设而不求就行了.

(3)由(2)知,方程 $f(x)=g(x)$ 在 $(1,2)$ 内存在唯一的根 x_0,且 $x\in(0,x_0)$ 时, $f(x)<g(x)$, $x\in(x_0,+\infty)$ 时, $f(x)>g(x)$,所以

$$m(x)=\begin{cases}(x+1)\ln x,x\in(0,x_0]\\\dfrac{x^2}{e^x},x\in(x_0,+\infty)\end{cases}$$

当 $x\in(0,x_0)$ 时,若 $x\in(0,1]$, $m(x)\leqslant 0$.

若 $x\in(1,x_0)$,由 $m'(x)=\ln x+\dfrac{1}{x}+1>0$ 可知 $m(x)$ 递增,故 $m(x)\leqslant m(x_0)$;

当 $x\in(x_0,+\infty)$ 时,由 $m'(x)=\dfrac{x(2-x)}{e^x}$ 可得 $x\in(x_0,2)$ 时, $m(x)$ 递增; $x\in(2,+\infty)$ 时,

$m(x)$ 递减;可知 $m(x)\leqslant m(2)=\dfrac{4}{e^2}$ 且 $m(x_0)<m(2)$.

综上,可得函数 $m(x)$ 的最大值为 $\dfrac{4}{e^2}$.

3.已知函数 $f(x)=ax+x\ln x$ 的图像在点 $(e,f(e))$ 处的切线斜率为3.

(1)求实数 a 的值;

(2)若 $k\in\mathbf{Z}$,且 $k<\dfrac{f(x)}{x-1}$ 对任意 $x>1$ 恒成立,求 k 的最大值;

(3)当 $n>m\geqslant 4$ 时,证明: $(mn^n)^m>(nm^m)^n$.

解:(1)略, $a=1$.

(2)解法一:由(1)知, $f(x)=x+x\ln x$,所以 $k<\dfrac{f(x)}{x-1}$ 对任意 $x>1$ 恒成立.

即 $k<\dfrac{x+x\ln x}{x-1}$ 对任意 $x>1$ 恒成立.

令 $g(x)=\dfrac{x+x\ln x}{x-1}$,则 $g'(x)=\dfrac{x-\ln x-2}{(x-1)^2}$.

令 $h(x)=x-\ln x-2(x>1)$,则 $h'(x)=\dfrac{x-1}{x}>0$,所以函数 $h(x)$ 在 $(1,+\infty)$ 内递增.

因为 $h(3)=1-\ln 3<0$, $h(4)=2-2\ln 2>0$,所以方程 $h(x)=0$ 在 $(1,+\infty)$ 内存在唯一实根 x_0,且满足 $x_0\in(3,4)$.

所以当 $x\in(1,x_0)$ 时, $h(x)<0$,即 $g'(x)<0$,当 $x\in(x_0,+\infty)$ 时, $h(x)>0$,即 $g'(x)>0$.

所以函数 $g(x)=\dfrac{x+x\ln x}{x-1}$ 在 $(1,x_0)$ 内递减,在 $(x_0,+\infty)$ 内递增,所以

$$g(x)_{\min}=g(x_0)=\dfrac{x_0+x_0\ln x_0}{x_0-1}=\dfrac{x_0(1+x_0-2)}{x_0-1}=x_0$$

所以 $k<g(x)_{\min}=x_0$,又 $k\in\mathbf{Z}$, $x_0\in(3,4)$,故整数 k 的最大值为3.

这个解法很正统、很好.

到最后, k 的取值范围呼之欲出了, 这才想到事情的"特殊性"(k 是整数, 又只需求其最大值), 是不是有点晚了, 有点用力过猛了?

实际上, 可以先赋值: 令 $x=2$, 则 $k<2+2\ln 2<4$. (这是个必要条件!)

(也可以令 $x=\mathrm{e}$, 同样可得到 $k<4$.)

现在, 问题的性质已发生了变化: 因为 k 是整数, 若能证明 $3<\dfrac{x+x\ln x}{x-1}(x>1)$, 则 k 的最大值即为 3. 这个不等式应该不难证明吧?

解法二: 由 (1) 知, $f(x)=x+x\ln x$, 所以 $k<\dfrac{f(x)}{x-1}$ 对任意 $x>1$ 恒成立, 即 $k<\dfrac{x+x\ln x}{x-1}$ 对任意 $x>1$ 恒成立.

令 $x=2$, 则 $k<2+2\ln 2<4$.

注意到 $k\in\mathbf{Z}$, 现证明 $3<\dfrac{x+x\ln x}{x-1}(x>1)$, 即 $x+x\ln x>3(x-1)(x>1)$.

即 $x\ln x-2x+3>0(x>1)$.

设 $p(x)=x\ln x-2x+3, x\in(1,+\infty)$, 则 $p'(x)=1+\ln x-2=\ln x-1$.

所以 $p(x)$ 在 $(1,\mathrm{e})$ 上递减, 在 $(\mathrm{e},+\infty)$ 上递增, 所以

$$p(x)_{\min}=p(\mathrm{e})=\mathrm{e}-2\mathrm{e}+3=3-\mathrm{e}>0$$

所以 $3<\dfrac{x+x\ln x}{x-1}(x>1)$, 即整数 k 的最大值为 3.

问题来了: 万一 $k=3$ 时, 不等式 $3<\dfrac{x+x\ln x}{x-1}(x>1)$ 不能恒成立呢?

没关系, 接着考察 $k=2, k=1, \cdots\cdots$

一直做下去, 总有一天, 你会找到整数 k 的最大值的.

(3) 证明: 由 (2) 知, $g(x)=\dfrac{x+x\ln x}{x-1}$ 在 $[4,+\infty)$ 上递增, 所以当 $n>m\geqslant 4$ 时

$$\frac{n+n\ln n}{n-1}>\frac{m+m\ln m}{m-1}$$

即 $\qquad\qquad n(m-1)(1+\ln n)>m(n-1)(1+\ln m)$

整理, 得 $\qquad mn\ln n+m\ln m>mn\ln m+n\ln n+(n-m)$

因为 $n>m$, 所以 $\qquad mn\ln n+m\ln m>mn\ln m+n\ln n$

即 $\qquad\qquad \ln n^{mn}+\ln m^{m}>\ln m^{mn}+\ln n^{n}$

即 $\qquad\qquad \ln(n^{mn}m^{m})>\ln(m^{mn}n^{n})$

所以 $\qquad\qquad (mn^{n})^{m}>(nm^{m})^{n}$

第 (3) 小题给我们的启发是: 要利用好前面的成果和铺垫.

关键是从形式、结构上发现相似点构造函数, 有时它不过是前面结论的一个特例.

实际上, 本题也可以直接从要证的不等式出发:

原不等式 $\Leftrightarrow m(\ln m+n\ln n)>n(\ln n+m\ln m)\Leftrightarrow\dfrac{n\ln n}{n-1}>\dfrac{m\ln m}{m-1}$.

现在只要证明函数 $h(x)=\dfrac{x\ln x}{x-1}$ 在 $[4,+\infty)$ 上递增就可以了. 就此打住.

4.(1)讨论函数 $f(x)=\dfrac{x-2}{x+2}e^x$ 的单调性,并证明:当 $x>0$ 时,$(x-2)e^x+x+2>0$;

(2)证明:当 $a\in[0,1)$ 时,函数 $g(x)=\dfrac{e^x-ax-a}{x^2}$ ($x>0$)有最小值. 设 $g(x)$ 的最小值为 $h(a)$,求函数 $h(a)$ 的值域.

解:(1)
$$f(x)=\frac{x-2}{x+2}e^x$$

$$f'(x)=e^x\left(\frac{x-2}{x+2}+\frac{4}{(x+2)^2}\right)=\frac{x^2e^x}{(x+2)^2}\geq 0$$

所以 $f(x)$ 在 $(-\infty,-2)$,$(-2,+\infty)$ 上单调递增.

所以 $x>0$ 时,$f(x)=\dfrac{x-2}{x+2}e^x>f(0)=-1$,所以 $(x-2)e^x+x+2>0$.

> 第(2)小题看似平常,其实难度不小.
>
> 困难在于你无法求出 $h(a)$ 的解析式.
>
> 山重水复疑无路……
>
> 有没有可能隔空取物——虽未求出 $h(a)$ 却另辟蹊径求出了它的值域?

(2)
$$g'(x)=\frac{(e^x-a)x^2-2x(e^x-ax-a)}{x^4}$$

$$=\frac{x(xe^x-2e^x+ax+2a)}{x^4}=\frac{(x+2)\left(\dfrac{x-2}{x+2}\cdot e^x+a\right)}{x^3}$$

> 第(1)小题给出的函数可不是来打酱油的,是来为第(2)题铺垫、捧场的.
>
> 这里的变形正是对它的呼应.
>
> 忘了是哪个名人说的了:一部戏,如果第一幕墙上挂了猎枪,那么这支枪在全剧落幕前必须打响.
>
> 这句话很有道理. 文学作品是这样,数学命题也是如此.

由(1)知,当 $x>0$ 时,$f(x)=\dfrac{x-2}{x+2}\cdot e^x$ 递增,值域为 $(-1,+\infty)$.

所以,对于给定的 $a\in[0,1)$,方程 $\dfrac{t-2}{t+2}\cdot e^t+a=0$ 只有一解 t,且 $t\in(0,2]$.

> 由此可见,t 由 a 唯一确定,t 是 a 的函数(隐函数).
>
> 当然,a 也是 t 的函数:$a=\varphi(t)$(实际上 $a=-\dfrac{t-2}{t+2}\cdot e^t$).
>
> 也许,正因为这一点,可以找到解决问题的突破口?

所以,当 $x\in(0,t)$ 时 $g'(x)<0$,$g(x)$ 递减;当 $x\in(t,+\infty)$ 时 $g'(x)>0$,$g(x)$ 递增,即

$$h(a)=\frac{e^t-a(t+1)}{t^2}=\frac{e^t+(t+1)\dfrac{t-2}{t+2}\cdot e^t}{t^2}=\frac{e^t}{t+2}$$

记 $k(t) = \dfrac{e^t}{t+2}$，在 $t \in (0,2]$ 时

$$k'(t) = \dfrac{e^t(t+1)}{(t+2)^2} > 0$$

所以 $k(t)$ 单调递增.

所以 $h(a) = k(t) \in \left(\dfrac{1}{2}, \dfrac{e^2}{4}\right]$，即 $h(a)$ 的值域为 $\left(\dfrac{1}{2}, \dfrac{e^2}{4}\right]$.

> 这里有一个认识问题，也有一个思维的跳跃——t 是 a 的函数，a 也是 t 的函数.
>
> 既如此，欲求 $h(a)$ 的值域，我们可不可以把 a 代换掉，把 $h(a)$ 写成只含 t 的式子即 $k(t)$，即 $h(a) = h(\varphi(t)) = k(t)$？这样一来，$k(t)$ 的值域当然就是 $h(a)$ 的值域了.
>
> 你看，观念转变了，柳暗花明，出现了另一片广阔的天地.
>
> 请三思.

5. 已知函数 $f(x) = x\cos x - \sin x$，$x \in \left[0, \dfrac{\pi}{2}\right]$.

(1) 求证：$f(x) \leqslant 0$；

(2) 若 $a < \dfrac{\sin x}{x} < b$ 在 $\left(0, \dfrac{\pi}{2}\right)$ 上恒成立，求 a 的最大值与 b 的最小值.

> 第 (1) 小题容易，只啰唆一句.
>
> 可以对要证的结论（不等式或等式）的整理（变形、化简），这总是应该做的.
>
> 欲证 $f(x) \leqslant 0$，两个端点单独验证，而当 $x \in \left(0, \dfrac{\pi}{2}\right)$ 时，原不等式等价于 $x \leqslant \tan x$，这甚至可以用初等方法（三角函数线）就能证明了.
>
> 现在说一说第 (2) 小题思路的形成.
>
> 研究函数 $g(x) = \dfrac{\sin x}{x}$，$g'(x) = \dfrac{x\cos x - \sin x}{x^2} = \dfrac{f(x)}{x} \leqslant 0$，所以在上递减，所以
>
> $$g(x) > \dfrac{\sin \dfrac{\pi}{2}}{\dfrac{\pi}{2}} = \dfrac{2}{\pi}$$
>
> 而由极限，当 $x \to 0$ 时 $g(x) = \dfrac{\sin x}{x} \to 1$（用到了洛必达法则），猜想 a 的最大值是 $\dfrac{2}{\pi}$，b 的最小值是 1.
>
> 猜想出结论之后，再加以证明.
>
> （实际上，把 $\dfrac{\sin x}{x}$ 联想成曲线 $y = \sin x$，$x \in \left[0, \dfrac{\pi}{2}\right]$ 上一点 $(x, \sin x)$ 与原点连线的斜率，考虑临界值，也能猜想出结论.）
>
> 分析至此，"问题"已发生了改变——由一个求解题变成了证明题.
>
> 而对于证明题，不管最后能否完成，至少我们能"提前"获取不少信息，努力的方向因此而明确.

解:(1)略

(2)对于$\dfrac{\sin x}{x} < b$,现证b的最小值是1.

①先证$\dfrac{\sin x}{x} < 1$在$\left(0, \dfrac{\pi}{2}\right)$上恒成立,即证$\sin x < x$.(从略)

②若存在$0 < t < 1$,使$\dfrac{\sin x}{x} < t$在$\left(0, \dfrac{\pi}{2}\right)$上恒成立.

即$\sin x - tx < 0$恒成立.

设$\varphi(x) = \sin x - tx$,$x \in \left(0, \dfrac{\pi}{2}\right)$,$\varphi'(x) = \cos x - t$.

> 忍不住又要说心里话:因为$\varphi(0) = 0$,欲使$\varphi(x) < 0$在$\left(0, \dfrac{\pi}{2}\right)$上恒成立,必须在紧挨着原点的右边某个小区间内递减,否则一切免谈.

所以存在x_0,使$\cos x_0 = t$.于是,$\varphi(x)$在$(0, x_0)$上递增,在$\left(x_0, \dfrac{\pi}{2}\right)$上递减.

所以$\varphi(x_0) > \varphi(0) = 0$,这与$\varphi(x) < 0$矛盾.所以这样的$t$不存在.

综上,b的最小值是1.

对于$a < \dfrac{\sin x}{x}$,现证明a的最大值是$\dfrac{2}{\pi}$.

①先证$\dfrac{\sin x}{x} > \dfrac{2}{\pi}$在$\left(0, \dfrac{\pi}{2}\right)$上恒成立,即证$\sin x - \dfrac{2}{\pi}x > 0$恒成立.

设$h(x) = \sin x - \dfrac{2}{\pi}x$,$x \in \left(0, \dfrac{\pi}{2}\right)$,则$h'(x) = \cos x - \dfrac{2}{\pi}$,存在$x_1 \in \left(0, \dfrac{\pi}{2}\right)$,使$\cos x_1 = \dfrac{2}{\pi}$.

所以$h(x)$在$(0, x_1)$上递增,在$\left(x_1, \dfrac{\pi}{2}\right)$上递减.

又$h(0) = h\left(\dfrac{\pi}{2}\right) = 0$,所以当$x \in \left(0, \dfrac{\pi}{2}\right)$时,$h(x) > 0$,即$\dfrac{\sin x}{x} > \dfrac{2}{\pi}$恒成立.

②若存在$m > \dfrac{2}{\pi}$,且$\dfrac{\sin x}{x} > m$在$\left(0, \dfrac{\pi}{2}\right)$上恒成立.

设$p(x) = \sin x - mx$,即$p(x) > 0$在$\left(0, \dfrac{\pi}{2}\right)$上恒成立,所以$p\left(\dfrac{\pi}{4}\right) > 0$.

注意到

$$p\left(\dfrac{\pi}{2}\right) = 1 - m \cdot \dfrac{\pi}{2} < 1 - \dfrac{2}{\pi} \cdot \dfrac{\pi}{2} = 0$$

由函数零点存在定理,必存在$x_2 \in \left(\dfrac{\pi}{4}, \dfrac{\pi}{2}\right)$上,使$p(x_2) = 0$,矛盾.

综上,a的最大值是$\dfrac{2}{\pi}$.

第十二天　存在性问题

1. 若存在实常数 k 和 b，使函数 $f(x)$ 和 $g(x)$ 对于其定义域上的任意实数 x 分别满足 $f(x) \geqslant kx + b$ 和 $g(x) \leqslant kx + b$，则称直线 $l:y = kx + b$ 为曲线 $f(x)$ 和 $g(x)$ 的"隔离直线"．已知函数 $h(x) = x^2, \varphi(x) = 2e\ln x$（$e$ 为自然对数的底数）．

(1) 求函数 $F(x) = h(x) - \varphi(x)$ 的极值；

(2) 函数 $h(x)$ 和 $\varphi(x)$ 是否存在隔离直线？若存在，求出此隔离直线；若不存在，请说明理由．

解：(1)　$F(x) = h(x) - \varphi(x) = x^2 - 2e\ln x, f'(x) = 2x - \dfrac{2e}{x} = \dfrac{2x^2 - 2e}{x}$．

$f'(x) = \dfrac{2x^2 - 2e}{x} = 0$，解得 $x = \sqrt{e}, x = -\sqrt{e}$（舍）．

于是 $F(x)$ 在 $(0, \sqrt{e})$ 上递减，在 $(\sqrt{e}, +\infty)$ 上递增．

所以当 $x = \sqrt{e}$ 时，$F(x)$ 取得极小值 $F(\sqrt{e}) = e - e = 0$．

(2) 若函数 $h(x)$ 和 $\varphi(x)$ 存在隔离直线 $l:y = kx + b$，则 $h(x) \geqslant kx + b \geqslant \varphi(x)$．

由(1)知，当 $x = \sqrt{e}$ 时，$F(x)$ 取得极小值 0，所以 $h(\sqrt{e}) = \varphi(\sqrt{e}) = e$．

点 $(\sqrt{e}, e)$ 在 $l:y = kx + b$ 上．

所以 $y - e = k(x - \sqrt{e})$，所以 $y = kx + e - k\sqrt{e}, h(x) \geqslant kx + b$，即 $x^2 - kx - e + k\sqrt{e} \geqslant 0$ 在 $x \in (-\infty, +\infty)$ 上恒成立，所以 $\Delta = k^2 - 4(-e + k\sqrt{e}) = (k - 2\sqrt{e})^2 \leqslant 0$，所以 $k = 2\sqrt{e}$．

代入 $l:y = kx + e - k\sqrt{e}$ 得，$l:y = 2\sqrt{e}x - e$．

$kx + b \geqslant \varphi(x)$，即 $2\sqrt{e}x - e \geqslant 2e\ln x$ 在 $x \in (0, +\infty)$ 上恒成立，即 $2e\ln x - 2\sqrt{e}x + e \leqslant 0$ 在 $(0, +\infty)$ 上恒成立．令

$$g(x) = 2e\ln x - 2\sqrt{e}x + e, g'(x) = \dfrac{2e}{x} - 2\sqrt{e} = \dfrac{2\sqrt{e}(\sqrt{e} - x)}{x}$$

易知当 $x \in (0, \sqrt{e})$ 时 $g(x)$ 递增，当 $x \in (\sqrt{e}, +\infty)$ 时 $g(x)$ 递减，当 $x = \sqrt{e}$ 时，$g(x)$ 在 $(0, +\infty)$ 上取最大值．

$g(x)_{\max} = g(\sqrt{e}) = e - 2e + e = 0$，即 $2e\ln x - 2\sqrt{e}x + e \leqslant 0$ 在 $x \in (0, +\infty)$ 上恒成立．

综上所述：函数 $h(x)$ 和 $\varphi(x)$ 存在隔离直线 $y = 2\sqrt{e}x - 2e$．

你要证明函数 $h(x)$ 和 $\varphi(x)$ 存在隔离直线，最直观、最有力的方法莫过于找出一条具体的"活生生"的直线来给人家看，眼见为实；而要说明其隔离直线不存在，则一般采用反证法．

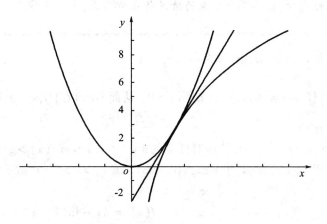

本题第(1)小题有了很好的铺垫,即 $F(x)$ 的极小值 $F(\sqrt{e})=e-e=0$. 函数 $h(x)$ 和 $\varphi(x)$ 的图像有公共点 $(\sqrt{e},e)$. 如果你觉得还不够清晰,那最好画一个图(如图).

可以猜想:如果函数 $h(x)$ 和 $\varphi(x)$ 存在隔离直线,那么它很可能是过这个公共点的公切线——你找到了. 剩下的就是证明了. 这就是"大胆假设,小心求证".

万一这两条曲线没有公切线呢?

这时你会发现它们之间会有一条很宽的"鸿沟",那隔离直线就更好找了,可能还不止一条!

2.已知函数 $f(x)=\ln(1+x)$，$g(x)=kx(k\in\mathbf{R})$.

(1)证明:当 $x>0$，$f(x)<x$；

(2)证明:当 $k<1$ 时,存在 $x_0>0$,使得对任意的 $x\in(0,x_0)$ 恒有 $f(x)>g(x)$；

(3)确定 k 的所有可能取值,使得存在 $t>0$,对任意的 $x\in(0,t)$,恒有 $|f(x)-g(x)|<x^2$.

解:(1)令 $F(x)=f(x)-x=\ln(1+x)-x$，$x\in(0,+\infty)$.

则有 $F'(x)=\dfrac{1}{1+x}-1=-\dfrac{x}{1+x}$,当 $x\in(0,+\infty)$，$F'(x)<0$,所以 $F(x)$ 在 $(0,+\infty)$ 上递减；

故当 $x>0$ 时，$F(x)<F(0)=0$,即当 $x>0$ 时，$f(x)<x$.

(2)令 $G(x)=f(x)-g(x)=\ln(1+x)-kx$，$x\in(0,+\infty)$.

注意到 $G(0)=0$. 我们经常计算一些特殊点比如区间端点的函数值,这样会对函数的性质形成一些"预期".

既然 $G(0)=0$,那么欲使结论成立,则 $G(x)$ 在 $x=0$ 的右边的一个小区间 $(0,x_0)$ 内递增. 这个区间的长短(即 x_0 的大小)无关紧要,只要存在就可以了.

则有 $G'(x)=\dfrac{1}{1+x}-k=\dfrac{-kx+(1-k)}{1+x}$.

当 $k\leqslant 0$ 时，$G'(x)>0$,所以 $G(x)$ 在 $[0,+\infty)$ 上递增，$G(x)>G(0)=0$.

故对任意正实数 x_0 均满足题意.

记住:永远把好写的、容易得出结论的情况放在最前面,争分夺秒.

当 $0<k<1$ 时,令 $G'(x)=0$,得 $x=\dfrac{1-k}{k}=\dfrac{1}{k}-1>0$.

取 $x_0=\dfrac{1}{k}-1$,对任意 $x\in(0,x_0)$,有 $G'(x)>0$,从而 $G(x)$ 在 $[0,x_0]$ 上递增,所以 $G(x)>G(0)=0$,即 $f(x)>g(x)$.

综上,当 $k<1$ 时,总存在 $x_0>0$,使得对任意的 $x\in(0,x_0)$ 恒有 $f(x)>g(x)$.

(3)(i)当 $k>1$ 时,由(1)知,对于 $\forall x\in(0,+\infty)$，$g(x)>x>f(x)$,故

$$g(x)>f(x)$$

$$|f(x)-g(x)|=g(x)-f(x)=kx-\ln(1+x)$$

令 $M(x)=kx-\ln(1+x)-x^2$，$x[0,+\infty)$,则有

$$M'(x) = k - \frac{1}{1+x} - 2x = \frac{-2x^2 + (k-2)x + k - 1}{1+x}$$

故当 $x\left(0, \dfrac{k-2+\sqrt{(k-2)^2+8(k-1)}}{4}\right)$ 时，$M'(x) > 0$.

$M(x)$ 在 $\left[0, \dfrac{k-2+\sqrt{(k-2)^2+8(k-1)}}{4}\right)$ 上单调递增，故 $M(x) > M(0) = 0$.

即 $|f(x) - g(x)| > x^2$，所以满足题意的 t 不存在.

还是套路. 你希望存在 $t > 0$，使 $|f(x) - g(x)| < x^2$ 在 $(0, t)$ 上恒成立，即 $M(x) < 0$ 在 $(0, t)$ 上恒成立. 因为 $M(0) = 0$，那么欲使结论成立，则必存在区间 $(0, x_0)$，使 $M(x)$ 递减. （以下 $k < 1$ 时，"套路"相同.）

(ii) 当 $k < 1$ 时，由(2)知存在 $x_0 > 0$，使得对任意的 $x(0, x_0)$，恒有 $f(x) > g(x)$.

此时 $|f(x) - g(x)| = f(x) - g(x) = \ln(1+x) - kx$.

令 $N(x) = \ln(1+x) - kx - x^2, x \in [0, \infty)$，则有

$$N'(x) = \frac{1}{1+x} - k - 2x = \frac{-2x^2 - (k+2)x - k + 1}{1+x}$$

故当 $x \in \left(0, \dfrac{-(k+2)+\sqrt{(k+2)^2+8(1-k)}}{4}\right)$ 时，$N'(x) > 0$.

$M(x)$ 在 $\left[0, \dfrac{-(k+2)+\sqrt{(k+2)^2+8(1-k)}}{4}\right)$ 上单调递增，故 $N(x) > N(0) = 0$，即 $f(x) -$

$g(x) > x^2$，记 x_0 与 $\dfrac{-(k+2)+\sqrt{(k+2)^2+8(1-k)}}{4}$ 中较小的为 x_1.

则当 $x \in (0, x_1)$ 时，$|f(x) - g(x)| > x^2$. 故满足题意的 t 不存在.

(iii) 当 $k = 1$，由(1)知，当 $x \in (0, +\infty)$，

$$|f(x) - g(x)| = g(x) - f(x) = x - \ln(1+x)$$

令 $H(x) = x - \ln(1+x) - x^2, x \in [0, +\infty)$，则有

$$H'(x) = 1 - \frac{1}{1+x} - 2x = \frac{-2x^2 - x}{1+x}$$

当 $x > 0$ 时，$H'(x) < 0$，所以 $H(x)$ 在 $[0, +\infty)$ 上递减，故 $H(x) < H(0) = 0$.

故当 $x > 0$ 时，恒有 $|f(x) - g(x)| < x^2$，此时，任意正实数 t 满足题意.

综上，$k = 1$.

第(3)小题，可以做得更灵动一些.

当 $k > 1$ 时，先去掉绝对值：由(1)知，对于 $\forall x \in (0, +\infty)$，$g(x) > x > f(x)$，故

$$|f(x) - g(x)| = g(x) - f(x) = kx - \ln(1+x) > kx - x = (k-1)x$$

令 $(k-1)x > x^2$，解得 $0 < x < k - 1$.

从而当 $k > 1$ 时，对于 $x \in (0, k-1)$ 恒有 $|f(x) - g(x)| > x^2$.

所以满足题意的 t 不存在.

而当 $k < 1$ 时，可以在之间插入一个数 k_1，使得 $k < k_1 < 1$.

（这样的 k_1 很好找. 想一想"二分法"，还可以取 $k_1 = \dfrac{2k+1}{3}, k_1 = \dfrac{3k+1}{4}$，等等.）

取 $k_1 = \dfrac{k+1}{2}$，显然 $k < k_1 < 1$.

由(2)知，对这一个 $k_1 < 1$，存在 $x_0 > 0$，使得任意 $x(0, x_0)$，恒有 $f(x) > k_1 x > kx = g(x)$.

此时 $|f(x) - g(x)| = f(x) - g(x) > (k_1 - k)x = \dfrac{1-k}{2}x.$

令 $\dfrac{1-k}{2}x > x^2$,解得 $0 < x < \dfrac{1-k}{2}$,此时 $f(x) - g(x) > x^2.$

记 x_0 与 $\dfrac{1-k}{2}$ 中较小的为 x_1,则当 $x \in (0, x_1)$ 时,恒有 $|f(x) - g(x)| > x^2.$

所以满足题意的 t 不存在.

($k = 1$ 时,略)

---

3. 已知函数 $f(x) = e^x - ax$(a 为常数)的图像与 y 轴交于点 A,曲线 $y = f(x)$ 在点 A 处的切线斜率为 -1.

(1) 求 a 的值及函数 $f(x)$ 的极值;

(2) 证明:当 $x > 0$ 时,$x^2 < e^x$;

(3) 证明:对任意给定的正数 c,总存在 x_0,使得当 $x \in (x_0, +\infty)$,恒有 $x^2 < ce^x$.

解:(1) $a = 2$,当 $x = \ln 2$ 时,$f(x)$ 有极小值 $2 - 2\ln 2$,$f(x)$ 无极大值.

(2) 考察函数

$$g(x) = e^x - x^2, x > 0$$
$$g'(x) = e^x - 2x$$

令 $\varphi(x) = g'(x) = e^x - 2x$,则 $\varphi'(x) = e^x - 2$.

于是 $\varphi(x)$ 在 $(0, \ln 2)$ 上递减,在 $(\ln 2, +\infty)$ 上递增,所以当 $x = \ln 2$ 时,$\varphi(x)$ 有最小值 0.

所以 $\varphi(x) \geqslant 0$,即 $g'(x) \geqslant 0$,$g(x)$ 在 $(0, +\infty)$ 上递增.

当 $x > 0$ 时,$g(x) = e^x - x^2 > g(0) = 1$,所以 $x^2 < e^x$. 原不等式成立.

(3)

本题是 2014 年福建高考题,第(3)小题较难.

关键是如何展开思路?

对于"存在性问题"的证明,关键是"存在".

怎样说明"存在"? 关键在于"寻找".

也就是说,对任意给定的正数 c(这里可以把 c 看作是一个常数),你要找到一个 x_0,并证明相应的不等式. 这样的通常不是唯一的. 实际上,对于本题,很显然,如果你找到了一个 x_0,那么任何一个 x_1($x_1 \geqslant x_0$)也都是符合要求的.

掌握了这一特点,我们在寻找 x_0 的过程中,就不必拘泥于那个"临界值",未必要找得那么"恰如其分",可以大胆地放缩,这样就减少了运算量,降低了题目的难度,从而赢得了更多的自由.

证法一:先证明 $e^x \geqslant x + 1$(这里从略).

又 $e^x \geqslant x + 1 > x$,于是 $e^x = e^{\frac{x}{2}} \cdot e^{\frac{x}{2}} > \dfrac{x}{2} \cdot \dfrac{x}{2} = \dfrac{x^2}{4}$. 同理可得:$e^x > \dfrac{x^3}{27}$.

于是,欲使 $x^2 < ce^x$,即 $e^x > \dfrac{1}{c}x^2$,只须 $\dfrac{x^3}{27} > \dfrac{1}{c}x^2$ 即可,即当 $x > \dfrac{27}{c}$ 时,原不等式成立(这是一个充分条件!),故 x_0 可取 $\dfrac{27}{c}$.

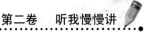

这里找 x_0，不那么战战兢兢，不那么斤斤计较，多么"豪放"！

只要深刻领会了问题的实质，你才有可能如此大胆，这样洒脱．

证法二：由（2）知，当 $x > 0$ 时，$x^2 < e^x$．

设函数 $h(x) = e^x - \dfrac{1}{3}x^3$，$x > 0$，则 $h'(x) = e^x - x^2 > 0$．

所以 $h(x)$ 在 $(0, +\infty)$ 上递增，所以当 $x > 0$ 时，$h(x) > h(0) = 1 > 0$．

即 $x > 0$ 时，$e^x > \dfrac{1}{3}x^3$ 成立．

所以，欲使 $x^2 < ce^x$，即 $e^x > \dfrac{1}{c}x^2$，只须 $\dfrac{1}{3}x^3 > \dfrac{1}{c}x^2$ 即可，即当 $x > \dfrac{3}{c}$ 时，原不等式成立．故 x_0 可取 $\dfrac{3}{c}$．

证法二利用第（2）小题的结果构造了一个新的函数，使得整个过程干净利落．

实际上，有了第（2）小题的铺垫，还可以更加"举重若轻"——

证法三：由（2）当 $x > 0$ 时，$e^x > x^2$ 于是，$e^{\frac{x}{2}} > \left(\dfrac{x}{2}\right)^2$，所以就有

$$e^x = e^{\frac{x}{2}} \cdot e^{\frac{x}{2}} > \left(\dfrac{x}{2}\right)^2 \cdot \left(\dfrac{x}{2}\right)^2 = \dfrac{x^4}{16}$$

欲使 $x^2 < ce^x$，即 $e^x > \dfrac{1}{c}x^2$，只须 $\dfrac{1}{16}x^4 > \dfrac{1}{c}x^2$ 即可．

即当 $x > \dfrac{4}{\sqrt{c}}$ 时，原不等式成立，故 x_0 可取 $\dfrac{4}{\sqrt{c}}$．

你可以看到，对某一个给定的正数 c，这三种方法找到的 x_0 都不相同．

这有什么关系呢？只要它能保证结论成立，它就是好的、受欢迎的．

4. 已知函数

$$f(x) = (\cos x - x)(\pi + 2x) - \dfrac{8}{3}(\sin x + 1)$$

$$g(x) = 3(x - \pi)\cos x - 4(1 + \sin x)\ln\left(3 - \dfrac{2x}{\pi}\right)$$

证明：（1）存在唯一 $x_0 \in \left(0, \dfrac{\pi}{2}\right)$，使 $f(x_0) = 0$；

（2）存在唯一 $x_1 \in \left(\dfrac{\pi}{2}, \pi\right)$，使 $g(x_1) = 0$，且对（1）中的 x_0，有 $x_0 + x_1 < \pi$．

解：（1）当 $x \in \left(0, \dfrac{\pi}{2}\right)$ 时，因为 $f(0) = \pi - \dfrac{8}{3} > 0$，$f\left(\dfrac{\pi}{2}\right) = -\pi^2 - \dfrac{16}{3} < 0$，所以在 $\left(0, \dfrac{\pi}{2}\right)$ 上，$f(x)$ 存在零点．

又 $f'(x) = -(1 + \sin x)(\pi + 2x) - 2x - \dfrac{2}{3}\cos x < 0$，所以 $f(x)$ 在 $\left(0, \dfrac{\pi}{2}\right)$ 上为减函数．

所以存在唯一 $x_0 \in \left(0, \dfrac{\pi}{2}\right)$，使 $f(x_0) = 0$．

计算很重要,计算 $f'(x)$ 有点繁,所以要细心、准确.

这里,有两个环节:"存在性"和"唯一性".

保证"存在性",靠的是《必修一》上的"函数零点存在性定理".

保证"唯一性",靠的是函数的单调性.

有时"唯一性"的证明需要用到反证法——如果存在两个零点,你要推出矛盾.

(2) 考虑 $h(x) = \dfrac{3(x-\pi)\cos x}{1+\sin x} - 4\ln\left(3 - \dfrac{2}{\pi}x\right)$, $x \in \left(\dfrac{\pi}{2}, \pi\right)$.

问题:为什么要考虑这个函数?

因为如果研究 $g(x) = 3(x-\pi)\cos x - 4(1+\sin x)\ln\left(3 - \dfrac{2x}{\pi}\right)$ 的零点,那就要研究它的性质,求导、讨论单调性等,非常烦琐. 现在,因为 $1 + \sin x \neq 0$,就可以将它提取出来,将含有三角函数的式子归为一处,以减轻后面一项的负担.

现在,只需研究 $h(x)$ 的零点了.

令 $t = \pi - x$,则 $x \in \left(\dfrac{\pi}{2}, \pi\right)$ 时,$t \in \left(0, \dfrac{\pi}{2}\right)$. 记

$$u(t) = h(\pi - t) = \dfrac{3t\cos t}{1+\sin t} - 4\ln\left(1 + \dfrac{2}{\pi}t\right)$$

变形(整理、化简)还没有停止,且行且珍惜!

就零点的个数而言,$u(t)$ 与 $h(x)$ 是一样的,所以可以研究零点的情况.

平心而论,你不觉得 $u(t)$ 在"外观"上更简单一些么?

对于化简,我的观点是——和你的学习一样——只要有一线希望,那怕只是进步了一点点,都不要放弃努力.

另外,换元需趁早,如果待会儿研究函数单调性的时候再换,就不容易讲清楚了.

$$u'(t) = \dfrac{3(\cos t - t\sin t)(1+\sin t) - 3t\cos^2 t}{(1+\sin t)^2} - 4\dfrac{\dfrac{2}{\pi}}{1 + \dfrac{2}{\pi}t}$$

$$= \dfrac{3(\cos t - t)}{1+\sin t} - \dfrac{8}{\pi + 2t} = \dfrac{3f(t)}{(\pi + 2t)(1+\sin t)}$$

看到这个题,第一个感觉是:这个函数的构造如此复杂、难看,其中必有蹊跷. 真不知命题老师怎么想的? 现在看来,他是苦心孤诣"凑"出来了这么一个式子,为了前后呼应,后面能用到前面的结论,真难为他了.

由(1)得,当 $t \in (0, x_0)$ 时,$u'(t) > 0$;当 $t \in \left(x_0, \dfrac{\pi}{2}\right)$ 时,$u'(t) < 0$.

所以,在 $(0, x_0)$ 上 $u(t)$ 是增函数,又 $u(0) = 0$,从而当 $t \in (0, x_0]$ 时,$u(t) > 0$,所以 $u(t)$ 在 $(0, x_0]$ 上无零点.

在 $\left(x_0, \dfrac{\pi}{2}\right)$ 上,$u(t)$ 为减函数,由 $u(x_0) > 0$,$u\left(\dfrac{\pi}{2}\right) = -4\ln 2 < 0$,可知存在唯一的 $t_1 \in$

$\left(x_0,\dfrac{\pi}{2}\right)$，使 $u(t_1)=0$.

所以存在唯一的 $t_1\in\left(0,\dfrac{\pi}{2}\right)$，使 $u(t_1)=0$.

因此存在唯一的 $x_1=\pi-t_1\in\left(\dfrac{\pi}{2},\pi\right)$，使 $h(x_1)=h(\pi-t_1)=u(t_1)=0$.

因为当 $x\in\left(\dfrac{\pi}{2},\pi\right)$ 时，$1+\sin x>0$，故 $g(x)=(1+\sin x)h(x)$ 与 $h(x)$ 有相同的零点，所以存在唯一的 $x_1\in\left(\dfrac{\pi}{2},\pi\right)$，使 $g(x_1)=0$.

因为 $x_1=\pi-t_1,t_1>x_0$，所以 $x_0+x_1<\pi$.

> 注意，与第 1 题、第 3 题不同，这里要证明 x_0 或 x_1 的存在性，我们并没有真正找出它们（实际上，假以时日你也根本找不出），而是依靠函数零点存在性定理以及函数单调性保证了它们的存在且唯一.

5. 已知函数 $f(x)=-2(x+a)\ln x+x^2-2ax-2a^2+a$，其中 $a>0$.

(1) 设 $g(x)$ 是 $f(x)$ 的导函数，评论 $g(x)$ 的单调性；

(2) 证明：存在 $a\in(0,1)$，使得 $f(x)\ge0$ 在区间 $(1,+\infty)$ 内恒成立，且 $f(x)=0$ 在 $(1,+\infty)$ 内有唯一解.

解：(1) 由已知，函数 $f(x)$ 的定义域为 $(0,+\infty)$，则

$$g(x)=f'(x)=2x-2a-2\ln x-2\left(1+\dfrac{a}{x}\right)$$

所以

$$g'(x)=2-\dfrac{2}{x}+\dfrac{2a}{x^2}=\dfrac{2\left(x-\dfrac{1}{2}\right)^2+2\left(a-\dfrac{1}{4}\right)}{x^2}$$

当 $0<a<\dfrac{1}{4}$ 时，$g(x)$ 在区间 $\left(0,\dfrac{1-\sqrt{1-4a}}{2}\right)$，$\left(\dfrac{1+\sqrt{1-4a}}{2},+\infty\right)$ 上单调递增；

在区间 $\left(\dfrac{1-\sqrt{1-4a}}{2},\dfrac{1+\sqrt{1-4a}}{2}\right)$ 上单调递减；

当 $a\ge\dfrac{1}{4}$ 时，$g(x)$ 在区间 $(0,+\infty)$ 上单调递增.

> 本题考查导数的运算、导数在研究函数中的应用、函数的零点等基础知识，考查推理论证能力、运算求解能力、创新意识，考查函数与方程、数形结合、分类与整合、化归与转化等数学思想.
>
> 本题作为压轴题，难度系数应在 0.3 以下.
>
> 导数与微积分作为大学重要内容，在中学要求学生掌握其基础知识，在高考题中也必有体现. 强调一遍：无论如何，只要掌握了课本知识，是完全可以解决第 (1) 题的，所以对难度最大的最后一个题，任何人都不能完全放弃，这里还有不少的分是志在必得的.
>
> 解决函数题需要的一个重要数学思想是数形结合，联系图形大胆猜想. 在本题中，结合待证结论，可以想象出 $f(x)$ 的大致图像：要使得 $f(x)\ge0$ 在区间 $(1,+\infty)$ 内恒成立，且 $f(x)=0$ 在 $(1,+\infty)$ 内有唯一解，则这个解 x_0 应为极小值点，且极小值为 0，当 $x\in(1,x_0)$ 时，$f(x)$ 的图像递减；当 $x\in(x_0,+\infty)$ 时，$f(x)$ 的图像单调递增，顺着这个思想，便可找到解决方法.

(2)由$f'(x)=2x-2a-2\ln x-2\left(1+\dfrac{a}{x}\right)=0$,解得$a=\dfrac{x-1-\ln x}{1+x^{-1}}$.

> $f(x)\geqslant 0$在区间$(1,+\infty)$内恒成立,只需$f(x)_{\min}\geqslant 0$,此处要注意到导函数的零点与a的关系.因为要证明a的存在性,所以求出a的表达式.

令

$$\varphi(x)=-2\left(x+\dfrac{x-1-\ln x}{1+x^{-1}}\right)\ln x+x^2-2\left(\dfrac{x-1-\ln x}{1+x^{-1}}\right)x-2\left(\dfrac{x-1-\ln x}{1+x^{-1}}\right)^2+\dfrac{x-1-\ln x}{1+x^{-1}}$$

则

$$\varphi(1)=1>0,\varphi(e)=-\dfrac{e(e-2)}{1+e^{-1}}-2\left(\dfrac{e-2}{1+e^{-1}}\right)^2<0$$

故存在$x_0\in(1,e)$,使得$\varphi(x_0)=0$.

令$a_0=\dfrac{x_0-1-\ln x_0}{1+x_0^{-1}}$,$u(x)=x-1-\ln x(x\geqslant 1)$.

由$u'(x)=1-\dfrac{1}{x}\geqslant 0$知,函数$u(x)$在区间$(1,+\infty)$上单调递增.

所以$0=\dfrac{u(1)}{1+1}<\dfrac{u(x_0)}{1+x_0^{-1}}=a_0<\dfrac{u(e)}{1+e^{-1}}=\dfrac{e-2}{1+e^{-1}}<1$.

即$a_0\in(0,1)$.

当$a=a_0$时,有$f'(x_0)=0$,$f(x_0)=\varphi(x_0)=0$.

> 这里企图说明x_0既是$f(x)$的极值点,也是$f(x)$的零点.

由(1)知,$f'(x)$在区间$(1,+\infty)$上递增.

故当$x\in(1,x_0)$时,$f'(x)<0$,从而$f(x)>f(x_0)=0$;

当$x\in(x_0,+\infty)$时,从而$f'(x)>0$,从而$f(x)>f(x_0)=0$.

所以,当$x\in(1,+\infty)$时,$f(x)\geqslant 0$.

综上所述,存在$a\in(0,1)$,使得$f(x)\geqslant 0$在区间$(1,+\infty)$内恒成立,且$f(x)=0$在$(1,+\infty)$内有唯一解.

第十三天　非对称函数

1. 设函数 $f(x) = x^3 - 3ax^2 + 3(2-a)x, a \in \mathbf{R}$.

(1) 求 $f(x)$ 的单调递增区间;

(2) 若 $y = f(x)$ 的图像与 x 轴相切于原点, 当 $0 < x_2 < x_1$ 时, $f(x_1) = f(x_2)$, 求证: $x_1 + x_2 < 8$.

解: (1) $f'(x) = 3x^2 - 6ax + 3(2-a) = 3(x^2 - 2ax + 2 - a), \Delta = 36(a+2)(a-1)$.

当 $a < -2$ 或 $a > 1$ 时, 由 $f'(x) = 0$, 得 $x = a \pm \sqrt{a^2 + a - 2}$.

所以 $f(x)$ 的单调递增区间为 $(-\infty, a - \sqrt{a^2 + a - 2}), (a + \sqrt{a^2 + a - 2}, +\infty)$;

当 $-2 \le a \le 1$ 时, $\Delta \le 0, f'(x) \ge 0, f(x)$ 的单调递增区间为 $(-\infty, +\infty)$.

(2) 由 (1) 可得 $f'(0) = 0$, 所以 $a = 2$.

$f(x) = x^3 - 6x^2, f'(x) = 3x(x-4)$, 所以 $f(x)$ 在 $(0, 4)$ 递减, 在 $(4, +\infty)$ 递增.

当 $0 < x_2 < x_1$ 时, $f(x_1) = f(x_2)$, 可得 $0 < x_2 < 4, x_1 > 4$.

注意到 $x_1, 8 - x_2 \in (4, +\infty)$ 且 $f(x)$ 在 $(4, +\infty)$ 递增, 故欲证 $x_1 + x_2 < 8 \Leftrightarrow x_1 < 8 - x_2$, 只需证 $f(x_1) < f(8 - x_2)$.

因为 $f(x_1) = f(x_2)$, 故只需证 $f(x_2) < f(8 - x_2)$, 即 $f(x_2) - f(8 - x_2) < 0$.

考察函数

$$F(x) = f(x) - f(8 - x) \quad (0 < x < 4)$$

$$F(x) = f(x) - f(8 - x) = x^3 - 6x^2 - (8 - x)^3 + 6(8 - x)^2$$

$$f'(x) = 3x^2 - 12x - 3(8 - x)^2(-1) + 12(8 - x)(-1) = 6(x^2 - 8x + 16) > 0$$

所以 $F(x)$ 在 $(0, 4)$ 上单调递增, 所以 $0 < x_2 < 4$, 所以 $F(x_2) < F(4) = 0$, 所以 $f(x_2) < f(8 - x_2)$.

所以原不等式成立.

第 (2) 小题是典型的 "非对称函数" 问题.

如果是 $x_1 + x_2 = 8$, 我们会想到函数图像的对称性.

现在看来, 函数 $f(x)$ 的图像并不关于直线 $x = 4$ 对称.

你可以画一下函数 $f(x)$ 的草图观察、体会一下.

相比之下, 它在区间 $(0, 4)$ 上缓慢下降, 图像较为平坦; 在 $(4, +\infty)$ 上增长迅速, 图像较为陡峭.

这类题型目标很明确, 解题思路也很清晰, 即利用函数的单调性 (已知或已导出), 将自变量大小关系 $(x_1 + x_2 < 8)$ 转变为函数值的大小关系 $(f(x_1) < f(8 - x_2))$. 再利用 $f(x_1) = f(x_2)$, 进而转变为 $f(x_2) < f(8 - x_2)$, 即 $f(x_2) - f(8 - x_2) < 0$, 从而研究新函数 $F(x) = f(x) - f(8 - x)(0 < x < 4)$.

一般地, 形如 $x_1 + x_2 < a$ (或 $x_1 + x_2 > a$) 的不等式证明, 都可以想到 "非对称函数".

而如果是形如 $|x_2 - x_1| < a$ (或 $|x_2 - x_1| > a$) 的不等式证明, 则可以想到放缩, "以直代曲" (参见 "第九天 利用导数研究不等式").

---

2. 已知直线 $l: y = x + 1$ 与函数 $f(x) = e^{ax+b}$ 的图像相切, 且 $f'(1) = e$.

(1) 求实数 a, b 的值;

(2) 若在曲线 $y = mf(x)$ 上存在两个不同的点 $A(x_1, mf(x_1))$, $B(x_2, mf(x_2))$ 关于 y 轴的对

称点均在直线 l 上,证明: $x_1 + x_2 > 4$.

解:(1)假设直线 l 与函数图像的切点为 $(x_0, f(x_0))$,因为 $f'(x) = ae^{ax+b}$,由题意,得

$$\begin{cases} f'(x_0) = 1 \\ f(x_0) = x_0 + 1 \end{cases}$$

即

$$\begin{cases} ae^{ax_0+b} = 1 \\ x_0 + 1 = e^{ax_0+b} \end{cases}$$

所以

$$x_0 = \frac{1}{a} - 1$$

所以

$$ae^{1-a+b} = 1 \qquad \text{①}$$

又 $f'(1) = e$,所以

$$ae^{a+b} = e \qquad \text{②}$$

由①②可得 $a = 1, b = 0$.

(2)因为点 $A(x_1, mf(x_1))$, $B(x_2, mf(x_2))$ 关于 y 轴的对称点 $(-x_1, mf(x_1))$, $(-x_2, mf(x_2))$ 均在直线 l 上,所以 $me^{x_1} = 1 - x_1, me^{x_2} = 1 - x_2$.

两式相加,得

$$m(e^{x_2} + e^{x_1}) = 2 - (x_2 + x_1)$$

两式相减,得

$$m(e^{x_2} - e^{x_1}) = -(x_2 - x_1)$$

两式相除,得

$$\frac{e^{x_2} + e^{x_1}}{e^{x_2} - e^{x_1}} = \frac{2 - (x_2 + x_1)}{-(x_2 - x_1)}$$

所以

$$x_2 + x_1 - 2 = \frac{e^{x_2} + e^{x_1}}{e^{x_2} - e^{x_1}}(x_2 - x_1) = \frac{e^{x_2-x_1} + 1}{e^{x_2-x_1} - 1}(x_2 - x_1)$$

即

$$x_2 + x_1 = \frac{e^{x_2-x_1} + 1}{e^{x_2-x_1} - 1}(x_2 - x_1) + 2$$

不妨设 $t = x_2 - x_1 > 0$. 欲证

$$x_1 + x_2 > 4 \Leftrightarrow \frac{e^{x_2-x_1} + 1}{e^{x_2-x_1} - 1}(x_2 - x_1) + 2 > 4$$

$$\Leftrightarrow \frac{e^{x_2-x_1} + 1}{e^{x_2-x_1} - 1}(x_2 - x_1) > 2 \Leftrightarrow (e^{x_2-x_1} + 1)(x_2 - x_1) > 2(e^{x_2-x_1} - 1)$$

即证

$$t(e^t + 1) - 2(e^t - 1) > 0$$

设 $g(t) = t(e^t + 1) - 2(e^t - 1), t > 0, g'(t) = te^t - e^t + 1$.

设 $h(t) = te^t - e^t + 1$,则 $h'(t) = te^t > 0, h(t)$ 在 $(0, +\infty)$ 上递增.

又 $h(0) = 0$,所以当 $t \in (0, +\infty)$ 时, $h(t) > 0$ 恒成立.

即 $g'(t) > 0$ 恒成立, $g(t)$ 在 $(0, +\infty)$ 上递增,又 $g(0) = 0$,所以当 $t \in (0, +\infty)$ 时, $g(t) > 0$ 恒成立.

所以 $\dfrac{e^{x_2-x_1} + 1}{e^{x_2-x_1} - 1}(x_2 - x_1) > 2$.

即 $x_2 + x_1 = \dfrac{e^{x_2-x_1} + 1}{e^{x_2-x_1} - 1}(x_2 - x_1) + 2 > 4$.

值得注意的是:第(2)小题,将 $x_2 - x_1$ 当作一个整体,构造一个以 t 为自变量的新函数 $g(t)$,通过研究 $g(t)$ 的性质,达到证明原不等式的目的.

这里的变形有想象力、有技巧,你好好琢磨一下.

为了用上一题出现的"非对称函数"的处理方法,我们可以先将问题梳理一下:

从这里说起:已知 $me^{x_1} = 1 - x_1, me^{x_2} = 1 - x_2, x_1 \neq x_2$,求证: $x_1 + x_2 > 4$.

即:已知 $\dfrac{x_1-1}{e^{x_1}}=-m,\dfrac{x_2-1}{e^{x_2}}=-m,x_1\neq x_2$,求证:$x_1+x_2>4$.

即已知函数 $g(x)=\dfrac{x-1}{e^x}$,存在 $x_1,x_2(x_1\neq x_2)$,使 $g(x_1)=g(x_2)$,求证:$x_1+x_2>4$.(以下略)

---

3. 已知函数 $f(x)=x\ln x-\dfrac{a}{2}x^2(a\in\mathbf{R})$.

(1)若 $a=2$,求曲线 $y=f(x)$ 在点 $(1,f(1))$ 处的切线方程;

(2)若函数 $g(x)=f(x)-x$ 有两个极值点 x_1,x_2,求证:$\dfrac{1}{\ln x_1}+\dfrac{1}{\ln x_2}>2ae$.

解:(1)切线方程:$y=-x$.

(2)$g(x)=x\ln x-\dfrac{a}{2}x^2-x,g'(x)=\ln x-ax$.

因为函数 $g(x)=f(x)-x$ 有两个极值点 x_1,x_2,所以 $\ln x-ax=0$ 有两个不等的实根.

当 $a\leqslant 0$ 时,$g'(x)$ 单调递增,$g'(x)=0$ 不可能有两个不等的实根.

当 $a>0$ 时,令 $h(x)=\ln x-ax,h'(x)=\dfrac{1-ax}{x}$.

所以 $h(x)$ 在 $\left(0,\dfrac{1}{a}\right)$ 上单调递增,在 $\left(\dfrac{1}{a},+\infty\right)$ 上单调递减.

所以 $h\left(\dfrac{1}{a}\right)=-\ln a-1>0$,所以 $0<a<\dfrac{1}{e}$.

是不是觉得不等式右端的 $2ae$ 有点难看? 预感到来者不善?

那就修理它.

因为 $0<a<\dfrac{1}{e}$,所以 $2ae<2$.

所以,可以考虑证明 $\dfrac{1}{\ln x_1}+\dfrac{1}{\ln x_2}\geqslant 2$.

这是保证原不等式成立的充分条件.

不妨设 $x_2>x_1>0$,因为 $g'(x_1)=g'(x_2)=0$,所以
$$\ln x_1-ax_1=0,\ln x_2-ax_2=0,\ln x_1-\ln x_2=a(x_1-x_2)$$

先证 $\dfrac{1}{\ln x_1}+\dfrac{1}{\ln x_2}>2$,即证 $\dfrac{1}{ax_1}+\dfrac{1}{ax_2}>2$.

即证 $\dfrac{1}{x_1}+\dfrac{1}{x_2}>2a$,即证 $\dfrac{1}{x_1}+\dfrac{1}{x_2}>2\dfrac{\ln x_1-\ln x_2}{x_1-x_2}$.

即证 $\ln\dfrac{x_2}{x_1}<\dfrac{x_2^2-x_1^2}{2x_1x_2}=\dfrac{1}{2}\left(\dfrac{x_2}{x_1}-\dfrac{x_1}{x_2}\right)$.

令 $t=\dfrac{x_2}{x_1}$,所以 $t>1$,即证 $\ln t<\dfrac{1}{2}\left(t-\dfrac{1}{t}\right)$.

又是把比值 $\dfrac{x_2}{x_1}$ 作为一个整体,使得整个式子变得轻盈无比!

慢慢地,对所要研究(计算或证明)的式子进行一番整理化简,成了我们的一个自觉行动,我们条件反射似的乐在其中.

设 $F(t) = \ln t - \dfrac{1}{2}\left(t - \dfrac{1}{t}\right)$,则

$$f'(t) = \frac{1}{t} - \frac{1}{2} + \frac{1}{2}\left(-\frac{1}{t^2}\right) = \frac{2t - 1 - t^2}{2t^2} = \frac{-(t-1)^2}{2t^2} < 0$$

所以 $F(t)$ 在上单调递减,所以 $F(t) < F(1) = 0$,所以 $\dfrac{1}{\ln x_1} + \dfrac{1}{\ln x_2} > 2$.

因为 $ae < 1$,所以 $\dfrac{1}{\ln x_1} + \dfrac{1}{\ln x_2} > 2ae$.

本题也可转变成"非对称":

因为 $\ln x_1 = ax_1$,$\ln x_2 = ax_2$,原不等式 $\Leftrightarrow \dfrac{1}{x_1} + \dfrac{1}{x_2} > 2a^2 e$.

$\left(\text{因为 } 0 < a < \dfrac{1}{e},\text{所以 } 2a^2 e < \dfrac{2}{e}\right) \Leftarrow \dfrac{1}{x_1} + \dfrac{1}{x_2} > \dfrac{2}{e}$.

可是,好像不行了……

可以继续转变.令 $\dfrac{1}{x_1} = t_1$,$\dfrac{1}{x_2} = t_2$,因为 $\ln x_1 = ax_1$,$\ln x_2 = ax_2$.

$\ln \dfrac{1}{t_1} = \dfrac{a}{t_1}$,$\ln \dfrac{1}{t_2} = \dfrac{a}{t_2}$,即 $t_1 \ln t_1 = -a$,$t_2 \ln t_2 = -a$.

这样一来,原题转变成了:

对于函数 $h(t) = t \ln t$,$h(t_1) = h(t_2)$,$t_1 \neq t_2$,求证:$t_1 + t_2 > \dfrac{2}{e}$.(以下略)

4. 设函数 $f(x) = e^x - ax + a(a \in \mathbf{R})$ 的图像与 x 轴交于 $A(x_1, 0)$,$B(x_2, 0)(x_1 < x_2)$ 两点.

(1)求 a 的取值范围;

(2)求证:$x_1 x_2 < x_1 + x_2$.

解:(1)$f'(x) = e^x - a$.

若 $a \leqslant 0$,则 $f'(x) = e^x - a > 0$ 在 $\mathbf{R}$ 上恒成立,$f(x)$ 在 $\mathbf{R}$ 上单调递增,舍去;

若 $a > 0$,则由 $f'(x) = 0$,得 $x = \ln a$,当 $x > \ln a$ 时,$f'(x) > 0$;当 $x < \ln a$ 时,$f'(x) < 0$.

所以 $y = f(x)$ 在 $(-\infty, \ln a)$ 上单调递减,在 $(\ln a, +\infty)$ 上单调递增;

所以 $y = f(x)$ 在 $x = \ln a$ 处取得极小值同时也是最小值.

$$f(\ln a) = a - a \ln a + a = a(2 - \ln a)$$

由题意若 $y = f(x)$ 的图像与 x 轴有两个交点,则 $f(x)_{\min} = f(\ln a) < 0$.

即 $\ln a > 2$,$a > e^2$.

此时,存在 $1 < \ln a$,$f(1) = e > 0$;

存在 $3\ln a > \ln a$,$f(3\ln a) = a^3 - 3a\ln a + a$,易证 $\ln x < x$.

所以当 $a > e^2$ 时，$f(3\ln a) = a^3 - 3a\ln a + a > a^3 - 3a^2 + a = a(a^2 - 3a + 1) > 0$.

所以，$\exists x_1 \in (1, \ln a)$，$x_2 \in (\ln a, 3\ln a)$，使得 $f(x_1) = f(x_2) = 0$.

所以 a 的取值范围是 $(e^2, +\infty)$.

（2）因为 $\begin{cases} e^{x_1} - ax_1 + a = 0 \\ e^{x_2} - ax_2 + a = 0 \end{cases}$，所以 $\begin{cases} e^{x_1} = a(x_1 - 1) \\ e^{x_2} = a(x_2 - 1) \end{cases}$.

$$e^{x_1 + x_2} = e^{x_1} e^{x_2} = a(x_1 - 1)a(x_2 - 1) = a^2(x_1 x_2 - x_1 - x_2 + 1)$$

怎么会想到将两式相乘？

$$e^{\frac{x_1 + x_2}{2}} = a\sqrt{x_1 x_2 - x_1 - x_2 + 1}$$

又 $e^{x_1} - e^{x_2} = a(x_1 - x_2)$，所以 $\dfrac{e^{x_1} - e^{x_2}}{x_1 - x_2} = a$.

容易被忽视的一点：a 与 x_1, x_2 有关，需要将这一点体现出来，或者说，需要利用这一层关系消元，减少变量.

要证 $x_1 x_2 < x_1 + x_2$，即要证 $x_1 x_2 - x_1 - x_2 + 1 < 1$.

即证 $e^{\frac{x_1 + x_2}{2}} = a\sqrt{x_1 x_2 - x_1 - x_2 + 1} < a$.

即证 $e^{\frac{x_1 + x_2}{2}} < a = \dfrac{e^{x_1} - e^{x_2}}{x_1 - x_2}$，即证 $1 < \dfrac{e^{\frac{x_1 - x_2}{2}} - e^{\frac{x_2 - x_1}{2}}}{x_1 - x_2}$.

即 $x_1 - x_2 > e^{\frac{x_1 - x_2}{2}} - e^{\frac{x_2 - x_1}{2}}$.

设 $t = \dfrac{x_1 - x_2}{2} < 0$，则上式变形为 $2t > e^t - e^{-t}$，即 $e^t - e^{-t} - 2t < 0$.

记 $h(t) = e^t - e^{-t} - 2t \ (t < 0)$.

$h'(t) = e^t + e^{-t} - 2 \geq 0$，所以 $h(t)$ 在 $(-\infty, 0)$ 上递增，所以 $h(t) < h(0) = 0$.

所以 $e^t - e^{-t} - 2t < 0$.

所以 $x_1 x_2 < x_1 + x_2$.

本解法值得玩味.

从结论出发，逐步探讨使之成立的充分条件，即所谓"执果索因"。此间，需要仔细观察，认真分析式子的结构，并展开想象的翅膀.

又，本题还可对要证的不等式做如下变形：

$$x_1 x_2 < x_1 + x_2 \Leftrightarrow (x_1 - 1)(x_2 - 1) < 1 \Leftrightarrow \ln(x_1 - 1) + \ln(x_2 - 1) < 0$$

所以原方程 $e^x = a(x - 1)$ 可变为 $x = \ln(x - 1) + \ln a$，令 $\ln(x - 1) = t$，于是又有 $e^t + 1 = t + \ln a$.

问题已转变成：方程 $e^t - t = \ln a - 1$ 有两根 $t_1, t_2 \ (t_1 \neq t_2)$，求证：$t_1 + t_2 < 0$. 这又是"非对称"了，对此我们已轻车熟路.

（当然，转变过程中还有些细节需要跟进，比如 x_1, x_2 的范围等）

还可以这样转变：

由 x_1, x_2 是方程 $e^x = a(x - 1)$ 的根，可得 $x_1 > 1$，$x_2 > 1$，所以

$$x_1 x_2 < x_1 + x_2 \Leftrightarrow \frac{1}{x_1} + \frac{1}{x_2} > 1$$

而 $e^{x}=a(x-1)\Leftrightarrow e^{\frac{1}{x}}=a\left(\dfrac{1}{x}-1\right)\Leftrightarrow \dfrac{1}{x}=\ln(1-x)-\ln x+\ln a$

令 $\dfrac{1}{x_{1}}=t_{1},\dfrac{1}{x_{2}}=t_{2}$,所以 $t_{1},t_{2}\in(0,1)$.

问题已变成:方程 $\dfrac{1}{x}-\ln(1-x)+\ln x=\ln a$ 有两根 t_{1},t_{2},求证: $t_{1}+t_{2}>1$.

以下,研究函数 $h(x)=\dfrac{1}{x}-\ln(1-x)+\ln x$ 即可.

---

5. 已知函数 $f(x)=(x-2)e^{x}+a(x-1)^{2}$ 有两个零点.

(1)求 a 的取值范围;

(2)设 x_{1},x_{2} 是 $f(x)$ 的两个零点,证明: $x_{1}+x_{2}<2$.

解:(1)由已知得

$$f'(x)=(x-1)e^{x}+2a(x-1)=(x-1)(e^{x}+2a)$$

①若 $a=0$,那么 $f(x)=0\Leftrightarrow x=2$, $f(x)$ 只有唯一的零点 $x=2$,不合题意;

②若 $a>0$,那么 $e^{x}+2a>e^{x}>0$,所以当 $x\in(1,+\infty)$ 时, $f'(x)>0$, $f(x)$ 单调递增.

当 $x\in(-\infty,1)$ 时, $f'(x)<0$, $f(x)$ 单调递减.

故 $f(x)$ 在 $(1,+\infty)$ 上至多一个零点,在 $(-\infty,1)$ 上至多一个零点.

由于 $f(2)=a>0$, $f(1)=-e<0$,则 $f(2)f(1)<0$.

根据零点存在性定理, $f(x)$ 在 $(1,2)$ 上有且仅有一个零点.

而当 $x\in(-\infty,1)$ 时,……

做到这里,很多人会停下来,做不下去了.

转笔、喝水、揪草稿纸……各种抓狂.

冷静.冲动是魔鬼.问自己,我想怎样?

我想利用函数零点存在性定理,说明 $f(x)$ 在 $(-\infty,1)$ 上有且只有一个零点.

现在需要找一个 $x_{0}\in(-\infty,1)$,并使得 $f(x_{0})>0$,这也太难了!

总不能要求我解 $f(x)>0$ 这个不等式吧?

当然不会想到解不等式 $f(x)>0$.

没有人这样要求你,没有人这么不厚道.

再把思路梳理一遍:现在需要找一个 $x_{0}\in(-\infty,1)$,并使得 $f(x_{0})>0$.

对于 x_{0},找到一个就可以了,大一点小一点都无所谓.

那个 x_{0} 不一定是临界值,不一定"刚刚好".这一点你要想明白.

凡事锱铢必较,人就很累了.

找 x_{0} 的困难在哪里? $f(x_{0})=(x_{0}-2)e^{x_{0}}+a(x_{0}-1)^{2}$ 中,两项都比较繁,差异太大.

那就想办法解决差异.从感情上说,我想解决那个 e^{x},向另一个式子靠拢.

另一个式子 $a(x_{0}-1)^{2}>0$,当 $x\to-\infty$ 时,它会越来越大.

可以从我想要的结果出发,大胆地放缩.

所以,可这样处理:欲使 $e^{x_{0}}<a$,只须 $x_{0}<\ln a$.

(因为 $x_{0}-2<0$)所以,此时,

$$f(x_0) = (x_0 - 2)e^{x_0} + a(x_0 - 1)^2 > a(x_0 - 2) + a(x_0 - 1)^2 = a(x_0^2 - x_0 - 1)$$

所以,欲使 $f(x_0) > 0$,只需 $a(x_0^2 - x_0 - 1) > 0$ 即可.

显然当 $x_0 < -1$ 即可.

故当 $x_0 < \ln a$ 且 $x_0 < -1$ 时,$f(x_0) > 0$.(这样的 x_0 显然存在!)

x_0 找到了,这个解题过程你可以写清楚么?你能写,这里就省略了.

③设 $a < 0$,由 $f'(x) = 0$ 得 $x = 1$ 或 $x = \ln(-2a)$.

若 $-\dfrac{e}{2} \leqslant a < 0$,则 $\ln(-2a) \leqslant \ln e = 1$.

故当 $x \in (1, +\infty)$ 时,$f'(x) > 0$,$f(x)$ 单调递增.

又当 $x \leqslant 1$ 时,$f(x) < 0$,所以 $f(x)$ 不存在两个零点.

若 $a < -\dfrac{e}{2}$,则 $\ln(-2a) > 1$,故当 $x \in (1, \ln(-2a))$ 时,$f'(x) < 0$;当 $x \in (\ln(-2a), +\infty)$ 时,$f'(x) > 0$.因此 $f(x)$ 在 $(1, \ln(-2a))$ 上单调递减,在 $(\ln(-2a), +\infty)$ 上单调递增.

又当 $x \leqslant 1$ 时,$f(x) < 0$,所以 $f(x)$ 不存在两个零点.

综上,a 的取值范围为 $(0, +\infty)$.

本题是 2016 年高考全国一卷的最后一题,相比之下,第(2)小题容易一些.

同学在答题时,注意不要被第(1)小题缠住,耗费太多的时间.

可以实现参变量分离,将原题转变成:

已知方程 $\dfrac{(x-1)^2}{(x-2)e^x} = -\dfrac{1}{a}$ 有两个相异的实根,求 a 的取值范围.

(先作说明,显然 $a \neq 0$,$x - 2 \neq 0$)

进而换元,令 $x - 2 = t$,$-\dfrac{1}{a} = m$(这样是为了式子更简洁).

问题又转变成:已知方程 $\dfrac{(t+1)^2}{te^{t+2}} = m$ 有两个相异的实根,求 m 的取值范围.

考察函数 $h(t) = \dfrac{(t+1)^2}{te^{t+2}}$,$h'(t) = \dfrac{-(t^2+1)(t+1)}{t^2 e^{t+2}}$,易得 $h(t)$ 在 $(-\infty, -1)$ 上递增,在 $(-1, 0)$ 上递减,在 $(0, +\infty)$ 上递减,且 $h(-1) = 0$.

还要说明 $h(t)$ 的变化趋势:$t \to -\infty$ 时,$h(t) \to -\infty$;$t < 0$,$t \to 0$ 时,$h(t) \to -\infty$;

$t > 0$,$t \to 0$ 时,$h(t) \to +\infty$;$t \to +\infty$ 时,$h(t) > 0$,$h(t) \to 0$.

所以 $m < 0$,即 a 的取值范围为 $(0, +\infty)$.

(这里的说明可能有一些需要用到洛必达法则,但事已至此,你只好保持住这个框架,推导出结论,为做第(2)小题赢得时间.从考试的层面来说,这样做得大于失.)

(2)由已知得:$f(x_1) = f(x_2) = 0$,不难发现 $x_1 \neq 1$,$x_2 \neq 1$,故可整理得

$$-a = \frac{(x_1 - 2)e^{x_1}}{(x_1 - 1)^2} = \frac{(x_2 - 2)e^{x_2}}{(x_2 - 1)^2}$$

设 $g(x) = \dfrac{(x-2)e^x}{(x-1)^2}$,则 $g(x_1) = g(x_2)$.

那么 $g'(x) = \dfrac{(x-2)^2 + 1}{(x-1)^3}e^x$,当 $x < 1$ 时,$g'(x) < 0$,$g(x)$ 单调递减;当 $x > 1$ 时,$g'(x) > 0$,

$g(x)$ 单调递增.

设 $m > 0$,构造代数式:

$$g(1 + m) - g(1 - m) = \frac{m - 1}{m^2}e^{1+m} - \frac{-m - 1}{m^2}e^{1-m} = \frac{1 + m}{m^2}e^{1-m}\left(\frac{m - 1}{m + 1}e^{2m} + 1\right)$$

设

$$h(m) = \frac{m - 1}{m + 1}e^{2m} + 1, m > 0$$

则 $h'(m) = \frac{2m^2}{(m + 1)^2}e^{2m} > 0$,故 $h(m)$ 单调递增,有 $h(m) > h(0) = 0$.

因此,对于任意的 $m > 0$,$g(1 + m) > g(1 - m)$.

由 $g(x_1) = g(x_2)$ 可知 x_1, x_2 不可能在 $g(x)$ 的同一个单调区间上,不妨设 $x_1 < x_2$,则必有 $x_1 < 1 < x_2$.

令 $m = 1 - x_1 > 0$,则有

$$g[1 + (1 - x_1)] > g[1 - (1 - x_1)] \Leftrightarrow g(2 - x_1) > g(x_1) = g(x_2)$$

而 $2 - x_1 > 1, x_2 > 1, g(x)$ 在 $(1, +\infty)$ 上单调递增,因此

$$g(2 - x_1) > g(x_2) \Leftrightarrow 2 - x_1 > x_2$$

整理得 $x_1 + x_2 < 2$.

第(2)小题,典型的非对称,不再赘述.

第十四天　与绝对值有关

1.设函数 $f(x) = a\cos 2x + (a-1)(\cos x + 1)$,其中 $a > 0$,记 $|f(x)|$ 的最大值为 A.

(1)求 $f'(x)$;

(2)求 A;

(3)证明: $|f'(x)| \leqslant 2A$.

解:(1) $f'(x) = -2a\sin 2x - (a-1)\sin x$.

(2)当 $a \geqslant 1$ 时,

$$|f(x)| = |a\cos 2x + (a-1)(\cos x + 1)| \leqslant a + 2(a-1) = 3a - 2 = f(0)$$

因此, $A = 3a - 2$.

> 把特殊的、简单的先写出来.
>
> 要联想到与绝对值有关的不等式,并注意每一个等号成立的条件:
> $$||a| - |b|| \leqslant |a + b| \leqslant |a| + |b|, \quad ||a| - |b|| \leqslant |a - b| \leqslant |a| + |b|$$

当 $0 < a < 1$ 时,将 $f(x)$ 变形为 $f(x) = 2a\cos^2 x + (a-1)\cos x - 1$.

令 $g(t) = 2at^2 + (a-1)t - 1$,则 A 是 $|g(t)|$ 在 $[-1, 1]$ 上的最大值.

> 换元很重要,换过了很简洁.
>
> 既然分类讨论势在必行,那就勇敢前行.
>
> 问题是:从哪里找到划分的标准? 下面好好体会吧.

$g(-1) = a, g(1) = 3a - 2$,且当 $t = \dfrac{1-a}{4a}$ 时, $g(t)$ 取得极小值,

极小值为 $g\left(\dfrac{1-a}{4a}\right) = -\dfrac{(a-1)^2}{8a} - 1 = -\dfrac{a^2 + 6a + 1}{8a}$. 显然 $g\left(\dfrac{1-a}{4a}\right) < 0$.

令 $-1 < \dfrac{1-a}{4a} < 1$,解得 $a < -\dfrac{1}{3}$(舍去), $a > \dfrac{1}{5}$.

(i)当 $0 < a \leqslant \dfrac{1}{5}$ 时, $g(t)$ 在 $(-1, 1)$ 内无极值点, $|g(-1)| = a$, $|g(1)| = 2 - 3a$,

$|g(-1)| < |g(1)|$,所以 $A = 2 - 3a$.

(ii)当 $\dfrac{1}{5} < a < 1$ 时,由 $g(-1) - g(1) = 2(1-a) > 0$ 知

$$g(-1) > g(1) > g\left(\dfrac{1-a}{4a}\right)$$

又

$$\left|g\left(\dfrac{1-a}{4a}\right)\right| - |g(-1)| = \dfrac{(1-a)(1+7a)}{8a} > 0$$

所以

$$A = \left|g\left(\dfrac{1-a}{4a}\right)\right| = \dfrac{a^2 + 6a + 1}{8a}$$

综上

$$A = \begin{cases} 2 - 3a, & 0 < a \leqslant \dfrac{1}{5} \\[2mm] \dfrac{a^2 + 6a + 1}{8a}, & \dfrac{1}{5} < a < 1 \\[2mm] 3a - 2, & a \geqslant 1 \end{cases}$$

(3)由(1)得

$$|f'(x)| = |-2a\sin 2x - (a-1)\sin x| \leq 2a + |a-1|$$

当 $0 < a \leq \dfrac{1}{5}$ 时

$$|f'(x)| \leq 1 + a \leq 2 - 4a \leq 2(2-3a) = 2A$$

> 或用分析法:此时,欲证 $1+a \leq 2(2-3a)$,只需证 $a \leq \dfrac{3}{7}$,显然.

当 $\dfrac{1}{5} < a < 1$ 时,$A = \dfrac{a}{8} + \dfrac{1}{8a} + \dfrac{3}{4} \geq 1$,所以 $|f'(x)| \leq 2a + |a-1| = 1 + a < 2A$.

当 $a \geq 1$ 时,$|f'(x)| \leq 2a + |a-1| = 3a - 1 \leq 6a - 4 = 2A$. 所以 $|f'(x)| \leq 2A$.

2. 设 x_1, x_2 是函数 $f(x) = \dfrac{a}{3}x^3 + \dfrac{b}{2}x^2 - a^2 x(a>0)$ 的两个极值点,且 $|x_1| + |x_2| = 2$.

(1)证明: $0 < a \leq 1$;

(2)证明: $|b| \leq \dfrac{4\sqrt{3}}{9}$;

(3)若函数 $h(x) = f'(x) - 2a(x - x_1)$,证明:当 $x_1 < x < 2$ 且 $x_1 < 0$ 时,$|h(x)| \leq 4a$.

解:(1)$f'(x) = ax^2 + bx - a^2$,因为 x_1, x_2 是 $f(x)$ 的两个极值点,所以 x_1, x_2 是方程 $f'(x) = 0$ 的两个实数根.

因为 $a > 0$,所以 $x_1 x_2 = -a < 0$,$x_1 + x_2 = -\dfrac{b}{a}$,所以

$$|x_1| + |x_2| = |x_1 - x_2| = \sqrt{\dfrac{b^2}{a^2} + 4a}$$

> 欲证不等式,就要想方设法将 $|x_1| + |x_2| = 2$ 转变成含 a 的关系式(或同时含有 b).

因为 $|x_1| + |x_2| = 2$,所以 $\dfrac{b^2}{a^2} + 4a = 4$,即 $b^2 = 4a^2 - 4a^3$.

因为 $b^2 \geq 0$,所以 $0 < a \leq 1$.

> 另一种更简洁明快的证法:
>
> 由前面推导可知,所以 x_1, x_2 是方程 $ax^2 + bx - a^2 = 0$ 的两个实数根.
>
> 因为 $a > 0$,所以 $x_1 x_2 = -a < 0$,所以 x_1, x_2 异号,不妨设 $x_1 < x_2$,于是 $x_1 < 0 < x_2$,又由 $|x_1| + |x_2| = 2$ 得 $x_2 + (-x_1) = 2$.
>
> 所以由基本不等式得 $2 = x_2 + (-x_1) \geq 2\sqrt{x_2(-x_1)} = 2\sqrt{a}$,所以 $0 < a \leq 1$.

(2)设 $g(a) = 4a^2 - 4a^3$,则 $g'(a) = 8a - 12a^2 = 4a(2-3a)$.

由 $g'(a) > 0 \Leftrightarrow 0 < a < \dfrac{2}{3}$,$g'(a) < 0 \Leftrightarrow \dfrac{2}{3} < a \leq 1$.

得 $g(a)$ 在区间 $\left(0, \dfrac{2}{3}\right)$ 上是增函数,在区间 $\left[\dfrac{2}{3}, 1\right]$ 上是减函数.

所以 $g(a)_{\max} = g\left(\dfrac{2}{3}\right) = \dfrac{16}{27}$，所以 $|b| \leqslant \dfrac{4\sqrt{3}}{9}$．

> 将 $b^2 = 4a^2 - 4a^3$ 看成是 a 的函数，$0 < a \leqslant 1$ 即为定义域，欲证 $|b| \leqslant \dfrac{4\sqrt{3}}{9}$ 即转变为研究此函数的值域(或最大值)．

（3）因为 x_1, x_2 是方程 $f'(x) = 0$ 的两个实数根，所以
$$f'(x) = a(x - x_1)(x - x_2)$$
$$h(x) = a(x - x_1)(x - x_2) - 2a(x - x_1) = a(x - x_1)(x - x_2 - 2)$$
$$|h(x)| = a|x - x_1||x - x_2 - 2|$$

因为 $x_1 < x < 2$ 且 $x_1 < 0$，所以 $|x - x_1| = x - x_1$．

又因为 $x_1 x_2 = -a < 0$，所以 $x_2 > 0$，$|x - x_2 - 2| = x_2 + 2 - x$．

> 正在努力地去掉绝对值……

所以
$$|h(x)| = a(x - x_1)(x_2 + 2 - x) \leqslant a\left[\frac{(x - x_1) + (x_2 + 2 - x)}{2}\right]^2$$

因为
$$|x_1| + |x_2| = x_2 - x_1 = 2$$

所以
$$|h(x)| \leqslant a\left[\frac{(x - x_1) + (x_2 + 2 - x)}{2}\right]^2 = 4a$$

所以 $|h(x)| \leqslant 4a$．

3. 已知函数 $f(x) = x^2 + ax + b\,(a, b \in \mathbf{R})$，记 $M(a, b)$ 是 $|f(x)|$ 在区间 $[-1, 1]$ 上的最大值．

（1）证明：当 $|a| \geqslant 2$ 时，$M(a, b) \geqslant 2$；

（2）当 a, b 满足 $M(a, b) \leqslant 2$ 时，求 $|a| + |b|$ 的最大值．

解：（1）由 $f(x) = \left(x + \dfrac{a}{2}\right)^2 + b - \dfrac{a^2}{4}$，得对称轴为直线：$x = -\dfrac{a}{2}$．

由 $|a| \geqslant 2$，得 $\left|-\dfrac{a}{2}\right| \geqslant 1$，故 $f(x)$ 在 $[-1, 1]$ 上单调，所以 $M(a, b) = \max\{|f(1)|, |f(-1)|\}$．

当 $a \geqslant 2$ 时，由 $f(1) - f(-1) = 2a \geqslant 4$，得 $\max\{f(1), -f(-1)\} \geqslant 2$，即 $M(a, b) \geqslant 2$．

当 $a \leqslant -2$ 时，由 $f(-1) - f(1) = -2a \geqslant 4$，得 $\max\{f(-1), f(1)\} \geqslant 2$，即 $M(a, b) \geqslant 2$．

综上，当 $|a| \geqslant 2$ 时，$M(a, b) \geqslant 2$．

> 实际上，讨论都是迫不得已的，如能既不失严谨又能回避讨论，当然更好．
>
> 本小题可以这样：
>
> 注意到 $f(1) = 1 + a + b$，$f(-1) = 1 - a + b$，所以 $f(1) - f(-1) = 2a$．
>
> 于是 $|f(1) - f(-1)| = 2|a|$．
>
> 所以 $2|a| \leqslant |f(1)| + |f(-1)| \leqslant 2M(a, b)$，即 $M(a, b) \geqslant 2$．
>
> 无须讨论，何等轻松！

(2)
$$|a|+|b|=\begin{cases}|a+b|,ab\geq0\\|a-b|,ab<0\end{cases}$$

由 $M(a,b)\leq2$,可得 $|f(1)|\leq2$,即 $|a+b+1|\leq2$.

$|a+b|-1\leq|a+b+1|\leq2$,所以 $|a+b|\leq3$.

同理,$|f(-1)|\leq2$,即 $|1-a+b|\leq2$.

$|a-b|-1\leq|1-a+b|\leq2$,所以 $|a-b|\leq3$.

即 $|a|+|b|$ 的最大值小于等于3.

当 $a=2,b=-1$ 时,$f(x)=x^2+2x-1$,$|f(x)|$ 在区间 $[-1,1]$ 上的最大值为2.

即 $M(2,-1)=2$,此时,$|a|+|b|=3$.

综上,$|a|+|b|$ 的最大值为3.

> 注意本小题的处理,并没有不厌其烦地讨论每一种情况从而求出 $|a|+|b|$ 的最大值.而是先推出一个结论:$|a|+|b|$ 的最大值小于等于3.再构造一种具体情况,说明此时能达到等号,于是 $|a|+|b|$ 的最大值即为3!
>
> 化繁为简,举重若轻.

4. 已知 $f(x)=x^3+bx^2+cx+2$.

(1)若 $f(x)$ 在 $x=1$ 时有极值 -1,求 b,c 的值;

(2)当 b 为非零实数时,证明:$f(x)$ 的图像不存在与直线 $(b^2-c)x+y+1=0$ 平行的切线;

(3)记函数 $|f'(x)|(-1\leq x\leq1)$ 的最大值为 M,求证:$M\geq\dfrac{3}{2}$.

解:(1)因为 $f'(x)=3x^2+2bx+c$,由 $f(x)$ 在 $x=1$ 时有极值 -1,从而
$$\begin{cases}f'(1)=0\\f(1)=-1\end{cases}\Rightarrow\begin{cases}b=1\\c=-5\end{cases}$$

此时,$f'(x)=(3x+5)(x-1)$,当 $x>1$ 时,$f'(x)>0$;当 $-\dfrac{5}{3}<x<1$ 时,$f'(x)<0$.

从而符合在 $x=1$ 时 $f(x)$ 有极值,故 $b=1,c=-5$.

(2)假设 $f(x)$ 的图像在 $x=t$ 处的切线与直线 $(b^2-c)x+y+1=0$ 平行,因为
$$f'(t)=3t^2+2bt+c$$

直线 $(b^2-c)x+y+1=0$ 的斜率为 $c-b^2$,所以
$$3t^2+2bt+c=c-b^2\Rightarrow3t^2+2bt+b^2=0$$

因为 $\Delta=4(b^2-3b^2)=-8b^2$,又因为 $b\neq0$,所以 $\Delta<0$.

从而方程 $3t^2+2bt+b^2=0$ 无解,因此 $f(x)$ 图像上不存在与直线 $(b^2-c)x+y+1=0$ 平行的切线.

(3)证法一:
$$|f'(x)|=\left|3\left(x+\dfrac{b}{3}\right)^2+c-\dfrac{b^2}{3}\right|$$

> 这是要拉开架势讨论的节奏么?
>
> 一个问题,要不要讨论以及怎样讨论,是客观的,或者说是迫不得已的.
>
> 比如本题,你想求 $|f'(x)|$ 在 $[-1,1]$ 上的最大值 M,就得考虑二次函数 $f'(x)=3x^2+2bx+c$ 图像的对称轴 $x=-\dfrac{b}{3}$ 与区间 $[-1,1]$ 的关系.这里的讨论不是一件很自然的事么?

①若 $|-\frac{b}{3}| > 1$，M 应是 $|f'(-1)|$ 和 $|f'(1)|$ 中最大的一个，所以

$$2M \geqslant |f'(-1)| + |f'(1)| = |3 - 2b + c| + |3 + 2b + c| \geqslant |4b| > 12$$

所以 $M > 6$，从而 $M \geqslant \frac{3}{2}$.

②当 $0 \leqslant -\frac{b}{3} \leqslant 1$ 时，即 $-3 \leqslant b \leqslant 0$ 时，M 应是 $|f'(-1)|$ 和 $\left|f'\left(-\frac{b}{3}\right)\right|$ 中最大的一个

所以 $2M \geqslant |f'(-1)| + \left|f'\left(-\frac{b}{3}\right)\right| \geqslant \frac{1}{3}|b - 3|^2 \geqslant 3$，即 $2M \geqslant 3$，所以 $M \geqslant \frac{3}{2}$.

③当 $-1 \leqslant -\frac{b}{3} < 0$ 时，即 $0 < b \leqslant 3$ 时，同理可得 $2M \geqslant 3$，所以 $M \geqslant \frac{3}{2}$.

综上所述，$M \geqslant \frac{3}{2}$.

这种证法并不是一味被动地讨论下去，中间出现了一些跳跃.

因为你是要证明一个不等式，而不是要把 M 求出来. 证明不等式当然可以放缩. 比如这一步：$2M \geqslant |f'(-1)| + |f'(1)|$，这本是一个必要条件. 有了它，目的达到了，就可以收手了.

对于需要讨论的题目，我们确实有一点无奈，但同时更多的是淡定.

当然，假如你能成功地避免讨论，变被动为主动，那便是意外的惊喜了.

还是本题，你接着往下看——

证法二：因为

$$f'(x) = 3x^2 + 2bx + c$$

注意到 $\qquad f'(1) = 3 + 2b + c, f'(-1) = 3 - 2b + c, f'(0) = c$

所以 $\qquad\qquad f'(1) + f'(-1) - 2f'(0) = 6$

所以 $6 = |f'(1) + f'(-1) - 2f'(0)| \leqslant |f'(1)| + |f'(-1)| + 2|f'(0)| \leqslant M + M + 2M = 4M$

于是，$M \geqslant \frac{6}{4}$，即 $M \geqslant \frac{3}{2}$.

做完了. 迅雷不及掩耳！

不要太激动，可以先欣赏.

奇文共欣赏，疑义相与析.

本题之所以能够出奇制胜，在于抓住了式子结构的特点，赋值、凑项，从而使一个本来比较繁杂的问题轻松化解.

问君何所思，问君何所忆？

可以提供一个习题.

已知 $a > 0, b > 0$，且 $h = \max\left\{\frac{2}{\sqrt{a}}, \frac{a^2 + b^2}{\sqrt{ab}}, \frac{2}{\sqrt{b}}\right\}$，求证：$h \geqslant 2$.

如果去讨论谁是三个数中的最大者，当然也可以，但一定比较麻烦. 我想到了一个简单的做法！

注意到 $\frac{2}{\sqrt{a}} \cdot \frac{a^2 + b^2}{\sqrt{ab}} \cdot \frac{2}{\sqrt{b}} = \frac{4(a^2 + b^2)}{ab} \geqslant \frac{4 \cdot 2ab}{ab} = 8$.

而显然 $\frac{2}{\sqrt{a}} \cdot \frac{a^2 + b^2}{\sqrt{ab}} \cdot \frac{2}{\sqrt{b}} \leqslant h \cdot h \cdot h = h^3$，所以 $h \geqslant 2$.

总结一下：能想到这个解法，同样离不开深刻理解、观察及联想、触景生情，不是么？

谁说数学一定刻板、枯燥呢？它简直灵动、趣味盎然！

5. 设函数 $f(x)=(x-1)^3-ax-b,x\in\mathbf{R}$,其中 $a,b\in\mathbf{R}$.

(1)求 $f(x)$ 的单调区间;

(2)若 $f(x)$ 存在极值点 x_0,且 $f(x_1)=f(x_0)$,其中 $x_1\neq x_0$,求证:$x_1+2x_0=3$;

(3)设 $a>0$,函数 $g(x)=|f(x)|$,求证:$g(x)$ 在区间 $[0,2]$ 上的最大值不小于 $\frac{1}{4}$.

解:(1)$f(x)=(x-1)^3-ax-b,f'(x)=3(x-1)^2-a$

所以当 $a\leq 0$ 时,$f(x)$ 在 $\mathbf{R}$ 上递增;

$a>0$ 时,$f(x)$ 在 $\left(-\infty,1-\sqrt{\dfrac{a}{3}}\right)$ 上递增,在 $\left(1-\sqrt{\dfrac{a}{3}},1+\sqrt{\dfrac{a}{3}}\right)$ 上递减,

在 $\left(1+\sqrt{\dfrac{a}{3}},+\infty\right)$ 上递增.

(2)由 $f'(x_0)=0$,得 $3(x_0-1)^2=a$,所以

$$f(x_0)=(x_0-1)^3-3(x_0-1)^2x_0-b=(x_0-1)^2(-2x_0-1)-b$$

$$f(3-2x_0)=(2-2x_0)^3-3(x_0-1)^2(3-2x_0)-b=(x_0-1)^2(-2x_0-1)-b$$

所以 $$f(3-2x_0)=f(x_0)=f(x_1)$$

若 $3-2x_0=x_0$,则 $x_0=1$,则 $a=0$,此时 $f(x)$ 无极值点.

所以 $3-2x_0\neq x_0$,所以 $3-2x_0=x_1$,即 $x_1+2x_0=3$.

本小题还可以做得更朴实一点.

就从 $f(x_1)=f(x_0)$ 出发.

$$f(x_1)=f(x_0)\Rightarrow(x_1-1)^3-3(x_0-1)^2x_1-b=(x_0-1)^3-3(x_0-1)^2x_0-b$$

$$(x_1-1)^3-(x_0-1)^3-3(x_0-1)^2(x_1-x_0)=0$$

$$(x_1-x_0)[(x_1-1)^2+(x_1-1)(x_0-1)-2(x_0-1)^2]=0$$

$$(x_1-x_0)^2(x_1+2x_0-3)=0$$

所以 $x_1+2x_0-3=0$,所以 $x_1+2x_0=3$.

---

(3)

直接讨论显然是很辛苦的,而且也不知从何说起.

好在本题是一个证明题.

欲证 $g(x)$ 在区间 $[0,2]$ 上的最大值不小于 $\frac{1}{4}$,不一定要把最大值求出来.

有一些特殊办法,比如,只需证在区间 $[0,2]$ 上存在 x_1,x_2,使得 $g(x_1)+g(x_2)\geq\frac{1}{2}$(或 $g(x_1)-g(x_2)\geq\frac{1}{2}$)即可.

甚至是找 x_1,x_2,x_3,使得 $g(x_1)+g(x_2)+g(x_3)\geq\frac{3}{4}$,或者更多……

思路打开之后,就不一定正面强攻,可以另辟蹊径.

先试一些特殊值:

注意到 $f(0)=-1-b,f(1)=-a-b,f(2)=1-2a-b,f(0)+f(2)-2f(1)=0.$

可惜.要是 $f(0)+f(2)-2f(1)=\pm 1$ 该多好啊!

（如果这样，设 $g(x)$ 在区间 $[0,2]$ 上的最大值为 M，则

$$1 = |f(0) + f(2) - 2f(1)| \leqslant |f(0)| + |f(2)| + 2|f(1)| \leqslant 4M$$

所以 $M \geqslant \dfrac{1}{4}$，得证.）

以上纯属胡思乱想？不，它打开了一扇窗……

设 $g(x)$ 在区间 $[0,2]$ 上的最大值为 M.
注意到 $f(0) = -1 - b, f(2) = 1 - 2a - b, f(2) - f(0) = 2 - 2a$.

至少，你找到了一个划分讨论的标准，取得了阶段性成果！

（i）若 $2 - 2a \geqslant \dfrac{1}{2}$，即当 $a \leqslant \dfrac{3}{4}$ 时

$$\frac{1}{2} \leqslant 2 - 2a = |f(2) - f(0)| \leqslant |f(2)| + |f(0)| \leqslant 2M$$

所以 $M \geqslant \dfrac{1}{4}$.

（ii）当 $a > \dfrac{3}{4}$ 时

$$f\left(\frac{1}{2}\right) = -\frac{1}{8} - \frac{1}{2}a - b, \quad f\left(\frac{3}{2}\right) = \frac{1}{8} - \frac{3}{2}a - b$$

$$f\left(\frac{1}{2}\right) - f\left(\frac{3}{2}\right) = a - \frac{1}{4} > \frac{1}{2}$$

于是 $2M \geqslant \left|f\left(\dfrac{1}{2}\right)\right| + \left|f\left(\dfrac{3}{2}\right)\right| = \left|f\left(\dfrac{1}{2}\right) - f\left(\dfrac{3}{2}\right)\right| = a - \dfrac{1}{4} > \dfrac{1}{2}$，即 $M \geqslant \dfrac{1}{4}$.

综上，$g(x)$ 在区间 $[0,2]$ 上的最大值不小于 $\dfrac{1}{4}$ 成立.

因为有了之前的分析，我们看问题更清晰了.
即便不得不讨论了，分成两种情况就够了.
而且，那些 x_1, x_2 也不是随便取的，其中闪烁着"二分法"的影子.
实际上，本题还可以做得更简单：
注意到 $f(2) - f(0) + 2f\left(\dfrac{1}{2}\right) - 2f\left(\dfrac{3}{2}\right) = \dfrac{3}{2}$（这是凑出来的、试出来的），于是

$$\frac{3}{2} = \left|f(2) - f(0) + 2f\left(\frac{1}{2}\right) - 2f\left(\frac{3}{2}\right)\right|$$

$$\leqslant |f(2)| + |f(0)| + 2\left|f\left(\frac{1}{2}\right)\right| + 2\left|f\left(\frac{3}{2}\right)\right| \leqslant 6M$$

所以 $M \geqslant \dfrac{1}{4}$.

第十五天　转化与化归

1. 已知函数 $f(x) = \ln x - x$.

(1) 求函数 $g(x) = f(x) - x - 2$ 的图像在 $x = 1$ 处的切线方程;

(2) 证明: $|f(x)| > \dfrac{\ln x}{x} + \dfrac{1}{2}$;

(3) 设 $m > n > 0$, 比较 $\dfrac{f(m) - f(n)}{m - n} + 1$ 与 $\dfrac{m}{m^2 + n^2}$ 的大小, 并说明理由.

解:(1) 因为

$$g(x) = \ln x - 2(x + 1)$$

所以

$$g'(x) = \frac{1 - 2x}{x}, \quad g'(1) = -1$$

又因为 $g(1) = -4$, 所以切点为 $(1, -4)$.

故所求的切线方程为 $y + 4 = -(x - 1)$, 即 $x + y + 3 = 0$.

(2) 因为 $f'(x) = \dfrac{1 - x}{x}$, 故 $|f(x)| > \dfrac{\ln x}{x} + \dfrac{1}{2}$ 在 $(0, 1)$ 上是递增的, 在 $(1, +\infty)$ 上是递减的,

$$f(x)_{\max} = f(1) = \ln 1 - 1 = -1, \quad |f(x)|_{\min} = 1$$

设 $G(x) = \dfrac{\ln x}{x} + \dfrac{1}{2}$, 则 $G'(x) = \dfrac{1 - \ln x}{x^2}$, 故 $G(x)$ 在 $(0, e)$ 上是增加的.

在 $(e, +\infty)$ 上是减少的, 故 $G(x)_{\max} = G(e) = \dfrac{1}{e} + \dfrac{1}{2} < 1$.

$G(x)_{\max} < |f(x)|_{\min}$, 所以 $|f(x)| > \dfrac{\ln x}{x} + \dfrac{1}{2}$ 对任意 $x \in (0, +\infty)$ 恒成立.

　　第(2)小题, 左边也可先去掉绝对值(想起"基本不等式": $\ln x \leqslant x - 1$, 所以 $f(x) \leqslant -1 < 0$), 由于两端差异很大, 故"铤而走险"考虑极端情况, 即证明 $G(x)_{\max} < |f(x)|_{\min}$. 这当然是保证原不等式成立的一个充分条件(不是必要的).

　　当两边差异很大难以统一时, 当你发现用常规方法难度很大不胜其烦时, 可以试一试这种"极端"的情况. 试一下有什么关系? 万一成功了呢!

　　简单的方法也许就潜伏在身边不远处.

　　众里寻他千百度, 那人却在, 灯火阑珊处.

---

(3)

$$\frac{f(m) - f(n)}{m - n} + 1 - \frac{m}{m^2 + n^2} = \frac{\ln m - \ln n - m + n}{m - n} + 1 - \frac{m}{m^2 + n^2}$$

$$= \frac{\ln m - \ln n}{m - n} - \frac{m}{m^2 + n^2} = \frac{1}{n} \cdot \frac{\ln \frac{m}{n}}{\frac{m}{n} - 1} - \frac{1}{n} \cdot \frac{\frac{m}{n}}{\left(\frac{m}{n}\right)^2 + 1} = \frac{1}{n}\left(\frac{\ln \frac{m}{n}}{\frac{m}{n} - 1} - \frac{\frac{m}{n}}{\left(\frac{m}{n}\right)^2 + 1}\right)$$

$$= \frac{1}{n} \cdot \frac{1}{\frac{m}{n} - 1}\left(\ln \frac{m}{n} - \frac{\frac{m}{n}\left(\frac{m}{n} - 1\right)}{\left(\frac{m}{n}\right)^2 + 1}\right)$$

因为 $m > n > 0$, 所以 $\dfrac{m}{n} - 1 > 0$, 令 $t = \dfrac{m}{n} > 1$, 设 $G(t) = \ln t - \dfrac{t(t - 1)}{t^2 + 1}$.

故只需比较 $G(t)$ 与 0 的大小关系, 则

$$G'(t) = \frac{1}{t} - \frac{(2t-1)(t^2+1) - t(t-1) \cdot 2t}{(t^2+1)^2} = \frac{1}{t} - \frac{t^2+2t-1}{(t^2+1)^2}$$

$$= \frac{t^4 - t^3 + t + 1}{t(t^2+1)^2} = \frac{t^3(t-1) + t + 1}{t(t^2+1)^2}$$

因为 $t>1$,所以 $G'(t)>0$,所以函数 $G(t)$ 在 $(1,+\infty)$ 上单调递增.

故 $G(t) > G(1) = 0$,所以 $G(t) > 0$ 对任意 $t>1$ 恒成立.

从而有 $\dfrac{f(m)-f(n)}{m-n} + 1 > \dfrac{m}{m^2+n^2}$.

> 本小题欲比较两式大小,当然是从常规思路出发(作差),变形时应不忘初心(判断符号),由此及彼、由表及里(提取公因式),尽快抵达核心.
>
> 化简永远是需要的.
>
> 将比值 $\dfrac{m}{n}$ 看作一个整体 t,这已是我们惯用的"伎俩".
>
> 不知不觉,问题已经演变成对某个函数的研究.
>
> 不知不觉,我们顺利实现了从人生地不熟、穷途末路到轻车熟路的转变.

2. 已知函数 $f(x) = e^x(\sin x - ax^2 + 2a - e)$,其中 $a \in \mathbf{R}$, $e = 2.718\,28\cdots$为自然对数的底数.

(1)当 $a=0$ 时,讨论函数 $f(x)$ 的单调性;

(2)当 $\dfrac{1}{2} \le a \le 1$ 时,求证:对任意 $x \in [0,+\infty)$, $f(x) < 0$.

解:(1)当 $a=0$ 时, $f(x) = e^x(\sin x - e)$, $x \in \mathbf{R}$.

$$f'(x) = e^x(\sin x + \cos x - e) = e^x\left[\sqrt{2}\sin\left(x + \frac{\pi}{4}\right) - e\right]$$

因为当 $x \in \mathbf{R}$ 时, $\sqrt{2}\sin\left(x + \dfrac{\pi}{4}\right) \le \sqrt{2}$,所以 $f'(x) < 0$,所以 $f(x)$ 在 $\mathbf{R}$ 上是单调递减的函数.

(2)设 $g(x) = \sin x - ax^2 + 2a - e$, $x \in [0,+\infty)$.

> 因为 $f(x) = e^x g(x)$,故欲证 $f(x) < 0$,只需证 $g(x) < 0$.
>
> 这种化简的努力(这种敏锐的意识),哪怕只是前进了一小步,也是应该点赞的.

$g'(x) = \cos x - 2ax$,令 $h(x) = g'(x) = \cos x - 2ax$, $x \in [0,+\infty)$,则 $h'(x) = -\sin x - 2a$.

当 $\dfrac{1}{2} \le a \le 1$ 时, $x \in [0,+\infty)$,有 $h'(x) \le 0$.

所以 $h(x)$ 在 $[0,+\infty)$ 上是减函数,即 $g'(x)$ 在 $[0,+\infty)$ 上是减函数.

又因为 $g'(0) = 1 > 0$, $g'\left(\dfrac{\pi}{4}\right) = \dfrac{\sqrt{2} - a\pi}{2} \le \dfrac{\sqrt{2} - \dfrac{\pi}{2}}{2} < 0$.

所以 $g'(x)$ 存在唯一的 $x_0 \in \left(0, \dfrac{\pi}{4}\right)$,使得 $g'(x_0) = \cos x_0 - 2ax_0 = 0$.

所以当 $x \in (0, x_0)$ 时, $g'(x) > 0$, $g(x)$ 在区间 $(0, x_0)$ 上单调递增;
当 $x \in (x_0, +\infty)$ 时, $g'(x) < 0$, $g(x)$ 在区间 $(x_0, +\infty)$ 上单调递减.

因此在区间 $[0,+\infty)$, $g(x)_{\max} = g(x_0) = \sin x_0 - ax_0^2 + 2a - e$.

因为 $\cos x_0 - 2ax_0 = 0$,所以 $x_0 = \dfrac{1}{2a}\cos x_0$.

将其代入上式得

$$g(x)_{\max} = \sin x_0 - \frac{1}{4a}\cos^2 x_0 + 2a - e = \frac{1}{4a}\sin^2 x_0 + \sin x_0 - \frac{1}{4a} + 2a - e$$

令 $t = \sin x_0, x_0 \in \left(0, \frac{\pi}{4}\right)$，则 $t \in \left(0, \frac{\sqrt{2}}{2}\right)$，即有

$$p(t) = \frac{1}{4a}t^2 + t - \frac{1}{4a} + 2a - e, t \in \left(0, \frac{\sqrt{2}}{2}\right)$$

因为 $p(t)$ 的对称轴 $t = -2a < 0$，所以函数 $p(t)$ 在区间 $\left(0, \frac{\sqrt{2}}{2}\right)$ 上是增函数，且 $\frac{1}{2} \leqslant a \leqslant 1$.

所以 $p(t) < p\left(\frac{\sqrt{2}}{2}\right) = \frac{\sqrt{2}}{2} - \frac{1}{8a} + 2a - e < \frac{\sqrt{2}}{2} + \frac{15}{8} - e < 0 \left(\frac{1}{2} \leqslant a \leqslant 1\right)$.

即任意 $x \in [0, +\infty), g(x) < 0$，所以 $f(x) = e^x g(x) < 0$.

因此任意 $x \in [0, +\infty), f(x) < 0$.

还可以进一步转变观念.

欲证 $f(x) < 0$，只需证 $\sin x - ax^2 + 2a - e < 0$，即 $(x^2 - 2)a + e - \sin x > 0$.

灵机一动！把这一大串看成是 a 的函数！

已知 $h(a) = (x^2 - 2)a + e - \sin x, a \in \left[\frac{1}{2}, 1\right]$，其中 x 为参数，$x \geqslant 0$，求证：$h(a) > 0$.

这样可以么？

可不可以要看你的任务. 本题是要判断这个式子的值的符号. 无论谁是主元，谁是参数，都保持着在各自范围内变化的任意性.（倘若是要求你研究 $f(x)$ 的单调性或求出它的极值点，那当然不能更换自变量.）

由此看来，这样认识是可以的."欲把西湖比西子，淡妆浓抹总相宜."

因为 $h(a)$ 是 a 的一次函数（还有可能是常数函数），求它的最小值就简单太多了——

显然，$h\left(\frac{1}{2}\right) = \frac{1}{2}x^2 + e - \sin x - 1 > 0$，又因为 $x \geqslant 0$ 时，$\sin x \leqslant x$（这里不证明了）.

所以 $h(1) = x^2 - 2 + e - \sin x \geqslant x^2 - 2 + e - x = \left(x - \frac{1}{2}\right)^2 + e - \frac{9}{4} > 0$.

所以 $h(a) > 0$.

你负责把它写得更规范一点吧，我太激动了！

这个题，对我来说，意义非凡.

让我平静一下，让我好好地消化……

---

3. 已知函数 $f(x) = x^3 + ax + \frac{1}{4}, g(x) = -\ln x$.

(1) 当 a 为何值时，x 轴为曲线 $y = f(x)$ 的切线；

(2) 用 $\min\{m, n\}$ 表示 m, n 中的最小值，设函数 $h(x) = \min\{f(x), g(x)\}\ (x > 0)$，讨论 $h(x)$ 零点的个数.

解：(1) 设曲线 $y = f(x)$ 与 x 轴相切于点 $(x_0, 0)$，则 $f(x_0) = 0, f'(x_0) = 0$，即

$$x_0^3 + ax_0 + \frac{1}{4} = 0, 3x_0^2 + a = 0$$

解得 $x_0 = \frac{1}{2}, a = -\frac{3}{4}$.

因此,当 $a = -\dfrac{3}{4}$ 时, x 轴为曲线 $y = f(x)$ 的切线.

(2)

初看上去颇费踌躇:求不出 $h(x)$ 的表达式,如何判断它的零点个数?

顺着这个路子深挖下去.

要判断一个函数的零点个数,犯得着求它的表达式么?只要弄清它的符号就够了.这就是解题的"分寸"了,过犹不及.

你看,你纠结犯难的地方,可能正是软弱的地方,是可以率先突破的地方.

当 $x \in (1, +\infty)$ 时, $g(x) = -\ln x < 0$,从而 $h(x) = \min\{f(x), g(x)\} \leqslant g(x) < 0$.

故 $h(x)$ 在 $(1, +\infty)$ 无零点.

现在,一下子就解决了一大块.

你的心情,现在好么?你的脸上,还有微笑么?

剩下的一小块,可以打攻坚战了.

就考试而言,永远要有时间感,把容易说清楚的地方放到前面.

当 $x = 1$ 时,若 $a \geqslant -\dfrac{5}{4}$,则 $f(1) = a + \dfrac{5}{4} \geqslant 0$, $h(1) = \min\{f(1), g(1)\} = g(1) = 0$,故 $x = 1$ 是 $h(x)$ 的零点;若 $a < -\dfrac{5}{4}$,则 $f(1) = a + \dfrac{5}{4} < 0$, $h(1) = \min\{f(1), g(1)\} = f(1) < 0$,故 $x = 1$ 不是 $h(x)$ 的零点.

当 $x \in (0, 1)$ 时, $g(x) = -\ln x > 0$,所以只需考虑 $f(x)$ 在 $(0, 1)$ 的零点个数.

现在,目光锁定在区间 $(0, 1)$ 了.

已经排除了 $g(x)$,只需研究 $f(x)$ 了.

当然从函数的单调性出发,逐步深入.

(i)若 $a \leqslant -3$ 或 $a \geqslant 0$,则 $f'(x) = 3x^2 + a$ 在 $(0, 1)$ 无零点,故 $f(x)$ 在 $(0, 1)$ 单调.

而 $f(0) = \dfrac{1}{4}$, $f(1) = a + \dfrac{5}{4}$,所以当 $a \leqslant -3$ 时, $f(x)$ 在 $(0, 1)$ 有一个零点;当 $a \geqslant 0$ 时, $f(x)$ 在 $(0, 1)$ 无零点.

(ii)若 $-3 < a < 0$,则 $f(x)$ 在 $\left(0, \sqrt{-\dfrac{a}{3}}\right)$ 上单调递减,在 $\left(\sqrt{-\dfrac{a}{3}}, 1\right)$ 上单调递增,故当 $x = \sqrt{-\dfrac{a}{3}}$ 时, $f(x)$ 取得最小值,最小值为 $f\left(\sqrt{-\dfrac{a}{3}}\right) = \dfrac{2a}{3}\sqrt{-\dfrac{a}{3}} + \dfrac{1}{4}$.

$f\left(\sqrt{-\dfrac{a}{3}}\right) > 0$,即 $-\dfrac{3}{4} < a < 0$,则 $f(x)$ 在 $(0, 1)$ 无零点;

$f\left(\sqrt{-\dfrac{a}{3}}\right) = 0$,即 $a = -\dfrac{3}{4}$,则 $f(x)$ 在 $(0, 1)$ 有唯一零点;

$f\left(\sqrt{-\dfrac{a}{3}}\right) < 0$,即 $-3 < a < -\dfrac{3}{4}$,由于 $f(0) = \dfrac{1}{4}$, $f(1) = a + \dfrac{5}{4}$,所以当 $-\dfrac{5}{4} < a < -\dfrac{3}{4}$ 时,

$f(x)$ 在 $(0, 1)$ 有两个零点;当 $-3 < a \leqslant -\dfrac{5}{4}$ 时, $f(x)$ 在 $(0, 1)$ 有一个零点.

综上,当 $a > -\dfrac{3}{4}$ 或 $a < -\dfrac{5}{4}$ 时,$h(x)$ 有一个零点;

当 $a = -\dfrac{3}{4}$ 或 $a = -\dfrac{5}{4}$ 时,$h(x)$ 有两个零点;

当 $-\dfrac{5}{4} < a < -\dfrac{3}{4}$ 时,$h(x)$ 有三个零点.

本题主要考查函数的切线,利用导数研究函数的图像与性质,利用图像研究分段函数的零点,试题新颖.

切线问题,注意理解:曲线在某一点的切线与过某一点的切线不同.若是在某点的切线,则该点是切点;而过某点的切线该点未必是切点.故本题需解出切点坐标,从而求出切线方程.

如果将函数的零点个数问题等同于求出函数解析式并解方程,这属于用力过猛了.

本题的切入点及讨论标准的产生值得借鉴.

---

4. 已知函数 $f(x) = \ln 2x - \dfrac{1}{2}ax^2 + x, a \in \mathbf{R}$.

(1)若 $f(1) = 0$,求函数 $f(x)$ 的单调递减区间;

(2)若关于 x 的不等式 $f(x) \leqslant ax - 1$ 恒成立,求整数 a 的最小值;

(3)若 $a = -2$,正实数 x_1, x_2 满足 $f(x_1) + f(x_2) + x_1 x_2 = 0$,证明:$x_1 + x_2 \geqslant \dfrac{\sqrt{5} - 1}{2}$.

解:(1)函数 $f(x)$ 的单调递减区间为 $(1, +\infty)$(过程略).

(2)解法一:设 $g(x) = f(x) - (ax - 1) = \ln x - \dfrac{1}{2}ax^2 + (1 - a)x + 1$.

由题意,$g(x) \leqslant 0$ 恒成立.

$$g'(x) = \frac{-ax^2 + (1 - a)x + 1}{x} = \frac{-(ax - 1)(x + 1)}{x}$$

当 $a \leqslant 0$ 时,$g'(x) > 0$,$g(x)$ 在 $(0, +\infty)$ 上递增.

此时,$g(1) = -\dfrac{3}{2}a + 2 > 0$ 不合题意,所以 $a > 0$.

此时,$g(x)$ 在 $\left(0, \dfrac{1}{a}\right)$ 上递增,在 $\left(\dfrac{1}{a}, +\infty\right)$ 上递减,$g(x)_{\max} = g\left(\dfrac{1}{a}\right) = \dfrac{1}{2a} - \ln a$.

设 $h(a) = \dfrac{1}{2a} - \ln a$,显然 $h(a)$ 在 $(0, +\infty)$ 上递减,$h(1) = \dfrac{1}{2} > 0$,$h(2) = \dfrac{1}{4} - \ln 2 < 0$.

所以 $a \geqslant 2$ 时,$h(a) < 0$,所以整数 a 的最小值为 2.

解法二:由 $f(x) \leqslant ax - 1$ 恒成立,可得 $a \geqslant \dfrac{\ln x + x + 1}{\dfrac{1}{2}x^2 + x}$ 恒成立.

设 $g(x) = \dfrac{\ln x + x + 1}{\dfrac{1}{2}x^2 + x}$,于是 $g'(x) = \dfrac{(x + 1)\left(-\dfrac{1}{2}x - \ln x\right)}{\left(\dfrac{1}{2}x^2 + x\right)^2}$.

令 $h(x) = -\dfrac{1}{2}x - \ln x$,$h'(x) = -\dfrac{1}{2} - \dfrac{1}{x} < 0$,$h(x)$ 在 $(0, +\infty)$ 上递减.

$h\left(\dfrac{1}{2}\right) = \ln 2 - \dfrac{1}{4} > 0$,$h(1) = -\dfrac{1}{2} < 0$.

由函数零点存在定理,有且只有一个 $x_0 \in \left(\dfrac{1}{2}, 1\right)$,使 $h(x_0) = 0$.

所以,当 $x \in (0, x_0)$ 时,$g'(x) > 0$,$g(x)$ 递增.

当 $x \in (x_0, +\infty)$ 时,$g'(x) < 0$,$g(x)$ 递减.

$$g(x)_{\max} = g(x_0) = \frac{\ln x_0 + x_0 + 1}{\dfrac{1}{2}x_0^2 + x_0} = \frac{1 + \dfrac{1}{2}x_0}{\dfrac{1}{2}x_0^2 + x_0} = \frac{1}{x_0}$$

因为 $x_0 \in \left(\dfrac{1}{2}, 1\right)$,所以 $1 < \dfrac{1}{x_0} < 2$,所以整数 a 的最小值为 2.

解法一、解法二都属于常规方法. 如果充分注意到本题的特殊性(整数、最小值),就有可能做得简单一些:

在不等式 $\ln x - \dfrac{1}{2}ax^2 + (1-a)x + 1 \leqslant 0$ 中赋值,令 $x = 1$,则 $-\dfrac{1}{2}a + (1-a) + 1 \leqslant 0$.

即 $a \geqslant \dfrac{4}{3}$. (这是一个必要条件!)

以下验证当 $a = 2$ 时,不等式 $\ln x - x^2 - x + 1 \leqslant 0$ 恒成立. (如果得证,则整数 a 的最小值为 2)即证 $\ln x \leqslant x^2 + x - 1$,显然成立. (如果这个不等式不恒成立,则需验证 $a = 3$ 时,……依此往下推.)

---

(3)

本题不属于"非对称"问题,因为没有形如 $f(x_1) = f(x_2)$ 的条件.

既然没有现成的模式,那就从结论出发,且行且珍惜,注意观察,注意联想.

当 $a = -2$ 时,$f(x) = \ln x + x^2 + x$.

$$f(x_1) + f(x_2) + x_1 x_2 = 0$$

即　　　　　$$\ln x_1 + x_1^2 + x_1 + \ln x_2 + x_2^2 + x_2 + x_1 x_2 = 0$$

于是　　　　$$(x_1 + x_2)^2 + (x_1 + x_2) = x_1 x_2 - \ln(x_1 x_2)$$

令 $t = x_1 x_2$,考察函数

$$\varphi(t) = t - \ln t, \quad \varphi'(t) = \frac{t-1}{t}$$

所以 $\varphi(t)$ 在 $(0, 1)$ 上递减,在 $(1, +\infty)$ 上递增,$\varphi(t) \geqslant \varphi(1) = 1$.

于是 $(x_1 + x_2)^2 + (x_1 + x_2) \geqslant 1$,解得 $x_1 + x_2 \geqslant \dfrac{\sqrt{5}-1}{2}$.

把 $x_1 x_2$ 看作一个整体 t,得到一个 t 的函数;

把 $x_1 + x_2$ 看作是一个整体,得到一个关于 $x_1 + x_2$ 的一元二次不等式.

5. 设 $f(x) = a\ln x + bx - b$，$g(x) = \dfrac{\mathrm{e}x}{\mathrm{e}^x}$，其中 $a, b \in \mathbf{R}$.

(1) 求 $g(x)$ 的极大值；

(2) 设 $b = 1$，$a > 0$，若 $|f(x_1) - f(x_2)| < \left| \dfrac{1}{g(x_2)} - \dfrac{1}{g(x_1)} \right|$ 对任意的 $x_1, x_2 \in [3,4]$ $(x_1 \neq x_2)$ 恒成立，求 a 的最大值；

(3) 设 $a = -2$，若对任意给定的 $x_0 \in (0, \mathrm{e}]$，在区间 $(0, \mathrm{e}]$ 上总存在 s, t $(s \neq t)$，使 $f(s) = f(t) = g(x_0)$ 成立，求 b 的取值范围.

解：(1) $g'(x) = \dfrac{\mathrm{e} \cdot \mathrm{e}^x - \mathrm{e}^x \cdot \mathrm{e}x}{(\mathrm{e}^x)^2} = \dfrac{\mathrm{e}(1-x)}{\mathrm{e}^x}$，由此可得 $g(x)$ 在 $(-\infty, 1)$ 上递增，在 $(1, +\infty)$ 上递减，所以 $g(x)$ 的极大值为 $g(1) = 1$.

读第一遍，觉得它冗长、陌生.

这时你要沉住气，用"蚂蚁啃骨头"的精神一点一点渗透.

没有思路也不要紧，不要闲着，试着整理、化简、转变，在变形中触发灵感.

怕就怕一味地长吁短叹，光说不练假把式.

(2) 当 $b = 1$，$a > 0$ 时，$f(x) = a\ln x + x - 1$，$f'(x) = \dfrac{a}{x} + 1 > 0$ 在 $x \in [3,4]$ 上恒成立，故 $f(x)$ 在 $[3,4]$ 上递增.

设 $h(x) = \dfrac{1}{g(x)} = \dfrac{\mathrm{e}^x}{\mathrm{e}x}$，则 $h'(x) = \dfrac{\mathrm{e}^x(x-1)}{\mathrm{e}x^2} > 0$ 在 $x \in [3,4]$ 上恒成立，故 $h(x) = \dfrac{1}{g(x)}$ 在 $[3,4]$ 上递增.

不妨设 $x_1 < x_2$，原不等式等价于
$$f(x_2) - f(x_1) < h(x_2) - h(x_1)$$
即
$$f(x_2) - h(x_2) < f(x_1) - h(x_1)$$

设 $F(x) = f(x) - h(x)$，则 $F(x)$ 在 $[3,4]$ 上递减.

一路做足了功课，又成功地将一个看上去比较繁难的不等式问题转变成了函数问题！

又 $F(x) = a\ln x + x - 1 - \dfrac{\mathrm{e}^x}{\mathrm{e}x}$，所以 $f'(x) = \dfrac{a}{x} + 1 - \dfrac{1}{\mathrm{e}} \cdot \dfrac{\mathrm{e}^x x - \mathrm{e}^x}{x^2} \leq 0$ 在 $x \in [3,4]$ 上恒成立.

即 $a \leq \dfrac{1}{\mathrm{e}} \cdot \dfrac{\mathrm{e}^x(x-1)}{x} - x$ 在 $x \in [3,4]$ 上恒成立.

设 $G(x) = \dfrac{1}{\mathrm{e}} \cdot \dfrac{\mathrm{e}^x(x-1)}{x} - x$，$x \in [3,4]$，则

$$G'(x) = \dfrac{1}{\mathrm{e}} \cdot \dfrac{[\mathrm{e}^x(x-1) + \mathrm{e}^x] - \mathrm{e}^x(x-1)}{x^2} - 1 = \mathrm{e}^{x-1} \cdot \dfrac{x^2 - x + 1}{x^2} - 1$$

$$= \mathrm{e}^{x-1} \left(\dfrac{1}{x^2} - \dfrac{1}{x} + 1 \right) - 1 = \mathrm{e}^{x-1} \left[\left(\dfrac{1}{x} - \dfrac{1}{2} \right)^2 + \dfrac{3}{4} \right] - 1 > \dfrac{3}{4} \cdot \mathrm{e}^{x-1} - 1 > 0$$

所以 $G(x)$ 在 $[3,4]$ 上递增，故 $a \leq G(3) = \dfrac{2\mathrm{e}^2}{3} - 3$.

故 a 的最大值为 $\dfrac{2\mathrm{e}^2}{3} - 3$.

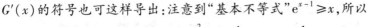

$G'(x)$ 的符号也可这样导出：注意到"基本不等式"$e^{x-1} \geq x$，所以

$$G'(x) \geq x \cdot \frac{x^2 - x + 1}{x^2} - 1 = x + \frac{1}{x} - 2 > 0$$

(3) 由(1)知，当 $x \in (0, e]$ 时，$g(x) \in (0, 1]$，$f(x) = -2\ln x + bx - b$.

当 $b = 0$ 时，$f(x) = -2\ln x$ 在 $(0, e]$ 上单调递减，不合题意.

当 $b \neq 0$ 时，令 $f'(x) = -\frac{2}{x} + b = 0$，得 $x = \frac{2}{b}$.

由题意知 $f(x)$ 在 $(0, e]$ 上不单调，故 $0 < \frac{2}{b} < e$，即

$$b > \frac{2}{e} \qquad\qquad ①$$

此时，$f(x)$ 在 $\left(0, \frac{2}{b}\right)$ 上递减，在 $\left[\frac{2}{b}, e\right]$ 上递增.

故 $\begin{cases} f(e) \geq 1 \\ f\left(\frac{2}{b}\right) \leq 0 \end{cases}$，即 $\begin{cases} be - 2 - b \geq 1 \\ f\left(\frac{2}{b}\right) \leq f(1) = 0 \end{cases}$ 成立，所以

$$b \geq \frac{3}{e-1}, \qquad\qquad ②$$

由①②知，$b \in \left[\frac{3}{e-1}, +\infty\right)$.

下证存在 $x \in \left(0, \frac{2}{b}\right)$，使 $f(x) \geq 1$.

取 $x = e^{-b}$，先证 $e^{-b} < \frac{2}{b}$，即证 $2e^b > b$，也就是证明 $2e^b - b > 0$.

由于 $e^b \geq b + 1$，所以 $2e^b - b \geq 2b + 2 - b = b + 2 > 0$ 在 $\left[\frac{3}{e-1}, +\infty\right)$ 上恒成立.

故 $0 < e^{-b} < \frac{2}{b}$. 又 $f(e^{-b}) = 2b + be^{-b} - b = b + be^{-b} > b \geq \frac{3}{e-1} > 1$.

所以存在 $x \in \left(0, \frac{2}{b}\right)$，使 $f(x) \geq 1$.

综上所述，b 的取值范围是 $\left[\frac{3}{e-1}, +\infty\right)$.

要说明"存在 $x \in \left(0, \frac{2}{b}\right)$，使 $f(x) \geq 1$"，也可以简洁一点：

实际上，当 $x > 0$，$x \to 0$ 时，$f(x) = -2\ln x + bx - b \to +\infty$.

因为 $f(x)$ 的图像是连续曲线，所以存在 $x \in \left(0, \frac{2}{b}\right)$，使 $f(x) \geq 1$.

6. 已知函数 $f(x) = x - ae^x (a \in \mathbf{R})$，$x \in \mathbf{R}$. 已知函数 $y = f(x)$ 有两个零点 x_1, x_2，且 $x_1 < x_2$.

(1) 求 a 的取值范围；

(2) 证明：$\frac{x_2}{x_1}$ 随着 a 的减小而增大；

（3）证明：$x_1 + x_2$ 随着 a 的减小而增大.

解：（1）由 $f(x) = x - ae^x$，可得 $f'(x) = 1 - ae^x$.

① $a \leqslant 0$ 时，$f'(x) > 0$ 在 **R** 上恒成立，可得 $f(x)$ 在 **R** 上单调递增，不合题意.

② $a > 0$ 时，由 $f'(x) = 0$，得 $x = -\ln a$.

当 x 变化时，$f'(x)$，$f(x)$ 的变化情况如下表：

x	$(-\infty, -\ln a)$	$-\ln a$	$(-\ln a, +\infty)$
$f'(x)$	$+$	0	$-$
$f(x)$	↗	$-\ln a - 1$	↘

这时，$f(x)$ 的递增区间是 $(-\infty, -\ln a)$，递减区间是 $(-\ln a, +\infty)$.

于是，"函数 $y = f(x)$ 有两个零点"等价于如下条件同时成立：

(i) $f(-\ln a) > 0$；

(ii) 存在 $s_1 \in (-\infty, -\ln a)$，满足 $f(s_1) < 0$；

(iii) 存在 $s_2 \in (-\ln a, +\infty)$，满足 $f(s_2) < 0$.

由 $f(-\ln a) > 0$，即 $-\ln a - 1 > 0$，解得 $0 < a < e^{-1}$，而此时，取 $s_1 = 0$，满足 $s_1 \in (-\infty, -\ln a)$，且 $f(s_1) = -a < 0$；取 $s_2 = \dfrac{2}{a} + \ln \dfrac{2}{a}$，满足 $s_2 \in (-\ln a, +\infty)$，且 $f(s_2) = \left(\dfrac{2}{a} - e^{\frac{2}{a}} \right) + \left(\ln \dfrac{2}{a} - e^{\frac{2}{a}} \right) < 0$.

所以 a 的取值范围是 $(0, e^{-1})$.

可以简洁一点：

因为 $f(x)_{\max} = f(-\ln a)$，所以"函数 $y = f(x)$ 有两个零点"，必有
$$f(x)_{\max} = f(-\ln a) = -\ln a - 1 > 0$$

即 $0 < a < e^{-1}$，此时 $f(0) = -a < 0$.

由函数零点存在性定理知，$f(x)$ 在 $(-\infty, -\ln a)$ 上有且只有一个零点；

又由 $e^x \geqslant x + 1 > x$（证明从略），可得当 $x > 0$ 时，$e^x = e^{\frac{x}{2}} \cdot e^{\frac{x}{2}} > \dfrac{x}{2} \cdot \dfrac{x}{2} = \dfrac{x^2}{4}$.

所以当 $x > -\ln a$ 且 $x > \dfrac{4}{a}$ 时
$$f(x) = x - ae^x \leqslant x - a \cdot \dfrac{x^2}{4} = \dfrac{a}{4} x \left(\dfrac{4}{a} - x \right) < 0$$

所以 $f(x)$ 在 $(-\ln a, +\infty)$ 上有且只有一个零点.

综上，函数 $y = f(x)$ 有两个零点，即 a 的取值范围是 $(0, e^{-1})$.

（2）由 $f(x) = x - ae^x = 0$，有 $a = \dfrac{x}{e^x}$.

设 $g(x) = \dfrac{x}{e^x}$，由 $g'(x) = \dfrac{1-x}{e^x}$，知 $g(x)$ 在 $(-\infty, 1)$ 上递增，在 $(1, +\infty)$ 上递减. 并且，当 $x \in (-\infty, 0]$ 时，$g(x) \leqslant 0$；当 $x \in (0, +\infty)$ 时，$g(x) > 0$.

由已知，x_1，x_2 满足 $a = g(x_1)$，$a = g(x_2)$. 由 $a \in (0, e^{-1})$ 及 $g(x)$ 的单调性，可得 $x_1 \in (0, 1)$，$x_2 \in (1, +\infty)$. 对于任意的 $a_1, a_2 \in (0, e^{-1})$，设 $a_1 > a_2$，$g(\xi_1) = g(\xi_2) = a_1$，其中 $0 < \xi_1 < 1 < \xi_2$；

$g(\eta_1) = g(\eta_2) = a_2$，其中 $0 < \eta_1 < 1 < \eta_2$.

因为 $g(x)$ 在 $(0,1)$ 上单调递增，故由 $a_1 > a_2$，即 $g(\xi_1) > g(\eta_1)$，可得 $\xi_1 > \eta_1$；

同理可得 $\xi_2 < \eta_2$. 又由 $\xi_1,\eta_1 > 0$，得 $\dfrac{\xi_2}{\xi_1} < \dfrac{\eta_2}{\xi_1} < \dfrac{\eta_2}{\eta_1}$.

所以 $\dfrac{x_2}{x_1}$ 随着 a 的减小而增大.

（3）由 $x_1 = ae^{x_1}$，$x_2 = ae^{x_2}$，可得 $\ln x_1 = \ln a + x_1$，$\ln x_2 = \ln a + x_2$，故

$$x_2 - x_1 = \ln x_2 - \ln x_1 = \ln \frac{x_2}{x_1}$$

设 $\dfrac{x_2}{x_1} = t$，则 $t > 1$，且 $\begin{cases} x_2 = tx_1, \\ x_2 - x_1 = \ln t, \end{cases}$ 解得 $x_1 = \dfrac{\ln t}{t-1}$，$x_2 = \dfrac{t\ln t}{t-1}$. 所以

$$x_1 + x_2 = \frac{(t+1)\ln t}{t-1} \qquad ①$$

令 $h(x) = \dfrac{(x+1)\ln x}{x-1}$，$x \in (1, +\infty)$，则 $h'(x) = \dfrac{-2\ln x + x - \dfrac{1}{x}}{(x-1)^2}$.

令 $u(x) = -2\ln x + x - \dfrac{1}{x}$，得 $u'(x) = \left(\dfrac{x-1}{x}\right)^2$.

当 $x \in (1, +\infty)$ 时，$u'(x) > 0$. 因此，$u(x)$ 在 $(1, +\infty)$ 上单调递增，故对于任意的 $x \in (1, +\infty)$，$u(x) > u(1) = 0$，由此可得 $h'(x) > 0$，故 $h(x)$ 在 $(1, +\infty)$ 上单调递增.

因此，由①可得 $x_1 + x_2$ 随着 t 的增大而增大.

而由（2），t 随着 a 的减小而增大，所以 $x_1 + x_2$ 随着 a 的减小而增大.

本题是天津 2014 年高考题. 第（2）（3）题尤有新意.

第（2）题欲证 $\dfrac{x_2}{x_1}$ 随着 a 的减小而增大，却不能求出 $\dfrac{x_2}{x_1}$ 与 a 的关系式，而是转变为对函数 $g(x)$（想一下，为什么不是继续研究 $f(x)$？）的深刻分析，从而得出结论. 至于第（3）小题，$x_1 + x_2$ 随着 $\dfrac{x_2}{x_1} = t$（即 $\dfrac{x_2}{x_1}$）的增大而增大，又由（2）$\dfrac{x_2}{x_1}$ 随着 a 的减小而增大，故而得证，其间渗透了复合函数的思想，奇思妙想，匠心独运，令人击节叹赏.

到此为止，十五讲全部结束啦！

总该说点什么.

首先为我们自己点个赞：我们走过路过，没有错过.

似乎还有一些内容没有讲到，比如"平面向量""极坐标与参数方程"，比如"复数""算法"，又比如选择题和填空题……这些我觉得都不在话下了，相信你会很好地复习的，就凭你把这本书不离不弃地看到了、做到了这一页，你已经有了提高，获得了独自攻坚克难的勇气和能力——更何况那些本来就不算太难.

常有人对高三花费近一年的时间复习迎考颇有微词，认为那实在是浪费莘莘学子的大好年华. 对此我稍有异议. 倘若这一年的打拼仅仅是为了获得一张高校的入场券，我很同意上述观点. 不，远不止这些. 这一年，让我们学会了管理自己，学会了坚强，磨炼了意志品质，具备了足够的韧劲和不屈不挠的精神，让我们明白了好多既浅显又深刻的道理：纸上得来终觉浅，山外青山楼外楼，梅花香自苦寒来，阳光总在风雨后……而这些将令我们受用终生.

我们的生命,将因为有了高三这一年的欢笑与泪水而变得更有质感,更加鲜活、灿烂.

但愿在未来的某一天,当我们"擦完了枪、擦完了机器、擦完了汗",月明星稀、凉风徐徐,我们会想起今天,想起高三难忘的日日夜夜,想起我们曾邂逅的一本小书,叫《数学培优半月谈》……